Carl-Auer

Systemische Horizonte –
Theorie der Praxis

Herausgeber: Bernhard Pörksen

»Irritation ist kostbar.«
Niklas Luhmann

Die wilden Jahre des Konstruktivismus und der Systemtheorie sind vorbei. Inzwischen ist das konstruktivistische und systemische Denken auf dem Weg zum etablierten Paradigma und zur *normal science*. Die Provokationen von einst sind die Gewissheiten von heute. Und lange schon hat die Phase der praktischen Nutzbarmachung begonnen, der strategischen Anwendung in der Organisationsberatung und im Management, in der Therapie und in der Politik, in der Pädagogik und der Didaktik. Kurzum: Es droht das epistemologische Biedermeier. Eine Außenseiterphilosophie wird zur Mode – mit allen kognitiven Folgekosten, die eine Popularisierung und praxistaugliche Umarbeitung unvermeidlich mit sich bringt.

In dieser Situation ambivalenter Erfolge kommt der Reihe *Systemische Horizonte – Theorie der Praxis* eine doppelte Aufgabe zu: Sie soll die Theoriearbeit voran treiben – und die Welt der Praxis durch ein gleichermaßen strenges und wildes Denken herausfordern. Hier wird der Wechsel der Perspektiven und Beobachtungsweisen als ein Denkstil vorgeschlagen, der Kreativität begünstigt.

Es gilt, die eigene Intelligenz an den Schnittstellen und in den Zwischenwelten zu erproben: zwischen Wissenschaft und Anwendung, zwischen Geistes- und Naturwissenschaft, zwischen Philosophie und Neurobiologie. Ausgangspunkt der experimentellen Erkundungen und essayistischen Streifzüge, der kanonischen Texte und leichthändig formulierten Dialoge ist die Einsicht: Theorie braucht man dann, wenn sie überflüssig geworden zu sein scheint – als Anlass zum Neu- und Andersdenken, als Horizonterweiterung und inspirierende Irritation, die dabei hilft, eigene Gewissheiten und letzte Wahrheiten, große und kleine Ideologien solange zu drehen und zu wenden, bis sie unscharfe Ränder bekommen – und man mehr sieht als zuvor.

Bernhard Pörksen, Professor für Medienwissenschaft
an der Universität Tübingen

Matthias Eckoldt

Kann das Gehirn das Gehirn verstehen?

Gespräche über Hirnforschung und die Grenzen unserer Erkenntnis

mit:
Wolf Singer
Gerald Hüther
Gerhard Roth
Angela D. Friederici
Henning Scheich
Hans J. Markowitsch
Christoph von der Malsburg
Randolf Menzel
Frank Rösler

2013

Mitglieder des wissenschaftlichen Beirats des Carl-Auer Verlags:

Prof. Dr. Rolf Arnold (Kaiserslautern)
Prof. Dr. Dirk Baecker (Friedrichshafen)
Prof. Dr. Bernhard Blanke (Hannover)
Prof. Dr. Ulrich Clement (Heidelberg)
Prof. Dr. Jörg Fengler (Alfter bei Bonn)
Dr. Barbara Heitger (Wien)
Prof. Dr. Johannes Herwig-Lempp (Merseburg)
Prof. Dr. Bruno Hildenbrand (Jena)
Prof. Dr. Karl L. Holtz (Heidelberg)
Prof. Dr. Heiko Kleve (Potsdam)
Dr. Roswita Königswieser (Wien)
Prof. Dr. Jürgen Kriz (Osnabrück)
Prof. Dr. Friedebert Kröger (Heidelberg)
Tom Levold (Köln)
Dr. Kurt Ludewig (Münster)
Dr. Burkhard Peter (München)
Prof. Dr. Bernhard Pörksen (Tübingen)
Prof. Dr. Kersten Reich (Köln)

Prof. Dr. Wolf Ritscher (Esslingen)
Dr. Wilhelm Rotthaus (Bergheim bei Köln)
Prof. Dr. Arist von Schlippe (Witten/Herdecke)
Dr. Gunther Schmidt (Heidelberg)
Prof. Dr. Siegfried J. Schmidt (Münster)
Jakob R. Schneider (München)
Prof. Dr. Jochen Schweitzer (Heidelberg)
Prof. Dr. Fritz B. Simon (Berlin)
Dr. Therese Steiner (Embrach)
Prof. Dr. Dr. Helm Stierlin (Heidelberg)
Karsten Trebesch (Berlin)
Bernhard Trenkle (Rottweil)
Prof. Dr. Sigrid Tschöpe-Scheffler (Köln)
Prof. Dr. Reinhard Voß (Koblenz)
Dr. Gunthard Weber (Wiesloch)
Prof. Dr. Rudolf Wimmer (Wien)
Prof. Dr. Michael Wirsching (Freiburg)

Umschlaggestaltung: Uwe Göbel
Umschlagbild: © Uwe Göbel
Satz: Drißner-Design u. DTP, Meßstetten
Printed in Germany
Druck und Bindung: Freiburger Graphische Betriebe, www.fgb.de

Erste Auflage, 2013
ISBN 978-3-8497-0002-7
© 2013 Carl-Auer-Systeme Verlag
und Verlagsbuchhandlung GmbH, Heidelberg
Alle Rechte vorbehalten

Bibliografische Information der Deutschen Nationalbibliothek:
Die Deutsche Nationalbibliothek verzeichnet diese Publikation
in der Deutschen Nationalbibliografie; detaillierte bibliografische
Daten sind im Internet über http://dnb.d-nb.de abrufbar.

Informationen zu unserem gesamten Programm, unseren Autoren
und zum Verlag finden Sie unter: www.carl-auer.de.

Wenn Sie Interesse an unseren monatlichen Nachrichten aus der Vangerowstraße haben,
können Sie unter http://www.carl-auer.de/newsletter den Newsletter abonnieren.

Carl-Auer Verlag GmbH
Vangerowstraße 14
69115 Heidelberg
Tel. 0 62 21-64 38 0
Fax 0 62 21-64 38 22
info@carl-auer.de

Für Julia

Inhalt

Einleitung 13
Plastizität 13
Selbstorganisation 15
Protagonisten 16
Manifest 17
Konstruktivismus 18
Lokalisation 19
Information 20
Paradigmen 20
Temperament 21

**»Ein grundsätzlicher Paradigmenwechsel
wäre gar nicht so schlecht!«**
Hans J. Markowitsch über die Strategien unseres
Gedächtnisses, den Rückzug in eine Klause und
die Vorzüge des Determinismus 23

Natur- versus Geisteswissenschaft 23
Wahrheit und Lüge. 24
Autobiografisches Gedächtnis 25
Die Funktion der Amnesie 26
Wohl und Wehe von Psychopharmaka 28
Die Funktion des Gedächtnisses 29
Wie entsteht Bewusstsein? 33
Von der Notwendigkeit eines Paradigmenwechsels 35
Das Manifest 36
Über das Problem der Entscheidungsfindung 37
Kontroverse um den Determinismus 38
Etwas zu Freud 41
Der Zusammenhang von Gehirn und Körper 42
Was sind mentale Zustände? 42
Probleme bei Messungen im Gehirn 43
Der »Visible Scientist« 44
Die Metaphern der Hirnforschung 44
Zur Entdeckung der Plastizität 45

Inhalt

»So wie bisher kann es nicht weitergehen!«
GERALD HÜTHER über die ungenutzten Ressourcen im Gehirn, den Bau eines Baumhauses und das Erklärungspotenzial der Selbstorganisation................... **47**

Der Mensch als Ressourcenausbeuter 47
Was heißt Neuroplastizität? 50
Wie Erziehung laufen müsste 53
Ursachen von ADHS 55
Zur Idee der Selbstorganisation 58
Wie sich Paradigmen in der Hirnforschung ändern 61
Stand der Hirnforschung 63
Das Problem der Willensfreiheit 64
Der »Visible Scientist« 66
Was ist Bewusstsein? 67

»Es gibt Pädagogen, die meinen, man lernt nur über Belohnungen. Das ist totaler Unsinn!«
HENNING SCHEICH über Musikverarbeitung, sprachbegabte Hunde und den Nutzen von Elektroden im Hirn **69**

Warum die klassische Musik harmonisch klingt 69
Wie das Hirn nach Regeln sucht 72
Die Funktion des Belohnungssystems 74
Lernen im Klima der Furcht 75
Probleme der Pädagogik 77
Das Manifest 78
Grenzen der Selbstorganisation des Gehirns 80
Wie sich die Hirnforschung an die Wahrheit annähert 81
Zum Geist-Materie-Problem 81
Wann es zu Handlungen kommt 82
Zu den Libet-Versuchen 84
Wie frei ist der Wille? 85
Einsatz von Prothesen im Hirn 86
Missbrauch von Neuropharmaka 87
Was ist Bewusstsein? 88
Sprachverständnis von Border-Collies 90
Der »Visible Scientist« 91

»Was tatsächlich in einem Gehirn abläuft, liegt jenseits der Wissenschaft«
CHRISTOPH VON DER MALSBURG über neuronale Netze, seinen Weltmeistertitel in Gesichtserkennung und die Langsamkeit des Hirns **93**

Zur Idee der Neuroinformatik 93
Weltmeisterschaft in Gesichtserkennung 97
Wo sitzt das Engramm? 99
Was sind neuronale Agenten? 99
Die Bedingungen des Verstehens 100
Phänomene der Wahrnehmung................................... 102
Mühsame Paradigmenwechsel 103
Künstliche Intelligenz 104
Gefühle im Licht der Informatik 105
Wie die Idee der Selbstorganisation ignoriert wird 107
Kann man Gedanken lesen? 109
Das Manifest 110
Der Code des Hirns 112
Ringen um Wahrheit 112
Was ist Bewusstsein? 114
Der »Visible Scientist« 115

»Das Gehirn nimmt die Welt nicht so wahr, wie sie ist«
GERHARD ROTH über Depressionen, einen Großauftrag aus der Wirtschaft und das Ich als virtuellen Akteur **117**

Die Unhintergehbarkeit des Konstruktivismus 117
Das Manifest 119
Die mittlere Ebene 120
Depressionen 122
Das Phänomen des Bewusstseins 123
Bewusstes versus unbewusstes Lernen 126
Magische und reale Welten 127
Geist und Materie 128
Was das Ich von sich weiß 132
Verräterische Intuition 134
Wie es zu Handlungen kommt 136
Operationalisierte psychodynamische Diagnostik 137
Der »Visible Scientist« 140

Inhalt

»Man muss unbedingt aufpassen, dass man sich nicht dazu hinreißen lässt, Antworten zu geben, obwohl man sie noch nicht hat«
ANGELA D. FRIEDERICI über den Spracherwerb, eine Begegnung mit Noam Chomsky und das Ende der Hirnkarten............... **142**

Wie aussagekräftig sind bildgebende Verfahren eigentlich?....... 142
Sprache und Musik 144
Bewusst versus unbewusst..................................... 147
Die Idee und Wirklichkeit der Repräsentation 148
Wie sich Natur- und Geisteswissenschaft befruchten könnten 152
Fremdsprachen erlernen 153
Die Plastizität des Hirns.. 155
Hirnkarten und Spiegelneurone 157
Das Manifest 159
Innen und außen 164
Eine Begegnung mit Noam Chomsky............................ 165
Der »Visible Scientist« 166
Was ist Bewusstsein?.. 166
Das Problem des freien Willens 169

»Wir haben weder eine Theorie vom Hirn noch eine Vorstellung davon, wie eine solche Theorie aussehen könnte«
RANDOLF MENZEL über das Bewusstsein von Bienen, Gespräche über Gott bei einem Glas Bier und Kommandoneurone **171**

Die Erkundung des Bienengehirns 171
Das Belohnungssystem der Bienen 174
Verschiedene Arten des Lernens 176
Der Wunderbrunnen Wissenschaft............................. 178
Zur Theorie des Hirns 179
Wie funktioniert Gedächtnis? 180
Das Manifest 182
Gespräche über Gott 184
Wie Körper und Geist zusammenwirken........................ 185
Warnung vor Psychopharmaka................................ 186
Metaphern der Hirnforschung 187
Der »Visible Scientist« 189
Was ist Bewusstsein?.. 190

**»Heute weiß ich weniger über das Gehirn,
als ich vor 20 Jahren zu wissen glaubte«**
WOLF SINGER über die Suche nach dem Sitz des Bewusstseins,
eine zufällige Entdeckung und die Aufklärung
von Tierschützern. 194

Erkenntnistheoretische Probleme der Hirnforschung............ 194
Wo sitzt das Bewusstsein?..................................... 195
Die Debatte über den freien Willen............................ 197
Der Libet-Versuch... 198
Das Ich als sprachliche Vereinbarung.......................... 200
Wie der Körper ins Spiel kommt 203
Inhalt und Struktur neuronaler Speicher....................... 204
Biologische Korrelate mentaler Zustände 205
Zum Stand der Hirnforschung................................... 207
Die Entdeckung der Synchronschwingung....................... 210
Das Manifest 213
Die Grenzen der Untersuchungsmethoden
der Hirnforschung... 215
Der »Visible Scientist« 216

**»Jeder Lernvorgang verändert Struktur
und Funktion des Gehirns«**
FRANK RÖSLER über das elementare Verschaltungsprinzip im
Nervensystem, Computer, die nicht aus dem Fenster springen,
und die Probleme bei Messungen im Hirn....................... 218

Die Beschreibung mentaler Prozesse 218
Die Lösung des Leib-Seele-Problems 222
Probleme bei MRT-Untersuchungen 223
Probleme bei EEG-Untersuchungen............................... 226
Das Konzept der lateralen Inhibition 227
Wie das Hirn Entscheidungen fällt 229
Gibt es einen Unterschied zwischen Gehirn und Ich?............ 231
Komponenten des Lernens 233
Zur Wechselwirkung von Gehirn und Umwelt 235
Metaphern der Hirnforschung................................... 236
Das Manifest 238
Wie sich Hirnstrukturen verändern 238
Das Hirn ist langsam.. 240

Inhalt

Der »Visible Scientist« 241
Was ist Bewusstsein? 243

Sach- und Namensregister **244**
Über den Autor **249**

Einleitung

Plastizität

Mit der Frage, ob das Gehirn sich denn überhaupt selbst verstehen könne, provozierte der amerikanische Kybernetiker Heinz von Foerster in den 50er-Jahren des letzten Jahrhunderts jene Forscher, die sich auf die Fahnen geschrieben hatten, die menschliche Intelligenz künstlich nachzubauen. Der Altmeister der modernen Sokratik sollte recht behalten mit seiner Skepsis. Die KI-Forschung scheitert noch heute, trotz der enormen Rechnerleistungen, auf der Komplexitätsstufe einer Heuschrecke. Insofern steht die Frage Heinz von Foersters weiter im Raum und wird in diesem Buch in immer neuen Varianten führenden deutschen Hirnforschern gestellt.

Überraschen und faszinieren kann die Hirnforschung nach wie vor. Das zeigen die hier versammelten neun Gespräche, die exklusiv für dieses Buch geführt wurden. Besonders der Nachweis der Plasitzität des Gehirns markiert einen entscheidenden Einschnitt in der Geschichte der Neurowissenschaft. Mit Plastizität benennen die Hirnforscher die erstaunliche Eigenschaft des Gehirns, die es ihm ermöglicht, lebenslang seine neuronale Struktur in Abhängigkeit von seiner Benutzung zu verändern. Das heißt im Umkehrschluss: Die Fähigkeiten, die wir entwickeln, sind nicht von vornherein in unserem Hirn angelegt, sondern werden im Prozess des Erlernens in die neuronalen Muster eingeschrieben. Die Hirnforscher sprechen bei diesem Prozess von »Bahnung«. Gebahnt werden genau jene Strukturen, die wir besonders intensiv benutzen. »Im Hirn eines Menschen werden immer dann entsprechende Netzwerke stabilisiert, wenn ihm die Sache unter die Haut geht«, sagt Gerald Hüther im Gespräch.

Die Explosivkraft der Entdeckung der Plastizität sieht man besonders gut im historischen Exkurs: In weiten Teilen des zwanzigsten Jahrhunderts ging die Scientific Community davon aus, dass unser Hirn wesentlich von genetischen Programmen bestimmt ist. Der genetische Bauplan, so die Vorstellung, legt fest, was auf welche Weise im Hirn verdrahtet wird. Erst ab Ende der 80er-Jahre des 20. Jahrhunderts gelangen durch die Einführung bildgebender Verfahren erste Durchbrüche, als man beobachten konnte, dass sich im Hirn Strukturen umbauen, wenn die Probanden neue Erfahrungen machten oder bestimmte Fertigkeiten trainierten. In diesem Kontext befreite ausgerechnet die harte Naturwissenschaft auch die Psychotherapie von allen Zweifeln an ihrer Wirksamkeit, da man nun subjektiv empfundene Heilungserfolge tatsächlich mit Veränderungen in den Hirnstrukturen objektivieren konnte. In diesem Zusammenhang wurde noch einmal besonders deutlich, wie prägend frühe Erfahrungen wirken und wie groß die Gefahr ist, sein gesamtes Leben gleichsam im Schatten der Vergangenheit zu verbringen. Zugleich aber können uns neue Erfahrungen in jedem Alter auf andere Lebens- und Gehirnbahnen katapultieren. Das gilt auf individueller, aber ebenso auf kultureller Ebene. So kommt auch der Altmeister der Medientheorie, Herbert Marshall McLuhan, zu seinem neurobiologischen Recht. McLuhan ging bekanntlich davon aus, dass sich das Medium zur Botschaft macht. Die Hirnforschung eröffnet nun den Blick dafür, dass sich mediale Erfahrungen – jenseits ihrer Inhalte – in die Hirnstrukturen einschreiben und die Wahrnehmung von Wirklichkeit verändern. So lief Wahrnehmung im Gutenberg-Zeitalter nach Maßgabe der Zerlegung der Welt gemäß dem typografischen Prinzip ab. Das detailversessene Klein-Klein wurde von den elektronischen Medien aufgelöst, die Raum und Zeit zusammenschmelzen lassen im sogenannten globalen Dorf. In welcher Weise sich die Hirnstrukturen umschreiben und die Weltwahrnehmungen sich verändern werden, wenn beispielsweise die Konzentrationsdroge Ritalin® mit suchtgefährdenden Computerspielen zusammenkommt, ist nicht abzusehen. Dass sie es tun werden, ist aufgrund der erfahrungsabhängigen Neuroplastizität sicher. »Es könnte eine absolute Katastrophe bedeuten!«, meint Henning Scheich in diesem Buch.

Die Plastizität ist im evolutionären Sinn eine noch verhältnismäßig junge Strategie. Denn bis zu den Dinosauriern waren die Hirne der Wirbeltiere fest verdrahtet. Sie kamen mit einem arteigenen Programm auf die Welt, das die neuronalen Bahnen im Gehirn bis in die kleinsten Gabelungen vorschrieb. Eine derart determinierte Struktur ist in sich sehr stabil. Die Kehrseite dieser Stabilität liegt jedoch in einem nur geringen Entwicklungspotenzial. Genau das aber ist in einer sich ständig wandelnden Umwelt lebensgefährlich. Die Festverdrahteten hatten keine Chance, in existenziellen Situationen wie plötzlicher Nahrungsknappheit oder dramatischer Klimaveränderung kreativ zu werden und neue Strategien auszuprobieren. Das Resultat ist bekannt.

Die neue evolutionäre Strategie der eher losen Verdrahtung wird mit einer längeren Verweildauer im elterlichen Nest bezahlt, da alles, was zum Überleben in der Umwelt nötig ist, erst erlernt werden muss. Je plastischer das Hirn, so könnte man sagen, desto länger muss sein Träger bei den Eltern bleiben. So erklärt sich auch die im gesamten Tierreich beispiellos lange Nesthockerzeit des Menschen. Keine andere Art verbringt fast ein Viertel ihres Lebens als Schutzbefohlene. Dieser Umstand zeigt zugleich, wie extrem formbar die neuronalen Strukturen des Menschen sind. Sein Hirn kommt in gewissem Sinne als ein leeres Gefäß zur Welt, das im Laufe der Entwicklung erst gefüllt werden muss.

Selbstorganisation

Für die Befüllung ist jedoch der Träger des Gehirns selbst verantwortlich. Denn das Hirn – und das ist die zweite große Einsicht der Neurowissenschaft – stellt ein dynamisches, sich selbst organisierendes System dar. So erteilt die Hirnforschung Eltern und Pädagogen eine drastische Lektion: Beide müssen von der lieb gewordenen Vorstellung Abschied nehmen, dass man den Kindern Wissen und Verhaltensweisen eintrichtern könnte. Im Hirn werden nur dann längerfristige synaptische Bahnungen angelegt, wenn man selbst etwas versteht, für sinnvoll erachtet und sich dafür begeistert. Die Wirksamkeit der inneren Beteiligung am Lernprozess ist dabei nicht zu überschätzen. Eltern und Lehrer können für die Langzeitnesthocker der Spezies Mensch lediglich die bestmöglichen Bedingungen schaffen, was die Lernenden aber daraus machen, mit welchen Schätzen sie ihr Hirngefäß befüllen, das obliegt einzig und allein ihrer eigenen Verantwortung.

Das Konzept der Selbstorganisation, wie es von Heinz von Foerster, Ilya Prigogine, Francisco Varela, Humberto Maturana und anderen entwickelt wurde, befasst sich mit dem Phänomen, dass unter bestimmten Bedingungen aus Chaos Ordnung entsteht. Und das auf verschieden Ebenen: Aus einer Ansammlung von Aminosäuren kann plötzlich eine lebendige Zelle werden. Aus einer Fülle von Geldtransaktionen kann eine Bank oder ein ganzes Finanzsystem entstehen. Eine Vielzahl gesellschaftlicher Handlungen kann bestimmte soziale Systeme wie das Rechts-, das Politik- oder das Kunstsystem herausbilden. Bei Selbstorganisationsphänomenen sticht ins Auge, dass das Ganze mehr ist als die Summe seiner Teile. So wie der menschliche Körper weitaus mehr ist als seine einhundert Billionen Zellen, ist eine Firma mehr als ihre Mitarbeiter. Selbst das differenzierteste

Wissen über die Körperzellen reicht nicht aus, um einen Menschen zu kreieren, ebenso genügt es nicht, die Mitarbeiter zu befragen, um ein Unternehmen zu verstehen. Es tritt etwas hinzu, das die neue Struktur ermöglicht. Das Konzept der Selbstorganisation beschäftigt sich mit jenem Etwas, das aus der Vielheit von Ereignissen eine neue Einheit zu schaffen vermag. Eben einen Menschen oder eine Firma. Für die Neurowissenschaft heißt das, es genügt nicht mehr, dass man die einzelnen Teile – Neurone, Netzwerke, Areale – beschreibt, um das Phänomen Gehirn zu verstehen. Auf der Suche danach, was im Hirn das Hinzutretende ist, wie aus dem Chaos neuronaler Zustände die Ordnung von Wahrnehmungen und Gedanken entsteht, befinden sich die Forscher noch am Anfang.

Protagonisten

Für die Auswahl der Gesprächspartner hatte ich mehrere Kriterien. Die jeweiligen Forscher sollten bereits eine längere Karriere hinter sich haben, damit sie über Differenzerfahrungen im Wandel ihres Forschungsgegenstandes verfügten. Andererseits aber mussten sie auch noch aktiv am Wissenschaftsgeschäft teilnehmen, um aus erster Hand über den Status quo berichten zu können. Zudem sollten die Hirnforscher auch bereit sein, über erkenntnistheoretische und philosophische Fragestellungen zu diskutieren. Schließlich war noch die Zeit, die ein solches Projekt mit den Arbeitsschritten Interview, Verdichtung und Autorisierung erfordert, ein weiteres Kriterium, ebenso wie die Zustimmung, trotz teils erheblicher Differenzen gemeinsam mit anderen Kollegen in einem Buch aufzutreten. Ich bin sehr froh darüber, dass ich neun renommierte Wissenschaftler für das vorliegende Buch gewinnen konnte. Sie decken fachlich die gesamte Breite des Wissenschaftsfeldes ab, sodass der Leser eine exklusive Einführung in die Hirnforschung bekommt. Mit Gerhard Roth, Wolf Singer und Gerald Hüther gehören die Meinungsführer in den öffentlichen Debatten über die Hirnforschung dazu, mit Christoph von der Malsburg einer der führenden Neuroinformatiker, mit Randolf Menzel kommt eine Koryphäe auf dem Gebiet der Erforschung des Bienengehirns zu Wort, während sich mit Henning Scheich ein Forscher meinen Fragen stellte, der brillante Experimente mit Primaten durchführt. Angela Friederici untersucht Menschengehirne in fast allen Lebensaltern und hat Herausragendes auf dem Gebiet der Sprachverarbeitung geleistet.

Einleitung

Hans J. Markowitsch gilt aufgrund seiner Amnesie-Forschungen als Deutschlands Gedächtnisexperte, und Frank Rösler hat unter anderem Verdienstvolles auf dem Gebiet der Erforschung der Neuroplastizität geleistet. Um einerseits jedem interviewten Hirnforscher gerecht zu werden, andererseits aber auch eine Vergleichbarkeit zu ermöglichen, habe ich halbstrukturierte Interviews geführt. Die Gespräche widmen sich den jeweiligen Spezialgebieten individuell, fangen dann aber durch wiederkehrende Fragen – zum Bewusstsein, zum Stand der Hirnforschung, zur Wahrheitsproblematik oder zu methodischen Begrenzungen – ein breites Spektrum an Perspektiven zum selben Gegenstand ein. Als Coda aus dem Gesagten entsteht die Aussage, dass das Gehirn sich selbst (noch) nicht versteht. Wie viel Erklärungs- und Selbsterkenntnispotenzial jedoch die verschiedenen Arten des Unverständnisses enthalten, ist durchaus überraschend.

Manifest

Eine der wiederkehrenden Fragen im Buch ist die nach dem *Manifest*. Die Zeitschrift *Gehirn und Geist* hat im Jahr 2004 elf Neurowissenschaftler gebeten, einen gemeinsamen Text zu »Gegenwart und Zukunft der Hirnforschung« zu verfassen. Zentral darin ist die Unterteilung des Forschungsgegenstandes in drei Ebenen. Die untere Ebene beschreibt dabei die Mechanismen an und in der einzelnen Zelle. Die obere Ebene klärt die Aktivitäten in verschiedenen Hirnarealen. Auf der Ebene dazwischen geraten die Hirnforscher, folgt man dem *Manifest*, in größte Erklärungsnot:

> »Zwischen dem Wissen über die obere und untere Organisationsebene des Gehirns klafft aber nach wie vor eine große Erkenntnislücke. Über die mittlere Ebene – also das Geschehen innerhalb kleinerer und größerer Zellverbände, das letztlich den Prozessen auf der obersten Ebene zugrunde liegt – wissen wir noch erschreckend wenig. Auch darüber, mit welchen Codes einzelne oder wenige Nervenzellen untereinander kommunizieren (wahrscheinlich benutzen sie gleichzeitig mehrere solcher Codes), existieren allenfalls plausible Vermutungen. Völlig unbekannt ist zudem, was abläuft, wenn 100 Millionen oder gar einige Milliarden Nervenzellen miteinander ›reden‹« (Das Manifest. Elf führende Neurowissenschaftler über Gegenwart und Zukunft der Hirnforschung. *Gehirn und Geist* 6/2004, S. 31).

Das heftig und kontrovers diskutierte Papier zeichnet zwar ein düsteres Bild der gegenwärtigen Erkenntnissituation, zugleich aber ist es Ausdruck eines grundsätzlichen Erkenntnisoptimismus. Von einer in der Nahdistanz von zehn Jahren über uns kommenden neuen Generation von Psychopharmaka ist dort zu lesen, ebenso wie von der Entschlüsselung neurodegenerativer Erkrankungen wie Alzheimer sowie von einer ganz neuen Stufe der Prothetik:

> »Zudem werden Neuroprothesen wie intelligente Ersatzgliedmaßen oder das künstliche Ohr immer weiter perfektioniert. In zehn Jahren haben wir wahrscheinlich eine künstliche Netzhaut entwickelt, die nicht im Detail programmiert ist, sondern sich nach den Prinzipien des Nervensystems organisiert und lernt. Das wird unseren Blick auf das Sehen, auf die Wahrnehmung, vielleicht auf alle Organisationsprozesse im Gehirn tief greifend verändern« (ebd., S. 36).

Die Hirnforscher heute mit dem *Manifest* zu konfrontieren war sehr aufschlussreich. Sowohl bei jenen, die an der Erarbeitung des Schriftstücks beteiligt waren, als auch bei jenen, die sich bewusst und aus unterschiedlichen Beweggründen von dieser öffentlichen Erklärung ferngehalten haben. Wenn man die teilweise stark vom *Manifest* abweichenden Haltungen nebeneinanderlegt, ist es erstaunlich, dass sich die Hirnforscher seinerzeit überhaupt auf ein gemeinsames Papier einigen konnten. Sicherlich ein Stück Wissenschaftsgeschichte der besonderen Art.

Konstruktivismus

So uneins die Hirnforscher hinsichtlich der Perspektive ihres Faches sind, so einhellig nehmen sie Abschied von früheren Vorstellungen. Bis tief in die 90er-Jahre des letzten Jahrhunderts gingen sie mehrheitlich noch davon aus, dass man es beim Gehirn – wie bei anderen Organen auch – mit einem passiven, informationsverarbeitenden, reizabhängigen System zu tun hat. Das Scheitern dieser Vorstellung gestehen die Hirnforscher heute ein und sind sich weitestgehend einig, dass unser Gehirn ein aktives System ist, das in Eigenregie seine inneren Zustände selbst erzeugt. Dazu Gerhard Roth: »Klar ist aber, dass das Hirn die Welt nicht so wahrnimmt, wie sie ist, sondern so, wie sie für das Überleben des Organismus relevant ist. Das sind eben winzigste Ausschnitte der Wirklichkeit.« Diese unter dem Stichwort Konstruktivismus in der Philosophie und Gesellschaftstheorie prominent gewordene erkenntnistheoretische Position macht in der Forscherpraxis Probleme, da man zusätzlich noch auf die tief sitzende behavioristische Vorstellung verzichten müsste, dass ein Reiz eine voraussagbare Reaktion hervorruft.

Lokalisation

Des Weiteren geht der Hirnforschung mit der Lokalisationstheorie gerade so etwas wie ihr Heiligtum verloren. Die Idee der Hirnkarten, die bestimmte Funktionen in eng umschriebenen Arealen verorten, ist nach neuestem Kenntnisstand nicht mehr haltbar. Bei vielen Untersuchungen wurde deutlich, dass dieselben Areale bei ganz unterschiedlichen Aufgaben aktiv sind. So scheint beispielsweise das Broca-Areal nicht, wie bisher angenommen, exklusiv für die Sprachverarbeitung zuständig zu sein, da es auch bei der Handlungsplanung aktiv ist. Schaut man sich die Gemeinsamkeiten an, so fällt auf, dass es bei beiden Prozessen die Funktion der Sequenzierung und Hierarchisierung leistet. Angela Friederici sagt dazu: »Ich glaube, man muss vorsichtig sein, wenn man die Funktionsweise eines bestimmten Areals beschreibt. Ich würde nie sagen, das Broca-Areal ist sprachspezifisch, sondern ich würde eher sagen, innerhalb des Sprachprozesses hat es eine spezifische Aufgabe. Und genauso würde ich das für andere Domänen sehen.« So steht die Hirnforschung möglicherweise vor der gewaltigen Aufgabe, das statische Hirnkartenmodell der verschiedenen Zentren zu den Akten der Wissenschaftsgeschichte zu legen und durch ein neues, dynamisches Modell der Funktionen zu ersetzen. Das aber benötigt wiederum eine Basistheorie, die noch nicht in der angemessenen Komplexität vorhanden ist. Die Rede ist hier von der Netzwerktheorie. Mitte der 8oer-Jahre des vorigen Jahrhunderts löste das Zauberwort *neuronale Netze* eine Welle der Euphorie aus. Die *New York Times* titelte damals in großen Lettern auf ihrer Frontpage: »In drei Jahren haben wir das Gehirn verstanden!« »Heute müssen wir konstatieren, dass die Neuroinformatik auf der Stelle tritt«, sagt Christoph von der Malsburg im Gespräch. Ein besonders schmerzliches Eingeständnis, da man mittlerweile nicht mehr mangelnde Rechnerleistungen für den ausbleibenden Durchbruch verantwortlich machen kann.

Information

Völlig unklar ist letztlich auch, in welcher Weise Informationen im Hirn gespeichert werden. Reichlich kontraintuitiv wurde nämlich in jüngster Zeit offensichtlich, dass es im Hirn kein Zentrum gibt, in dem Informationen zur Bewertung zusammengeführt werden. Damit platzte die Bibliotheksmetapher, mit deren Hilfe man sich die Informationsspeicherung lange Zeit zu verdeutlichen versuchte. Wenn es jedoch keinen Bibliothekar gibt, der weiß, wie die Bücher geordnet sind, dann taugt die ganze Bibliothek nichts. Ohne die wissende und ordnende Hand würden wir ewig nach Informationen suchen. Das Gegenteil ist jedoch der Fall. In unerklärbar rasantem Tempo wissen wir beispielsweise über unser Nichtwissen Bescheid. Wissen Sie, welches Spurenelement auf dem Pluto am häufigsten vorkommt? Nein? Ich auch nicht. Warum wissen wir das so schnell? Nach herkömmlicher Vorstellung müsste doch erst einmal recherchiert werden, ob nicht doch in irgendeiner der grauen Zellen etwas diesbezüglich hängen geblieben ist. Doch die Informationsverarbeitung im Hirn stellt sich nicht nur als Abruf-, sondern auch als Repräsentationsproblem dar. Die Vorstellung, dass die Informationen in einzelnen Neuronen hinterlegt sind, kann nach heutigem Stand der Hirnforschung nicht mehr gehalten werden. Prominent wurde diese Idee unter dem Stichwort »Großmutterneuron«. Hans J. Markowitsch meint dazu: »Es sterben 85 000 Nervenzellen pro Tag ab. Da dürfte man mit ziemlicher Sicherheit irgendwann seine Großmutter nicht mehr erkennen.«

Paradigmen

Wenn wissenschaftliche Paradigmen nicht mehr haltbar sind, heißt das noch lange nicht, dass neue entstehen. Wenn denn neue entstehen, heißt auch das noch lange nicht, dass nicht doch noch nach dem alten Paradigma geforscht wird. Thomas Kuhn hat in seiner grundlegenden Studie herausgearbeitet, welch starkes Beharrungsvermögen eigentlich bereits überkommene wissenschaftliche Leitbilder haben. In diesem Buch hier beleuchten die Forscher, warum dem so ist. In der Wissenschaftsinstitution wird unter dem Druck, Drittmittel einzuwerben und unablässig zu publizieren, aus dem Erkenntnistrieb der Erkenntnisbetrieb. Auch der Nachwuchs lässt Christoph von der Malsburg in dieser Beziehung nicht hoffen: »Die jungen Leute halten sich noch stärker an Moden und hüten sich davor, abweichende Gedanken vorzubringen. Sie können ansonsten ihre Artikel nicht veröffentlichen. Wenn die Referees sagen, das verstehe ich nicht, und die Artikel ablehnen, ist die junge Karriere nach drei Jahren zu Ende.«

Temperament

Zweifelsfrei gehört die Hirnforschung zur Hard Science, auch wenn sie an einer Stelle des Buches als »schmutzige Wissenschaft« bezeichnet wird. Umso erstaunlicher ist es, dass Aspekte des Charakters des jeweiligen Forschers in seine Perspektive auf die Wissenschaft und ihren Gegenstand mit hineinzuspielen scheinen. So ergaben alle Interviews eine andere Perspektive auf das, was man heute über das Gehirn weiß und wissen kann. Ich werde mich hüten, Namen zu nennen. Von den Charaktertypen aber kann ich erzählen. Am besten lassen sie sich über ihr Verhältnis zur gegenwärtigen Krise der Hirnforschung beschreiben.

In den letzten Jahren ist deutlich geworden, dass der Neurowissenschaft eine Theorie des Gehirns fehlt. Um es mit Randolf Menzel zu sagen, gibt es in der Hirnforschergemeinde »noch nicht einmal eine Idee davon, wie überhaupt eine solche Theorie aussehen könnte«. Die Unsummen an Daten, die von den weltweit agierenden Forscherteams zusammengetragen worden sind, lassen sich bislang zu keinem einheitlichen Gebäude zusammenfügen. Nicht von ungefähr bezeichneten sich die führenden Vertreter des Fachs im *Manifest* zum Stand der Hirnforschung als »Jäger und Sammler«. Befragt, ob man denn einen Einstein der Neurowissenschaft derzeit gut gebrauchen könnte, antwortet Frank Rösler: »Wir haben in der ganzen Hirnforschung bisher keinen Einstein. Wir haben noch nicht mal einen Newton.« Wie reagieren nun die einzelnen Temperamente auf diesen naturwissenschaftlichen Offenbarungseid?

Da ist der *Bescheidene*, der die Erkenntnisgrenzen der Hirnforschung klar vor Augen hat, aber gleichsam klaglos die tägliche Arbeit im Weinberg des Herrn verrichtet. Der *Skeptiker* dagegen empfindet die Einsicht, dass man eigentlich nicht mehr so recht weiß, wohin die Reise gehen wird, als eher befriedigend und beklagt die methodischen Beschränkungen. Besonders die MRT-Untersuchungen stehen hier im Fadenkreuz der Kritik, denn die MRT (Magnetresonanztomografie) misst nur Veränderungen in der Sauerstoffaufnahme in verschiedenen Hirnregionen. Auf die neuronale Aktivität, die uns in bunten Bildern in den entsprechenden Zeitschriften entgegenleuchten, kann aus dem MRT-Befund nur sehr indirekt geschlossen werden. Da Hirnforscher auch nur Menschen sind, gibt es unter ihnen auch den Charakter des *Cholerikers*, der trotz akzeptierter Erkenntnisgrenzen aufbrausend die Anwendung seiner Erkenntnisse in der Praxis einfordert. Auch den *prometheischen Typus* wird man antreffen, der aller erkenntnistheoretischen Hindernisse zum Trotz optimistisch bleibt, dass man – oder, genauer, er – nach akribischer Sichtung der Aktenlage zu einem überzeugenden Ergebnis kommen wird. Schließlich findet man den *Gelassenen*, der erstaunlich unbeirrt seinen Ideen nachgeht, was bei dem Druck des Forscheralltags einen erheblichen Luxus darstellt. An diesem Punkt zeigt sich die Auswirkung des Temperaments besonders, denn die Gelassenheit rührt nicht von der hoch dotierten Stelle her. Eine solche haben nämlich alle für dieses Buch interviewten Personen inne. Auch der hochgescheite, feine *Zyniker* darf nicht fehlen. Mit elegant geführtem Florett setzt er Nadelstiche gegen die Scientific Community. Auch dem *messianischen Typus* wird man in diesem Buch begegnen. Ihm genügt der heutige Stand der Hirnforschung bereits dafür, eine grundsätzliche Neuorientierung anzuregen.

Ich habe bewusst keine neun Charaktertypen vorgestellt, da es mir hier nicht um ein Ratespiel geht und ich weit davon entfernt bin, mir das Erstellen von Psychogrammen konkreter Personen anzumaßen. An dieser Stelle sollte lediglich herausgearbeitet werden, dass sich subjektive Voreinstellungen auf den auf objektiven Erkenntnisgewinn ausgerichteten Wissenschaftsprozess auswirken können.

Vielleicht ist die Hirnforschung innerhalb der naturwissenschaftlichen Disziplinen ohnehin die Fachrichtung, die den Forscher als Person am stärksten fordert. Wolf Singer drückt diesen Umstand so aus: »In der Hirnforschung geht es um die Erklärung des unerklärten Universums in mir selbst.«

Matthias Eckoldt
Berlin, Neujahr 2013

»Ein grundsätzlicher Paradigmenwechsel wäre gar nicht so schlecht!«

Hans J. Markowitsch über die Strategien unseres Gedächtnisses, den Rückzug in eine Klause und die Vorzüge des Determinismus

Prof. Dr. Hans J. Markowitsch *ist Jahrgang 1949 und studierte Psychologie und Biologie an der Universität Konstanz. Er ist Professor für Physiologische Psychologie an der Universität Bielefeld und war langjährig Direktor am Zentrum für interdisziplinäre Forschung. Er hatte Professuren an den Universitäten von Konstanz, Bochum und Bielefeld inne. Er leitet die Gedächtnisambulanz der Universität Bielefeld und arbeitet gelegentlich als Gutachter bei Gericht. Seine Hauptforschungsgebiete liegen in den Bereichen von Gedächtnis und Gedächtnisstörungen, Bewusstsein und Emotion. Er ist Autor oder Herausgeber von mehr als 20 Büchern und über 600 Buch- und Zeitschriftenartikeln.*

Natur- versus Geisteswissenschaft

MATTHIAS ECKOLDT: Lassen Sie mich so beginnen: Sie sind einer derjenigen Hirnforscher, die auch vor einer Zusammenarbeit mit Geisteswissenschaftlern nicht ...

HANS J. MARKOWITSCH: ... zurückschrecken.

MATTHIAS ECKOLDT: So kann man es sagen. Sie haben ein von der Volkswagenstiftung unterstütztes Forschungsprojekt zum autobiografischen Gedächtnis gemeinsam mit dem Kulturwissenschaftler Harald Welzer durchgeführt. Gibt es Ihrer Erfahrung nach bei der konkreten

Zusammenarbeit letztlich doch noch diese alte Demarkationslinie, die der Philosoph und Psychologe Wilhelm Dilthey bereits Ende des 19. Jahrhunderts deutlich machte, als er sagte, dass es den Naturwissenschaften um das Erklären, den Geisteswissenschaften aber um das Verstehen geht? Merkt man den anderen Zugriff auf Fragestellungen?

HANS J. MARKOWITSCH: Es wird rasch deutlich, dass in den Geisteswissenschaften eine ganz andere Denkart vorherrscht und damit auch eine ganz andere Art, Wissenschaft zu betreiben. Ich habe das gemerkt, was Publikationen angeht. Bei uns zählt, wo man publiziert, also Zeitschriftenartikel mit möglichst hohem Impact-Faktor. Dieses Wort »Impact-Faktor« ist in den Geisteswissenschaften noch ein Fremdwort. So viel zur formalen Ebene. Inhaltlich ist mir eine gewisse Naivität der Geisteswissenschaftler aufgefallen hinsichtlich dessen, was man überhaupt untersuchen kann. In diesem Projekt zur Untersuchung des Gedächtnisses sagte Harald Welzer zu mir: »Also, du hast einen Kernspintomografen. Da legen wir die Leute rein und lassen sie erzählen« [lacht]. Das ist natürlich Naivität pur. Wir wollen die Probanden natürlich möglichst wenig erzählen lassen. Die Möglichkeiten, im Kernspin mit Sprache zu arbeiten, sind sehr beschränkt, da die Kaumuskeln ständig Artefakte verursachen. Das schließt sich geradezu aus. Normalerweise gibt man Stichworte vor, und der Proband muss sich was dazu denken und kann sich später, wenn er wieder draußen ist, dazu äußern. Das ist natürlich sehr artifiziell, gemessen daran, wie wir uns jetzt gegenübersitzen.

Wahrheit und Lüge

MATTHIAS ECKOLDT: In dem Setting, das Sie gerade skizzierten, sind Sie immer darauf angewiesen, dass der Proband auch die Wahrheit sagt.

HANS J. MARKOWITSCH: Jein. Da wird es schon speziell. Wir haben gerade dazu Experimente im Rahmen eines großen EU-Projektes gemacht. Letztlich ging es dabei um Zeugenglaubwürdigkeit. Wir haben Probanden gebeten, Erlebnisse aus ihrem Leben zu erzählen. Dann haben wir mit denen zu jedem Erlebnis ein Stichwort vereinbart. Zu »Marathonlauf« beispielsweise hat sich der Proband dann vorgestellt, wie er in Saloniki den zweiten Platz beim Marathonlauf errungen hat. Dann sollten die Probanden noch eigene Erlebnisse erfinden.

MATTHIAS ECKOLDT: Das sind nicht direkt Lügen, sondern eher Fiktionen.

HANS J. MARKOWITSCH: Wir haben uns nun die Unterschiede in den Aktivierungsmustern angeschaut. In der Quintessenz gab es eine sehr klare Trennung. Die autobiografisch richtigen Erlebnisse waren mit Emotionen verbunden, da gab es eine Aktivierung rechts temporofrontal. Bei den fiktiven Geschichten gab es hinten im Hirn eine Aktivität in einem speziellen Bereich. Man weiß, dass diese Struktur für bildhaftes Vorstellen wichtig ist. Im Englischen wird sie *the mind's eye* genannt, weil man sich da im Geiste etwas vor Augen führt.

MATTHIAS ECKOLDT: Aber auch da mussten Sie sich ja Ihre Probanden erst mal konditionieren. Man könnte ja auch beim Stichwort »Marathon« an etwas ganz anderes denken.

HANS J. MARKOWITSCH: Das muss man genau aushandeln mit den Probanden. Wir haben den Studenten auch kurze, sehr simple Filme gezeigt. Eine Frau betritt einen Laden und probiert ein Parfum aus. Die Probanden sollten sich genau merken, was in den Filmen vorkommt. Zum Beispiel sah man die Frau, wie sie sich für ein Parfum entscheidet, aber man sah nicht, wie sie es aus dem Regal nahm. Während die Probanden im Kernspin lagen, haben wir Einzelbilder gezeigt und gefragt, ob sie das Bild im Film gesehen haben oder nicht. 45 % der Probanden lagen falsch. Da wurde klar, dass man häufig unter Fehlerinnerungen leidet. Man meint, sich an etwas zu erinnern, das so in der Wirklichkeit nie passiert ist.

Autobiografisches Gedächtnis

MATTHIAS ECKOLDT: Letztlich wird ja beim autobiografischen Gedächtnis die Ausnahme zur Regel. Diese spezielle Gedächtnisform besteht hochgradig aus Fehlerinnerungen. Man kann, glaube ich, mit Fug und Recht sagen, dass das autobiografische Gedächtnis größtenteils konstruiert ist.

HANS J. MARKOWITSCH: Richtig. Man kann autobiografische Erinnerungskonstrukte auch induzieren. Das geht gut bei Menschen, die von der Persönlichkeit her nicht so gefestigt sind. Also Leute, die unter psychischem oder physischem Stress leiden. In den USA wurde das gemacht. Da hat man den Probanden fiktive Geschichten suggeriert. Beispielsweise wurde gesagt: War das nicht so, dass Sie Ihrer Tante beim Familienfest Kaffee über den Rock geschüttet haben? Nach vier Wochen wurden die Probanden wieder gefragt, und die haben dann zu einem hohen Prozentsatz bestätigt, dass dem so war. Anderes Beispiel: Man hat sich aus dem Familienalbum ein Foto von Vater und Sohn genommen und in ein Foto von einem Heißluftballon einmontiert. Wenn man das dem Kind vorgelegt hat, beginnt es nach einer Weile zu erzählen, wie toll das war, als es von da oben die kleinen Menschen und die kleinen Autos gesehen hat, obwohl es noch nie in einem Heißluftballon geflogen ist.

MATTHIAS ECKOLDT: Welche Funktion könnte das haben? Warum ist unser autobiografisches Gedächtnis derart offen für Konstrukte und Fiktionen?

HANS J. MARKOWITSCH: Die Psychologen haben da einen schönen Fachausdruck geprägt, der lautet: »Reduktion der kognitiven Dissonanz«. Bei dem Versuch, sein Weltbild mit der Umwelt in Einklang zu bringen, liegt man oft neben der Wahrheit. Im Zentrum steht das konsistente Bild, das man von sich behalten muss und dafür Dinge addiert oder subtrahiert, die es nie gegeben hat. Das hilft uns, geistig gesund durch die Welt zu kommen und nicht über Gebühr an Situationen erinnert zu werden, wo unser Leben nicht so toll gelaufen ist.

MATTHIAS ECKOLDT: Also eine Stabilisierungsfunktion der Identität.

Die Funktion der Amnesie

HANS J. MARKOWITSCH: Das habe ich auch an Patienten mit dissoziativer Amnesie untersucht. Bei diesem Krankheitsbild verlieren die Betroffenen das Gedächtnis. Das sind häufig Patienten, die in der Kindheit traumatisiert wurden. Die erleiden eine Art Gedächtnisblockade, damit sie nicht mehr an ihre eigene Vergangenheit herankommen. Wir hatten den Fall eines Waisenkindes, das mehrfach adoptiert und jeweils wieder ins Waisenhaus zurückgeschickt wurde. Dann kam der Junge schließlich zu Eltern, mit denen er sich wieder nicht verstand. Er sollte Klavier spielen lernen. Das wollte er aber nicht und hat sich einzelne Fingerkuppen abgehackt, um nicht weiterüben zu müssen. Dann kam er in ein katholisches Internat und wurde, während er krank im Bett lag, mehrfach von Geistlichen vergewaltigt. Also, dieser Mann hatte eine sehr negative Lebensgeschichte. Später im Leben kam dann noch ein weiteres einschneidendes Erlebnis hinzu, woraufhin er als Schutzfunktion seine gesamte Erinnerung ausgeblendet hat. An diesen Fällen sieht man sehr gut, dass eine gesunde Kindheit entschei-

»Ein grundsätzlicher Paradigmenwechsel wäre gar nicht schlecht!«

dend ist für das spätere Leben. Wer in der Kindheit sehr labil war und möglicherweise sogar unter Missbrauch und körperlicher Schädigung aufgewachsen ist, der hat ein erhöhtes Risiko, im Laufe seines Lebens an dissoziativer Amnesie zu erkranken.

MATTHIAS ECKOLDT: Was weiß man über den Mechanismus der Amnesie? Auf welche Weise wird die Erinnerung abgeschaltet? Oder, um noch präziser zu fragen, wer löscht die eigene Erinnerung?

HANS J. MARKOWITSCH: Wenn man sich an Dinge erinnert, die negativ besetzt sind, führt das zu einer Ausschüttung von Stresshormonen. Die Stresshormone haben im Hippocampus und der Amygdala besonders viele Rezeptoren. Diese Hirnstrukturen sind für die Zusammenführung von Emotion und Faktengedächtnis wichtig. Sobald die Amnesie-Patienten an ihre Vergangenheit denken sollen, wird das Hirn von einer Kaskade von Stresshormonen überschwemmt und blockiert.

MATTHIAS ECKOLDT: Und die Emotionen?

HANS J. MARKOWITSCH: Die Bezeichnung dissoziative Amnesie beschreibt letztlich das Auseinanderlaufen von Emotion und Kognition. Entweder können die Betroffenen völlig kalt über das Ereignis berichten, oder sie wissen, dass es etwas sehr Aufregendes war, können aber nicht mehr davon erzählen. Wir hatten beispielsweise eine Frau, die als Kind vom Vater missbraucht wurde. Die hat die Zeit von zehn bis 16 völlig ausgeblendet.

MATTHIAS ECKOLDT: Sie gelten ja als einer der führenden Gedächtnisforscher. Was macht das Gedächtnis für Sie so spannend, steht da mehr als eine Wissenschaftlerkarriere dahinter?

HANS J. MARKOWITSCH: Eigentlich kam ich durchs Studium dazu. Ich hatte damals einen Professor, der mich für den Bereich Gedächtnis begeistern konnte. Seit der Dissertation habe ich mich damit beschäftigt und fand das ein faszinierendes Gebiet, weil das Gedächtnis unser Ich zusammenhält. Unser Gedächtnis erlaubt uns ja, in der Gegenwart eine Zeitreise zurück in die Vergangenheit zu machen, um gleichzeitig Informationen für die Zukunft zu gewinnen. Mich haben immer auch die emotionalen Aspekte dabei interessiert. Isabel Allende beschreibt das so schön in einem ihrer Romane, wo sie über ihre Hauptfigur sagt: Sie hatte zwei besondere Eigenschaften – ein gutes

Gedächtnis und einen guten Geruchssinn. Das ergibt für mich Sinn, weil das Gedächtnis aus dem Geruchssinn entstanden ist. Das weiß man von Babys. Wenn die geboren werden, wissen sie aufgrund des Geruchs sofort, wo sie die Milch herbekommen und wem sie vertrauen können. Hirnphysiologisch ist es nachweisbar, dass sich die mit dem Geruch assoziierten Regionen später mit der Gedächtnisverarbeitung befassen. Insofern gibt es eine unmittelbare Verbindung. Dass aus Geruch dann später Emotionen wurden, merkt man heute noch an Redewendungen wie: »jemanden nicht riechen können«. Im Weiteren hat mich interessiert, wie Gedächtnis im Gehirn organisiert ist, welche Bereiche für die Festigung zuständig sind, für die Ablagerung und den Wiederabruf. Da habe ich viel mit Patienten gearbeitet.

MATTHIAS ECKOLDT: Welche Rolle spielten dabei für Sie die bildgebenden Verfahren?

HANS J. MARKOWITSCH: Eine große Rolle. Mit bildgebenden Verfahren kann man beispielsweise den Therapieerfolg objektivieren. Wir hatten einen psychogenen Amnestiker, der einen reduzierten Hirnstoffwechsel hatte. Das haben wir dokumentiert. Nach einem Jahr Psychotherapie und der Einnahme von Antidepressiva hatte er wesentliche Teile seiner Erinnerung wieder, und es stellte sich bei der Tomografie heraus, dass sein Gehirnstoffwechsel wieder im Normalbereich lag. Es hat mich immer wieder fasziniert, dass bei Amnesie bestimmte Hirnbereiche nicht arbeiten. Wir haben eine Studie mit Amnestikern gemacht, wo wir untersucht haben, welche Hirnareale nicht mehr arbeiten. Da haben wir festgestellt, dass es sich besonders um den Bereich rechts temporofrontal – also zwischen seitlichem Stirnhirn und vorderem Schläfenlappen – handelt. Wenn es gelänge – ob nun über Verhaltenstraining oder Medikamente – den Bereich dazu zu bringen, dass der normal arbeitet, hätten die Patienten möglicherweise wieder den Zugang zu ihrer Erinnerung.

Wohl und Wehe von Psychopharmaka

MATTHIAS ECKOLDT: Wie ist das Ihrer Erfahrung nach überhaupt mit dem Einsatz von Psychopharmaka? Es setzt sich ja immer mehr die Haltung durch, dass unser Gehirn ein operativ geschlossenes, selbstorganisierendes System ist, in das man letztlich nur zu den Bedingungen des Hirns hineinkommt. Nach dieser Anschauung würde das, was das

»Ein grundsätzlicher Paradigmenwechsel wäre gar nicht schlecht!«

Hirn aus den Anregungen macht, in einem hohen Maße vom Hirn selbst abhängen. Wie ist es mit den Gedächtnispillen?

HANS J. MARKOWITSCH: Ich denke, da muss man Risikoabwägungen machen. Also: Was hat das an körperlichen Langzeitfolgen für die betreffende Person, beispielsweise Leber- und Nierenschäden? Zum anderen muss man aber auch auf der gesamtgesellschaftlichen Ebene schauen, dass die Arbeiter in Ländern wie China nicht letztlich morgens antreten und eine Gedächtnispille schlucken müssen, damit sie fit für den Job sind.

MATTHIAS ECKOLDT: Da müssen wir gar nicht nach China gehen. In der universitären Landschaft der USA soll das auf freiwilliger Basis bereits so ähnlich laufen. Jeder vierte Student und jeder fünfte Professor nehmen dort wohl regelmäßig Ritalin®. Das hat zur Folge, dass das Lernniveau ansteigt und man nach und nach zurückfällt, wenn man nicht auch die entsprechenden Pillen einwirft.

HANS J. MARKOWITSCH: Von daher ist es etwas sehr Zweischneidiges. Die andere Seite sieht so aus. Man hat in Harvard Versuche gemacht, wo man Vergewaltigungsopfern so rasch wie möglich nach der Vergewaltigung den Betablocker Propanolol® injiziert hat. Das hat zur Folge, dass diese Frauen das traumatische Erlebnis nicht mehr so negativ abspeichern, und damit sinkt die Gefahr einer posttraumatischen Belastungsstörung. Gegner dieser Methode sagen, dass man den Frauen auf diese Weise ihre eignen Gedanken wegnimmt. Die Naturwissenschaft muss mit dem Dilemma leben, dass man alles Mögliche am Gehirn manipulieren kann. Mal wird das von der Gesellschaft goutiert, mal nicht. Ein anderes Beispiel: In Deutschland werden seit Jahrzehnten Elektroden ins Hirn von Parkinson-Patienten implantiert mit dem Ziel, die Symptome zu verringern. Die Patienten verlieren durch die Stimulation der Elektroden tatsächlich die Symptome und können dann wieder gezielt ein Glas Wasser greifen und locker gehen, aber das Kreative wird dadurch im Einzelfall möglicherweise eingeschränkt.

Die Funktion des Gedächtnisses

MATTHIAS ECKOLDT: Ich habe eine Frage zum Gedächtnis selber. Wie funktioniert das eigentlich? Es gibt ja diese Bibliotheksmetapher, nach der alles, was wir wissen, in einer reproduzierbaren Ordnung abgelegt

29

wird. Aber so kann es ja wohl nicht funktionieren. Das Gedächtnis arbeitet offensichtlich viel assoziativer. Wie weit ist die Forschung da?

HANS J. MARKOWITSCH: Da kann man noch einen Nobelpreis bekommen, wenn man die Frage beantwortet, wie Gedächtnis in die Nervenzellen gelangt und wie es wieder herauskommt. Man hat bereits Vorstellungen davon, dass Information bevorzugt in bestimmte Gehirnbereiche gelangt, wo sie mit schon vorhandener Information assoziiert, verknüpft und angebunden wird. Gegenwärtig kommt zunehmend die Epigenetik ins Spiel.

MATTHIAS ECKOLDT: Die Idee also, dass aufgrund bestimmter Umwelteinflüsse manche Gene aktiviert werden und andere nicht.

HANS J. MARKOWITSCH: Richtig. Früher hat man das alles darwinistisch gesehen, heute kommt durch die Hintertür der Lamarckismus wieder herein. Wir haben einen gewaltigen Pool an Genen. Davon ist aber nur ein Teil aktiv. Inzwischen weiß man, dass durch Informationsaufnahme Gene aktiviert werden, die dann die Zellen nachhaltig verändern. Das könnte eine Bedingung für das Langzeitgedächtnis sein. Auf der anderen Seite ist auch sicher, dass Nervenzellen aktiv sind, wenn Information ins Gehirn gelangt. Bestimmte Nervenzellen bleiben wahrscheinlich länger als üblich aktiv und verändern sich in einem komplizierten Stoffwechselprozess, sodass einige Verknüpfungen verstärkt werden und andere Verknüpfungen, die nicht gebraucht werden, wegfallen. So entstehen neue Netzwerke von Nervenzellen, in denen die Information dann irgendwie vorhanden ist. Wenn man die Netzwerke mit Impulsen aktiviert, werden die Informationen wieder zutage gefördert. Dabei spielt wiederum die Region, die ich schon mehrmals genannt habe – rechts temporofrontal – eine Rolle. Sie fungiert offensichtlich als eine Art Impulsgeber in diesem Prozess.

MATTHIAS ECKOLDT: Das klingt plausibel, das Problem an Ihrer Darstellung ist nur das »irgendwie«.

HANS J. MARKOWITSCH: Deswegen sage ich ja, da wäre noch ein Nobelpreis zu holen. Die wesentlichen Probleme an der Sache sind folgende. In den 70er-Jahren gab es mal die Idee der Großmutterzelle.

MATTHIAS ECKOLDT: Die Idee, dass für jedes Ding dieser Welt letztlich ein Neuron zuständig ist.

HANS J. MARKOWITSCH: Ein Neuron für die Großmutter mütterlicherseits, ein anderes für die Großmutter väterlicherseits. Wieder ein anderes für den VW Beetle und so weiter. Das funktioniert so sicherlich nicht. Es sterben 85 000 Nervenzellen pro Tag ab. Da dürfte man mit ziemlicher Sicherheit irgendwann seine Großmutter nicht mehr erkennen.

MATTHIAS ECKOLDT: Oder sein Auto.

HANS J. MARKOWITSCH: Oder sein Auto. Ich habe Ende der 80er-Jahre mein erstes Buch herausgebracht, wo ich ein eigenes Kapitel den Netzwerkvorstellungen gewidmet habe. Meines Erachtens könnte das Ganze ein bisschen in die Richtung der Holografie gehen, wenn Ihnen das etwas sagt.

MATTHIAS ECKOLDT: Bei Hologrammen legt man verschiedene Bilder vom selben Objekt übereinander, bis ein räumlicher Eindruck entsteht.

HANS J. MARKOWITSCH: So ähnlich kann man es sich im Gehirn auch vorstellen. Viele Informationen sind an vielen Stellen abgelegt und vernetzt. Je genauer es gelingt, die richtigen Neurone in dem Netz zu aktivieren, umso genauer erinnern wir uns an das Erlebnis. Wenn nur Teile aktiviert werden, wird die Erinnerung verschwommener, aber sie geht selten ganz verloren. Damit kann man dann auch erklären, wieso selbst ein Alzheimer-Patient im mittleren Stadium immer noch seinen Namen sagen kann und möglicherweise auch noch, wann er geboren ist. Es gibt eigentlich keine Hirnschädigungen, die basale Informationen ganz auslöschen. Das heißt im Umkehrschluss, die Informationen müssen so weit vernetzt sein – hier wieder das Stichwort Holografie –, dass es immer noch eine Restaktivierungsmöglichkeit gibt. Auf der anderen Seite weiß man, wenn man eine Person täglich sieht, hat man ein viel konkreteres Bild von ihr, als wenn man sie Jahre nicht sieht. Von daher verändert sich auch das Gedächtnis in der Zeit. Unser Gedächtnis ist dynamisch. Wir behalten Dinge eher im Gehirn, wenn die einen hohen Einmaligkeitswert haben. Wenn man bestimmte Dinge mehrfach ähnlich erlebt hat, verschwimmt die Erinnerung ein wenig. Beispiel Gerhard Schröder oder Joschka Fischer – wenn man, wie die beiden, viermal geheiratet hat, wird das beim vierten Mal sicher nicht so langfristig im Detail wahrgenommen wie die erste Heirat. Da kommt natürlich noch der Umstand hinzu,

31

dass alles, was früher ins Gehirn gelangt, einen reineren emotionalen Einmaligkeitscharakter hat und von daher besser vernetzt und damit eingespeichert werden kann. Außerdem wird das dann im Laufe des Lebens immer wieder hervorgeholt und damit erneut eingespeichert. Wenn aber durch eine Art Interferenz mehrere ähnliche Ereignisse da sind, verschwimmt es.

MATTHIAS ECKOLDT: So ähnlich, wie wenn man einen Text mit einem Programm von einer Sprache in die nächste übersetzen und zum Schluss wieder in die Ausgangssprache übertragen lässt, dann hat der Text nur noch entfernte Ähnlichkeit mit dem Original.

HANS J. MARKOWITSCH: So geht es mit unseren Erinnerungen, sie ändern sich im Laufe der Zeit.

MATTHIAS ECKOLDT: Aber würden Sie denn sagen, dass die Informationen letztlich »irgendwo« und »irgendwie« ein festlegbares, nicht weiter zu reduzierendes Substrat haben?

HANS J. MARKOWITSCH: Ja, das schon.

MATTHIAS ECKOLDT: Dann würde die Differenz zur Vorstellung vom Großmutterneuron darin bestehen, dass die Informationsverarbeitung in Netzwerken und nicht eins zu eins abläuft.

HANS J. MARKOWITSCH: Es sind sicherlich mehrere Netzwerke, die da beteiligt sind. Eines ist mehr für die Information als solche zuständig, dann gibt es ein Netz, das die Emotionen hinzusteuert, und dann gibt es noch das Netz, das die Aktivierung liefert, damit man da herankommt.

MATTHIAS ECKOLDT: Wo entsteht dabei eigentlich die gravierendste Erklärungslücke, für deren Schließung man den Nobelpreis bekommen könnte?

HANS J. MARKOWITSCH: Die Erklärungslücke besteht eigentlich im Ganzen. Man kann das, wie ich es hier auch gemacht habe, nur so wischiwaschimäßig darstellen, aber nicht präzise vorhersagen, wenn jetzt diese Aktivierungsmuster auftreten, dann erinnere ich mich an meinen Urlaub auf den Bahamas.

MATTHIAS ECKOLDT: Aber dafür fehlt doch nicht nur ein bisschen Rechnerleistung, sondern da fehlt doch noch eine grundsätzliche Idee, wie Gedächtnis funktioniert.

Hans J. Markowitsch: Wenn man Patienten einen Teil vom Schläfenlappen entfernt, dann können die sich nicht mehr an belebte Objekte erinnern. Man bittet sie, eine Schlange zu zeichnen, dann malen die eine Schlange mit vier Beinen. Wenn man sie aber fragt, was ist ein Kompass, dann können sie das ganz präzise beschreiben. Das heißt, es gibt möglicherweise schon unterschiedliche Orte für das Gedächtnis, aber die sind nicht exklusiv, erst recht nicht, wenn es um derart Grundlegendes wie den eigenen Namen geht. Die Differenz in der Hirnforschung ist die zwischen Lokalisation und Antilokalisation. Die einen sagen, alles ist überall im Gehirn, und das Ganze ist mehr als die Summe seiner Teile, während die anderen aufgrund von Forschungen bei Hirnschäden sagen, an der Stelle sitzen das Mitgefühl und das Gemeinschafts-Ich. Da gab es ein Standardwerk. Karl Kleist aus Frankfurt schrieb 1934 ein Buch über Hirnlokalisation. Der hatte ein riesiges Krankenhaus nach dem Ersten Weltkrieg, in dem viele Soldaten mit Schuss- und Schrapnellverletzungen lagen. Aus seinen Untersuchungen hat er einen Hirnatlas gemacht, in dem er jeder Region Funktionen zugewiesen hat. Das war für die Neurologen ein gefundenes Fressen, da leben die zum Teil heute noch von. Man kann dann sagen, wenn es hier eine Schädigung gibt, dann ist diese Form der Sprachexpression nicht mehr möglich.

Matthias Eckoldt: Das wäre aber nicht in Ihrem Sinne.

Hans J. Markowitsch: Nein. *Wir* sagen, wenn Sprachexpression nach der Schädigung der Broca-Region nicht mehr möglich ist, heißt das noch lange nicht, dass diese Region als einzige für Sprache zuständig ist, da keine Region für sich allein arbeitet. Wenn die Verbindung nicht mehr da ist, gelingt es nicht mehr, die Funktion auszuführen, aber die Funktion ist trotzdem wesentlich multipler verankert im Gehirn.

Wie entsteht Bewusstsein?

Matthias Eckoldt: Wie würden Sie die aktuelle Grundfrage der Hirnforschung benennen? Auf der einen Seite wird ja gesagt, dass die Hirnkarten und der damit verbundene Lokalisationismus obsolet sind, auf der anderen greift auch das behavioristische Modell, nach dem das Hirn von außen gereizt wird und gemäß der Natur des Reizes reagiert, nicht mehr. Wo steht die Hirnforschung aus Ihrer Sicht?

Hans J. Markowitsch: Die spannendste Grundfrage der Hirnforschung ist natürlich immer noch, wie entsteht Bewusstsein im Gehirn? Ich habe gerade einen Artikel gelesen, in dem steht, dass man mit bildgebenden Verfahren die Grundregionen benennen kann, die für basales Bewusstsein notwendig sind. Die haben Probanden durch Narkotika stufenweise im Bewusstsein reduziert und geschaut, was in dem jeweiligen Grad an Bewusstsein noch aktiv ist. Aber auch das ist letztlich Flickschusterei.

MATTHIAS ECKOLDT: Das ist dann doch sehr mechanistisch.

HANS J. MARKOWITSCH: Eben. Die Frage ist doch, warum das Gehirn von einem Menschenaffen und einem Menschen verdammt ähnlich ist. Ein Schimpansengehirn hat fünfhundert Gramm, das menschliche Gehirn bei Geburt auch. Wenn ich meine Studenten frage, können die zwischen den Gehirnen im ersten Semester keinerlei Unterschiede sehen. Wieso haben wir als Menschen Bewusstsein, wissen, dass unser Leben endlich ist, und können Kulturen aufbauen, während Affen das nicht können? Man muss da gar nicht so weit in die unterschiedlichen Spezies gehen. Wir haben ja selbst Menschen, die über bestimmte Bewusstseinszustände nicht verfügen, auch wenn das zumeist nicht so gut ankommt, wenn man so etwas sagt. Ein Baby hat sicher noch kein ausgeprägtes Bewusstsein, Menschen mit massivem Hirnschaden haben es nicht, Menschen, die schwer debil sind, kommen auch nie in den Zustand, dass sie über ihr Ich und ihr Leben reflektieren können. Leute, die dement werden, können das auch nicht. Wenn man sich nun aber das Gehirn von einem debilen Kleinkind makroskopisch anschaut, sieht das möglicherweise gar nicht anders aus als das von einem nichtdebilen Kleinkind. Da stellt sich dann die drängende Frage, was ist anders? Warum bekommen die meisten Menschen mit einem Mal so einen Schub, wo sie sich im Spiegel erkennen, später sich geistig erkennen und über sich reflektieren können? Wie kommt es zu dieser Einzigartigkeit beim Menschen?

MATTHIAS ECKOLDT: Da tappt man noch sehr im Dunkeln, nicht wahr?

HANS J. MARKOWITSCH: Ja!

MATTHIAS ECKOLDT: Es gab ja mal von Wolf Singer die Idee, Bewusstsein über die 40-Hertz-Synchronschwingung zu erklären. Da die Hirnforscher keinen definierbaren Ort gefunden haben, wo das Bewusstsein sitzt, meinte Singer, dass Neurone verschiedener Hirnregionen über eben jene 40-Hertz-Schwingung miteinander vernetzt sein und auf diese Weise Bewusstsein bilden könnten.

»Ein grundsätzlicher Paradigmenwechsel wäre gar nicht schlecht!«

HANS J. MARKOWITSCH: Das funktioniert, glaube ich, nicht ausschließlich über diese Synchronisationen. Ich würde sogar meinen, dass man die 40-Hertz-Synchronschwingung auch bei den Debilen finden kann, obwohl man denen kein Bewusstsein zugestehen würde.

MATTHIAS ECKOLDT: Ist denn ein Code für das Bewusstsein in Aussicht?

HANS J. MARKOWITSCH: Nicht, dass ich wüsste.

MATTHIAS ECKOLDT: Beim Rechner kann man den ja angeben. Wenn man alle Algorithmen und Programmiersprachen auf den Grund reduziert, auf dem sie aufbauen, kommt man zum Schluss auf Nullen und Einsen. Etwas Adäquates müsste es doch auch beim Bewusstsein geben!?

HANS J. MARKOWITSCH: In dieser Richtung ist mir nichts bekannt. Die Hirnforschung weiß einerseits sehr viel darüber, welche Prozesse unter welchen Bedingungen ablaufen. Wenn man aber zur Erklärung des Ganzen kommen will, merkt man rasch, dass das alles eigentlich nur die Minimalvoraussetzungen sind.

Von der Notwendigkeit eines Paradigmenwechsels

MATTHIAS ECKOLDT: Ist es denn möglich, dass in der Hirnforschung ein grundsätzlicher Paradigmenwechsel ansteht? Ähnlich wie in der Physik im 20. Jahrhundert, wo man auch sehr viele einzelne Erkenntnisse hatte, aber die Perspektive, mit der man auf die Dinge schaute, noch einmal grundsätzlich gedreht werden musste? Oder meinen Sie, dass man mit den Mitteln und Wegen, die man bis jetzt anwendet und beschreitet, weiterkommt?

HANS J. MARKOWITSCH: So ein grundsätzlicher Paradigmenwechsel wäre vielleicht gar nicht so schlecht. Aber kritisch gesagt: Die Idee des Paradigmenwechsels entspricht nicht mehr dem gegenwärtigen Wissenschaftstypus.

MATTHIAS ECKOLDT: Weil es zu viele Schulen gibt, die nicht mitmachen würden?

HANS J. MARKOWITSCH: Nein, weil wir als Wissenschaftler gedrängt sind, kontinuierlich Output zu liefern. Das aber geht nur, wenn man beim alten Schuh bleibt und da, wo man sich sicher ist, weiterarbeitet.

Man kann nicht einfach alles wegschmeißen und noch mal ganz neu anfangen. Dazu ist innerhalb des Betriebs niemand in der Lage. Da müsste man sich ein paar Jahre in eine Klause zurückziehen, so wie der russische Mathematiker Grigori Perelman. Irgendwann klopfte man dann an seine Tür und wollte ihm eine Million Dollar Preisgeld und die Fields-Medaille für seine wissenschaftlichen Leistungen überreichen. Er hat gesagt: Ich brauche die nicht, ich brauche auch das Geld nicht, und hat die wieder weggeschickt.

MATTHIAS ECKOLDT: Ein Mann mit einer derart ausgeprägten inneren Freiheit also, wie es von Diogenes in der Tonne berichtet wird, der zum König gesagt haben soll, als der ihm egal welchen Wunsch erfüllen wollte: »Geh mir nur ein wenig aus der Sonne.«

HANS J. MARKOWITSCH: Dieser Typ Wissenschaftler ist sehr selten. Dafür bietet sich natürlich auch die Mathematik an, weil man da am ehesten mit Kopf und Bleistift arbeiten kann. Das können wir halt nicht. Wir brauchen Geräte und Gelder. Um weitere Gelder zu bekommen, braucht man den kontinuierlichen Output. Eine Idealvorstellung wäre, es würde sich ein Dutzend führender Neurowissenschaftler zusammensetzen und gemeinsam drei Jahre unabgelenkt nachdenken, welche anderen Wege man im Fach gehen könnte. Aber da würde auch bald der Erste vom Ehrgeiz gepackt, und er würde vor der Zeit die exklusive Versammlung verlassen, wenn er eine Idee hätte. Auch wenn diese Idee wieder nur ein kleines Teilchen und nicht die große, neue Perspektive wäre.

MATTHIAS ECKOLDT: Insofern muss es doch reichlich deprimierend sein, wenn sich der Erkenntnistrieb in einen Erkenntnisbetrieb verwandelt.

HANS J. MARKOWITSCH: Wenn man es negativ sieht, haben Sie recht. Auf der anderen Seite gibt es den Spruch: »Schuster, bleib bei deinem Leisten!« Ich meine, man stünde ja auch dumm da, wenn man nach drei Jahren ohne ein Ergebnis aus der Klausur zurückkäme [lacht].

Das Manifest

MATTHIAS ECKOLDT: Es gab ja 2004 das *Manifest* elf führender Hirnforscher über Gegenwart und Zukunft des Faches. Sie haben nicht mit unterzeichnet. Wie haben Sie das *Manifest* gelesen?

HANS J. MARKOWITSCH: Ich glaube, das lief so, dass sich da ein paar Hirnforscher getroffen haben, die sich untereinander auch gut kannten. Die haben dann etwas geschrieben und es als *Manifest* in die deutschsprachige Welt gesetzt. Es ist eine These als Hypothese, die vielleicht im Einzelnen nicht ganz richtig ist, die aber in den Grundzügen etwas für sich hat.

MATTHIAS ECKOLDT: Würden Sie denn die im *Manifest* gesetzten Erkenntnisgrenzen unterschreiben? Wenn ich mal aus dem Text zitieren darf:

»Wie das Gehirn die Welt so abbildet, dass unmittelbare Wahrnehmung und frühere Erfahrung miteinander verschmelzen und wie es zukünftige Aktionen plant, ist nicht einmal in Ansätzen klar. Und es ist nicht klar, wie man dies überhaupt erforschen könnte. In dieser Hinsicht befinden wir uns noch auf dem Stand von Jägern und Sammlern.«

HANS J. MARKOWITSCH: Das stimmt ja in etwa mit dem überein, was ich zur Funktionsweise des Gedächtnisses gesagt habe. Man tappt da einfach im Dunklen. Was man als Hirnforscher jedoch eher herausstreicht, ist, was man alles weiß. Da gibt es am Bernstein-Zentrum Versuche, wo man mit bildgebenden Verfahren bereits acht Sekunden bevor der Proband etwas tut, voraussagen kann, was er tun wird.

MATTHIAS ECKOLDT: Acht Sekunden? Bei den bahnbrechenden Experimenten von Benjamin Libet sprach man davon, dass 350 Millisekunden vor der bewussten Entscheidung für eine Handlung ein Bereitschaftspotenzial zu messen ist.

Über das Problem der Entscheidungsfindung

HANS J. MARKOWITSCH: Acht bis zehn Sekunden. Das ist ein Dimensionssprung gegenüber den Libet-Versuchen. Ich hänge, nebenbei bemerkt, nicht an den Libet-Versuchen. Für mich ist wichtig, dass Entscheidungen tatsächlich determiniert sind. Einmal durch die gesamte Lebensgeschichte von pränatal bis Gegenwart, zum anderen durch das, was man genetisch mitbringt, zum Dritten, inwieweit das Gehirn normal arbeitet, und zum Vierten dann durch aktuelle Umweltgeschehnisse. Dadurch kann dann auch der Zufall ein wenig in die Entscheidungsfindung hineinspielen. Diese vier Aspekte bedingen, wie ein Mensch handelt. Wenn nun an einem der Schräubchen gedreht wird, kommt eine andere Handlung raus. Eine andere Sache ist dann die Zuschreibung der Verantwortlichkeit für die Handlung. Wenn man immer SPD gewählt hat und nun plötzlich CDU wählt, wird man nach dem Prinzip der Reduktion der kognitiven Dissonanz nicht zugeben, dass man sich selbst geändert hat, sondern man wird immer behaupten, dass sich die Partei geändert hat, sodass man sie nicht mehr wählen kann.

MATTHIAS ECKOLDT: Nun gut, aber da kann es auch passieren, dass einem eigentlich alles klar scheint, aber wenn man dann in der Kabine steht, entscheidet man sich noch einmal um.

HANS J. MARKOWITSCH: Offensichtlich ist es grundsätzlich gar nicht so sinnvoll, viele Entscheidungsmöglichkeiten zu haben. Man hat in einem Experiment mal 30 verschiedene Marmeladen zum Kauf angeboten und dann nur acht verschiedene. Dabei stellte sich heraus, dass die Leute viel mehr kauften, wenn sie weniger Auswahl hatten. Oder nehmen Sie den Autokauf. Man wälzt lange irgendwelche Kataloge, grübelt über die Abgas- und Verbrauchswerte nach und kauft zum Schluss dann doch nach Design oder Fabrikat. Mir ging das gerade so mit einem neuen Fernsehapparat. Da habe ich auch lange im Internet recherchiert und hatte vier Modelle in der engeren Auswahl, aber gekauft habe ich schließlich einen ganz anderen.

MATTHIAS ECKOLDT: Kollidiert das aber nicht mit Ihrer Idee des Determinismus? Bei diesen spontanen Umentscheidungen wird doch eher ein höherer Freiheitsgrad sichtbar.

HANS J. MARKOWITSCH: Das sehen die Geisteswissenschaftler vielleicht so [lacht]. Für mich ist das determiniert. Wenn man sich aus der aktuellen Situation heraus entscheidet, entscheidet man sich ja mit Argumenten, die eine biografische Geschichte haben: Da zählt dann so etwas wie Design und Preisnachlass. Außerdem die Marke. Ich bin seit Jahren mit meinem Toshiba-Computer zufrieden, dann werde ich auch mit einem Toshiba-Fernseher zufrieden sein.

MATTHIAS ECKOLDT: Aber genauso gut könnten Sie mit einem Sony-Fernseher aus dem Laden hinausgegangen sein.

HANS J. MARKOWITSCH: Eben nicht!

Kontroverse um den Determinismus

MATTHIAS ECKOLDT: Das ist aber genau die Frage. Was kann Ihr Determinismus letztlich beschreiben? Wenn man genug Vorbedingungen in die Erklärung einer Handlung hereinnimmt, wie Sie es gerade gemacht haben, dann scheint natürlich die freieste, spontanste Handlung letztlich als determiniert. Dass die jeweilige Person mit ihrem Gewordensein eine Entscheidung auf der Grundlage ihres Gewordenseins trifft, ist für mich kein Determinismus, sondern eher eine Tautologie. Welchen Sinn sollte vor diesem Hintergrund die Frage nach Determinismus versus freie Entscheidung haben? So, wie Sie die Sache sehen, ist es ohnehin klar, dass jede Entscheidung determiniert ist.

HANS J. MARKOWITSCH: Das sage ich ja, es ist sowieso klar [lacht]! Was aus meiner Sicht die Kontroverse ausmacht, ist Folgendes: Die meisten zeitgenössischen Philosophen sagen ja, dass wir Kompatibilisten sind. Für mich ist das so was wie Halb-schwanger-Sein. Die sagen: Solange man im Einklang ist mit seinen Wünschen und man sich im legalen Rahmen bewegt, handelt man frei. Ich sage dagegen, man handelt aufgrund der Determinanten. Dann heißt es wieder, so wie Sie auch sagen, natürlich handeln wir aus Determinanten, aber die präjudizieren nicht, dass wir unfrei sind.

MATTHIAS ECKOLDT: Genau, frei heißt ja nicht frei von Bedingungen, sondern frei im Rahmen der Bedingungen der Möglichkeit.

HANS J. MARKOWITSCH: Da sehe ich den Widerspruch. Natürlich bestimmen die Determinanten, dass wir uns eher marionettenhaft verhalten.

MATTHIAS ECKOLDT: Aber da gibt es ja noch die Möglichkeit, den Roman seines eigenen Lebens zu ergründen oder, wie die Psychologen sagen, Persönlichkeitsmuster aufzudecken und sich davon – zumindest ein Stück weit – zu befreien.

HANS J. MARKOWITSCH: Nein! Das ist in meinen Augen viel zu kurz gedacht. Mit dem Vorsatz, ich will jetzt mal anders handeln, kommt ja nur eine weitere Determinante ins Spiel.

MATTHIAS ECKOLDT: Mag sein, aber diese Determinante ist dann zumindest selbstbestimmt und nicht mehr fremdbestimmt wie die in der Kindheit erworbenen Muster.

HANS J. MARKOWITSCH: Man denkt doch immer, dass man aus Selbsterkenntnis handelt. Egal, was man macht, glaubt man, dass es authentisch aus einem heraussprudelt. Aber in Wirklichkeit ist es das nicht, sondern nur das, was an Hirnkonstellation aktuell im Vordergrund steht. Wenn da etwas Neues hinzukommt, handelt man anders. Wenn man plötzlich hört, der Regierungschef ist eigentlich ein Betrüger, dann sagt man sich, dass man den doch nicht wählen kann, sondern für einen anderen stimmen muss. Es sind in diesem Fall die neuen Informationen, die als Determinante hinzukommen.

MATTHIAS ECKOLDT: Selbst noch, wenn es Informationen über mich selber sind?

HANS J. MARKOWITSCH: Das macht keinen Unterschied. Wir handeln aufgrund unseres aktuellen Gehirnzustandes. Das sieht man, wenn man am Gehirn manipuliert. Dass man unter Alkohol beispielsweise schon liberaler handelt. Wir haben auch mal transkraniale Magnetstimulationen aufs Gehirn von Probanden wirken lassen.

MATTHIAS ECKOLDT: Mit transkranialer Magnetstimulation kann man durch starke Magnetfelder verschiedene Bereiche des Gehirns stimulieren.

HANS J. MARKOWITSCH: Stimulieren oder hemmen. Die Krux an der Sache ist, dass wir Menschen keinen Sinn für Magnetismus haben und gar nicht merken, dass da etwas mit uns geschieht. Man kann die Probanden mit dieser Methode sogar vorübergehend dement machen. Im Grunde könnte man sich vorstellen, Magnete einzusetzen, die auf die Menschen einwirken, damit sie bestimmte Sachen denken oder tun beziehungsweise nicht mehr tun. Von daher sind wir immer abhängig von dem, was an Mechanismen und Konstellationen auf uns einwirkt. Wenn ein Palästinenser-Junge Steine auf israelische Autos wirft, macht er das, weil er das so erlernt hat. Wäre er in Europa aufgewachsen, würde er das nicht tun.

MATTHIAS ECKOLDT: Aber mit Ihrer Idee von Determinismus sprechen Sie doch dem Palästinenser-Jungen ab, dass er sein Handeln reflektieren und damit aufhören kann.

HANS J. MARKOWITSCH: Nein, das spreche ich ihm nicht ab. Das ist vielmehr die andere Seite, die mit dem Konzept des Determinismus einhergeht. Wenn neue Konstellationen, also auch neue Determinanten, da sind, wird sich das Verhalten ändern. Wenn man es gesellschaftlich positiv sehen will, kann man somit auch dem Mörder die Perspektive bieten, sich durch Psychotherapie ändern zu lassen, sodass er nicht noch einmal morden wird. Die Frage, die eigentlich noch kritischer wäre, ist die Frage, ob man das überhaupt darf. Das sieht man ja auch in der Erziehung. Durch die Erziehung manipulieren wir die Kinder.

Das ist zurzeit gesellschaftlicher Konsens, dass wir sagen, wir dürfen das. Das heißt aber, wir dürfen jemanden in eine Richtung bringen, die wir für gut halten, und bombardieren eine andere Person mit den Determinanten, die bewirken, dass sie sich so verhält, wie wir es uns wünschen.

Etwas zu Freud

MATTHIAS ECKOLDT: Bei der Therapie sieht man es sehr schön, dass die Determinanten sich ändern und man dann anders handelt. Das muss aber nicht unbedingt von außen kommen, damit sind es aber nach strenger Definition gar keine Determinanten mehr. Freud hat ja nicht umsonst gesagt, dass, wo Es ist, Ich werden soll.

HANS J. MARKOWITSCH: Freud hat aber auch gesagt, dass der freie Wille eine Illusion ist.

MATTHIAS ECKOLDT: Na ja klar, weil das Ich die schwächste der drei Instanzen ist, aber sein Therapiekonzept zielte ja darauf, das Ich zu stärken, indem man es ein wenig unabhängiger von den – und jetzt sage ich es bewusst – außen liegenden Determinanten des Es und des Über-Ich macht.

HANS J. MARKOWITSCH: Nein. Auch das ist – Entschuldigung – wieder zu kurz gedacht. Es sind so viele Umweltdeterminanten da, die in uns bewirken, dass wir denken, wir müssten mal an uns arbeiten. Sich das Rauchen abgewöhnen und so weiter. Aber das ist ja etwas, das man nicht autark, gewissermaßen aus dem Nichts heraus tut. Das Gehirn ist ja angewiesen auf Input. Stellen Sie sich vor, jemand würde all seine Sinne verlieren, der könnte überhaupt nichts mehr tun.

MATTHIAS ECKOLDT: Sie meinen Locked-in-Patienten, die nahezu vollständig körperlich gelähmt sind?

HANS J. MARKOWITSCH: Nicht ganz, die haben ja noch ihre Sinne, aber können ihren Körper nicht mehr lenken. Man kann sich aber Patienten vorstellen, die nur noch über elektrische Hirnstimulation mit der Außenwelt kommunizieren können.

MATTHIAS ECKOLDT: Da schließt ja die Idee des interozeptiven Sinns an, dass also das Gehirn immer auch die Körperzustände abfragt. Deswegen kann man auch keine wirklich wichtige Entscheidung treffen, wenn der Körper nicht mitspielt.

Der Zusammenhang von Gehirn und Körper

HANS J. MARKOWITSCH: Das Bauchgefühl!

MATTHIAS ECKOLDT: Genau. Wie würden Sie das Verhältnis zwischen Gehirn und Körper darstellen?

HANS J. MARKOWITSCH: Da kann man auch aufs Glatteis geraten. Man kann sich da einfach rausziehen, indem man sagt: Auch im restlichen Körper sind Nervenzellen, die mit dem Gehirn verbunden sind. Insofern ist das alles ein Gehirn, das sehr weit verteilt ist bis zum kleinen Zeh. Man hat da nichts grundsätzlich anderes. Man kann den Körper als eine innere Außenwelt ansehen. Das ist ja auch der Punkt, an dem sich manche Fiktionen in der Belletristik abarbeiten. Man kann sich das Gehirn auf den Küchenschrank stellen. Wenn man es mit Nährlösung und weiteren notwendigen Dingen versorgt, dann lebt es noch, ohne dass es mir gefährlich werden kann. Ich erinnere mich da an eine Geschichte, wo eine Frau ihren Ehemann als Hirn bei sich hat und der dann immer zuschauen muss, wie sie die neuen Partner sexuell bedient.

MATTHIAS ECKOLDT: Dann sieht aber die Frau nicht, ob ihr Exmann leidet oder nicht.

HANS J. MARKOWITSCH: Das stimmt.

MATTHIAS ECKOLDT: Mit dieser Episode würden Sie sich jedenfalls aus dem Körper-Gehirn-Thema rausziehen wollen?

HANS J. MARKOWITSCH: Ja!

Was sind mentale Zustände?

MATTHIAS ECKOLDT: Als Naturwissenschaftler gehen Sie davon aus, dass alle mentalen Zustände biologische Korrelate haben.

HANS J. MARKOWITSCH: Genau.

MATTHIAS ECKOLDT: Aber das ist doch letztlich nicht mehr als eine Setzung.

HANS J. MARKOWITSCH: Eine Setzung, die aber noch nie widerlegt worden ist. Insofern ist das im popperschen Sinne eine Hypothese, die jemand falsifizieren kann, der ein Argument hat. Aber bislang hat niemand ein Argument dagegen gefunden.

MATTHIAS ECKOLDT: Aber bewiesen ist es nicht. Dazu fehlt Ihnen auch das letzte Argument.

HANS J. MARKOWITSCH: Es ist nicht bewiesen, aber man kann ja da auch mit einer induktiven Logik arbeiten, wenn man sagt: Das ist in hundert Trilliarden Fällen so gewesen, dann ist es unwahrscheinlich, dass es im hunderttrilliardenundersten Fall nicht so ist.

MATTHIAS ECKOLDT: Dann lassen Sie mich andersherum fragen: Welchen Sinn hat eigentlich für Sie überhaupt die Differenz zwischen Geist und Materie?

HANS J. MARKOWITSCH: Keinen.

MATTHIAS ECKOLDT: Es gibt keinen Unterschied für Sie zwischen Geist und Materie?

HANS J. MARKOWITSCH: Erst mal nicht.

MATTHIAS ECKOLDT: Nur zwei verschiedene Wörter?

HANS J. MARKOWITSCH: Ja.

Probleme bei Messungen im Gehirn

MATTHIAS ECKOLDT: Aber wenn man sich beispielsweise die MRT anschaut, da messen Sie ja weder Gedanken noch elektrische Signale, sondern nur Veränderungen in der Sauerstoffaufnahme.

HANS J. MARKOWITSCH: Da gibt es Studien mit Affen, bei denen gezeigt wurde, dass die MRT-Ergebnisse eng einhergehen mit synaptischen Übertragungen. Von daher ist man sich da einigermaßen sicher. Es gibt auch die Einsprüche, dass man in den meisten Studien nur misst, was stark aktiv ist, und nicht das, was gedämpft aktiv ist. Das andere Argument ist, dass sich verstärkter Blutfluss auch aus Hemm- und Erregungsmechanismen zusammensetzen könnte. Aber wenn man nur Aussagen darüber treffen möchte, dass eine Außenbedingung zu einer Veränderung der Hirnaktivität führt, dann ist man mit der MRT auf der sicheren Seite.

MATTHIAS ECKOLDT: Aber die bunten Bilder, die man vom Hirn kennt, suggerieren ja, dass der Unterschied der Aktivitätsniveaus viel größer ausfällt, als er in Wirklichkeit ist.

HANS J. MARKOWITSCH: Wenn man sich als Hirnforscher mit Untersuchungen befasst, dann braucht man die bunten Bilder gar nicht. Da reichen drei Koordinaten und der Grad der Veränderung. Die Bilder sind natürlich für die Öffentlichkeit verführerisch, aber sie sind eine Reduktion.

Der »Visible Scientist«

MATTHIAS ECKOLDT: Rae Goodell schrieb über den »Visible Scientist« als einen neuen Typus des Wissenschaftlers, der auch außerhalb seines Fachs sichtbar wird. Das gilt für Hirnforscher in besonders hohem Maße. Wie erklären Sie sich die starke Medienaffinität der Hirnforschung?

HANS J. MARKOWITSCH: Das hat zwei Seiten. Einmal kann man sich da auch zurückziehen und sagen, dass es die Universitäten gern sehen, wenn ihre Leute in den Medien sind. Auch die DFG sieht es gern, die wollen schon seit zehn Jahren in den Anträgen lesen, wo man überall in den Medien aufgetaucht ist. Inzwischen gibt es ja auch Preise dafür, den Kommunikatorpreis beispielsweise. Manchmal hilft einem die Medienpräsenz, Forschungsgelder zu bekommen. Mir konkret helfen die Medien dabei, Patienten zu bekommen, die ich suche. Ich brauche Leute, die ihr Gedächtnis verloren haben. Wenn man jetzt ins Internet schaut und sucht, wer beschäftigt sich mit Amnesie, dann kommt man auf mich. Die andere Seite ist natürlich der eher hehre Aspekt, weil Wissenschaft nicht für den Elfenbeinturm, sondern für die Gesellschaft gemacht wird. Deswegen sollte man der Gesellschaft auch nahebringen, was man erforscht und was das bedeutet. Wir sind nicht isoliert, sondern das Wissen kann im Grunde jeder haben, der sich als Laie darauf einlässt. Im Rahmen der ohnehin weltweiten Vernetzung ist es nicht unvernünftig, wenn man mit den Medien kooperiert.

Die Metaphern der Hirnforschung

MATTHIAS ECKOLDT: In der Geschichte der Hirnforschung fällt auf, dass oft die vorherrschende Technologie als Metapher für ein wissen-

»*Ein grundsätzlicher Paradigmenwechsel wäre gar nicht schlecht!*«

schaftliches Paradigma benutzt wurde. So verstand man das Gehirn im 18. Jahrhundert als hydraulischen Apparat, im 19. Jahrhundert als Rechenmaschine, im 20. als Computer und im 21. als Netzwerk verteilter Intelligenz wie das Internet. Welchen Wert haben solche Metaphern in Ihren Augen?

HANS J. MARKOWITSCH: Ich glaube, diese Metaphern haben schon einen Wert, weil eine Hypothese auch konkretisiert werden muss. Wenn man sagt, ich nehme an, das Gehirn funktioniert netzwerkartig, und arbeite daran, das zu bestätigen, hat das schon etwas Erkenntnisleitendes. Es gibt ja jetzt viele Schlagwörter zur Arbeitsweise des Gehirns, die in den Neurowissenschaften auftauchen. Vielleicht engt das auch auf der anderen Seite ein, wenn man im Bann einer Metapher forscht, weil man zu wenig an Alternativen denkt, aber meistens gibt es schon Gründe dafür, wenn man so ein Schlagwort nimmt.

MATTHIAS ECKOLDT: Aber das heißt ja, dass man von der objektiven Wahrheit, die es wahrscheinlich ohnehin nicht gibt, weit entfernt ist und man nur die Perspektive auf sein Untersuchungsobjekt ein wenig verändert.

HANS J. MARKOWITSCH: Kein Mensch kann naiv herangehen. Nachdem man weiß, dass in der Physik die Durchführung eines Experiments den Ausgang des Experiments schon mitbestimmt, muss man von einer Beschränktheit ausgehen. Das Einzige, was man tun kann, ist, diese Beschränkung im Hinterkopf zu behalten. Man nimmt es als ein Arbeitsmodell.

Zur Entdeckung der Plastizität

MATTHIAS ECKOLDT: Letzte Frage noch. Welche Erkenntnis der Hirnforschung hat Sie in Ihrem Forscherleben am meisten fasziniert?

HANS J. MARKOWITSCH: Vermutlich schon die Plastizität, also die Veränderbarkeit durch die Umwelt, wenn man so will, das Wechselspiel zwischen Materie und – nun sage ich das doch mal – geistiger Umwelt. Wobei natürlich die geistige Umwelt auch eine materielle Umwelt ist.

MATTHIAS ECKOLDT: In Ihrer Sprachregelung wäre das dann der Unterschied zwischen materieller Materie und geistiger Materie.

HANS J. MARKOWITSCH: Ja [lacht]. Die Veränderbarkeit, die aber Gesetzen folgt – oder wo ich zumindest annehmen würde, dass sie Gesetzen folgt, und ich das in vielerlei Hinsicht auch bestätigt sehe.

»So wie bisher kann es nicht weitergehen!«

Gerald Hüther über die ungenutzten Ressourcen im Gehirn, den Bau eines Baumhauses und das Erklärungspotenzial der Selbstorganisation

Gerald Hüther ist Jahrgang 1951. Von 1995 bis 2006 leitete er die Abteilung für neurobiologische Forschung an der Psychiatrischen Klinik der Universität Göttingen. Seit 2006 leitet er die Zentralstelle für neurobiologische Präventionsforschung der Universität Göttingen. Seine Forschungsschwerpunkte liegen u. a. in den Bereichen physiologische Regulation und Bedeutung von Melatonin, Wirkmechanismen von Psychopharmaka, Auswirkungen psychischer Belastungen und Entwicklungspsychopharmakologie. Gerald Hüther veröffentlichte ca. 100 Originalarbeiten, zahlreiche Buchbeiträge, wissenschaftliche Monografien und popularwissenschaftliche Sachbücher.

Der Mensch als Ressourcenausbeuter

MATTHIAS ECKOLDT: In meiner Wahrnehmung kreist Ihr Denken um einen Epochenbruch. So schreiben Sie in Ihrem letzten Buch mit dem schönen Untertitel *Ein Neurobiologischer Mutmacher*, dass wir auf der Suche nach einem besseren Leben in eine Sackgasse geraten sind. An welchen Symptomen machen Sie diese Diagnose eigentlich fest?

GERALD HÜTHER: Ich treffe in meiner Arbeit viele Wirtschaftsbosse und Politiker. Ich habe die auch schon vor fünf Jahren gefragt, wie es denn so läuft. Meist bekam ich damals noch die Antwort: »Es läuft schon ganz gut, aber das Ganze ist noch nicht effizient genug. Das muss noch verbessert werden.« Wenn ich dieselben Personen heute treffe und sie frage, wie es läuft, dann sagen sie: »So wie bisher kann es nicht weitergehen. Wir sind auf einem falschen Weg.« Das höre ich landauf, landab. Das heißt, die Menschen spüren, dass wir an einer Schwelle stehen. Aber keiner weiß so richtig, wo es hingeht.

MATTHIAS ECKOLDT: Wissen Sie es?

GERALD HÜTHER: Ich denke, da steckt etwas ganz Einfaches dahinter: Wir leben von Ressourcen, die begrenzt sind, und bekommen jetzt ein Problem mit den Voraussetzungen für unsere eigene Existenz. Seit Menschengedenken haben wir uns alles, was wir gefunden haben, zu eigen gemacht: Die Pflanzen haben wir gezüchtet, die Tiere haben wir zu Haus- und Nutztieren gemacht, ganze Kontinente haben wir einfach vereinnahmt und als Ressourcen genutzt. Und das nenne ich die Ressourcenausnutzungskultur. Die haben wir fein zu Ende gebracht und bis in die letzten Facetten ausgelebt. Aber die Welt ist nun einmal begrenzt, und deshalb müssen wir jetzt lernen, dass man nicht ewig von Ressourcen leben kann, die begrenzt sind. Das heißt, wir bekommen ein Riesenproblem.

MATTHIAS ECKOLDT: Das wusste der Club of Rome bereits vor 40 Jahren. In seiner Studie hieß es ja dann auch: »Wenn die gegenwärtige Zunahme der Weltbevölkerung, der Industrialisierung, der Umweltverschmutzung, der Nahrungsmittelproduktion und der Ausbeutung von natürlichen Rohstoffen unverändert anhält, werden die absoluten Wachstumsgrenzen auf der Erde im Laufe der nächsten 100 Jahre erreicht.«

GERALD HÜTHER: Richtig. Der Club of Rome hat das jedoch »Grenzen des Wachstums« genannt. Das finde ich problematisch, da man ja auf irgendeine Weise immer wachsen kann. Schauen Sie sich das Hirn an. Sie können Ihr Leben lang etwas dazulernen, ohne dass Ihr Hirn vom Umfang her wächst. Das heißt, es müssen künftig andere Qualitäten von Wachstum zum Tragen kommen. Beispielsweise Wachstum in Form von vermehrten Beziehungen, wie sie sich auch zwischen den Nervenzellen in einem zunehmend komplexer werdenden Hirn ausbilden. Insofern glaube ich nicht, dass wir ein Wachstumsproblem haben. Was uns immer größere Probleme macht, ist unsere bisherige Art, uns in der Welt einzurichten, mit alldem, was diese Welt uns bietet, in Beziehung zu treten. Deshalb leben wir im Augenblick in einer unglaublich spannenden Zeit. Wir erleben, dass gegenwärtig nicht nur die relativ kurze Epoche des Industriezeitalters zu Ende geht und dass damit genau das infrage gestellt wird, was wir seit 5000 Jahren praktizieren. Dazu passt das Bild vom Zitronenpresser: Wir sind wirklich die besten Zitronenauspresser der Welt geworden. Mit all dem dazugehörigen psychologischen und technologischen Know-how, wir haben auch die entsprechenden Hierarchien entwickelt, um das Zitronenauspressen optimal zu organisieren. Aber jetzt stellt sich plötzlich heraus: Es gibt nicht mehr genug Zitronen! Wir leben auf einem Planeten, den man nicht beliebig vergrößern kann. Das erste Mal in der Menschheitsgeschichte ist jetzt etwas anderes gefragt. Anstatt die gegebenen Ressourcen weiter auszunutzen, müssten wir eine Kultur entwickeln, in der Menschen die Gelegenheit bekommen, das, was in ihnen als Potenzial angelegt ist, zur Entfaltung zu bringen. Das kann nur dort gelingen, wo die Entwicklung relativ weit fortgeschritten ist und der Druck, die Not und die Angst der Menschen nicht allzu groß sind. Also in Europa und den modernen Industrienationen.

MATTHIAS ECKOLDT: Auch diese Forderung kennen wir schon von Platon, der in seiner *Politeia* das gerechte Staatsgebäude daran erkennt, ob es jedem seiner Bürger die Möglichkeit eröffnet, das Seine zu tun. Die Gerechtigkeit des Einzelnen liegt darin, diese Möglichkeit auch zu nutzen. Welche neue Dimension eröffnet die Hirnforschung in dieser alten Frage?

GERALD HÜTHER: Vor nicht allzu langer Zeit glaubten auch die Hirnforscher noch, das Hirn werde von genetischen Programmen zusammengebaut. Dieses Weltbild aus dem Maschinenzeitalter spukt leider noch immer in vielen Köpfen herum. Man hat geglaubt, es gebe einen Bauplan, der festlegt, wie sich das Hirn entwickelt. In Abhängigkeit von der Qualität dieses genetischen Bauplans werde das Gehirn dann besser oder schlechter ausgebildet. Auf dieser Vorstellung ist dann auch das Schulsystem entwickelt worden, das in der vierten Klasse prüft, ob das jeweilige Kind einen besseren oder einen schlechteren Bauplan erwischt hat. Entsprechend wurden die Kinder dann auf verschiedene Schulformen verteilt und für die Ausübung bestimmter Berufe qualifiziert. Wir haben auch geglaubt, dass sich das Hirn dann im Lauf des Lebens zunehmend abnutzt, bis man im Kranken- oder Seniorenhaus landet. Diese aus dem vorigen Jahrhundert stammende Vorstellung war damals auch ganz praktisch, sonst hätten wir diese vielen Maschinen weder erfinden noch bedienen können. Aber irgendwie haben wir dieses Maschinenweltbild auf uns selber übertragen. Selbst der Volksmund kennt diese Begriffe, dass das Gelenk mal geschmiert werden muss, dass die Pumpe nicht richtig läuft, dass der Tank aufgefüllt werden muss. Und für das Gehirn hieß das eben: Einmal verdrahtet, immer so verdrahtet. Niemand hat damals geglaubt, dass sich die so entstandenen Vernetzungen später noch ändern könnten. Aber dann kamen – mit der Einführung der bildgebenden Verfahren, wie der Computertomografie – all diese bahnbrechenden Entdeckungen.

Was heißt Neuroplastizität?

MATTHIAS ECKOLDT: Die entscheidende Entdeckung der Hirnforschung, die Sie hier ansprechen, ist die erfahrungsabhängige Neuroplastizität, die erstaunliche Eigenschaft des Gehirns also, die es ihm ermöglicht, lebenslang seine neuronale Struktur zu verändern.

GERALD HÜTHER: Erfahrungsabhängige Neuroplastizität heißt: Unser Gehirn wird so, wie und wofür wir es besonders gern und deshalb auch besonders intensiv benutzen. Im Hirn eines Menschen werden immer dann entsprechende Netzwerke stabilisiert, wenn er eine wichtige Erfahrung macht. Wenn ihm die Sache unter die Haut geht und die emotionalen Netzwerke aktiviert werden. Bei einer solchen Erfahrung werden der kognitive und der emotional Anteil eines Netzwerkes im präfrontalen Cortex miteinander verkoppelt. Und wenn man Erfahrungen in ähnlichen Kontexten macht, verdichten sich diese Erfahrungen zu einer Art Metaerfahrung. Und die nennt man dann im Deutschen eine innere Einstellung oder eine innere Überzeugung.

MATTHIAS ECKOLDT: Bringen Kinder solche erfahrungsbedingten Netzwerke aber nicht schon bei ihrer Geburt mit auf die Welt?

GERALD HÜTHER: Um zu erfahren, ob es auch wichtige Erfahrungen gibt, die ein ungeborenes Kind macht, müsste man einen Embryo fragen: Was war dir das Wichtigste? Wenn er könnte, würde der antworten: Ich war verbunden, und ich bin gewachsen. Und das ist nicht nur ein körperliches Wachstum, das ist auch ein geistiges Wachstum in dem Sinne, dass das Kind ja auch immer mehr geistige Kompetenzen erwirbt. Immer freier und autonomer wird. Und aus diesen beiden Urerfahrungen erwächst die Erwartungshaltung, dass das da draußen so weitergeht.

MATTHIAS ECKOLDT: Man will also einerseits Verbundenheit finden, andererseits will man jedoch frei und autonom werden. Beides schließt sich aber wechselseitig aus. Da ist gewissermaßen in die Grundmatrix der menschlichen Existenz schon ein Widerspruch eingeschrieben.

GERALD HÜTHER: Es ist kein Widerspruch, sondern ein Dilemma. Und schon Kinder können das Dilemma, gleichzeitig verbunden und autonom zu sein, nicht lösen, indem sie noch mehr Verbundenheit suchen oder noch mehr Freiheit. Sie müssen nach einer Art von Beziehung suchen, in der beides geht. Nun gibt es aber nur eine Beziehungsform, in der man sowohl eng verbunden und doch auch ganz frei sein kann, und die heißt Liebe. Man könnte also fast biblisch sagen, dass jedes Kind mit dem Wissen über die Liebe auf die Welt kommt. Wenn es mit der Liebe dann im späteren Leben nicht so recht klappt, können Menschen noch eine zweite Form von Beziehungen miteinander eingehen, die es ihnen ermöglicht, sich gleichzeitig frei und verbunden zu führen. Und das wäre, sich gemeinsam mit anderen um etwas zu kümmern. Diese als »shared attention« bezeichnete Beziehungsform kann man beispielsweise beobachten, wenn eine Mutter mit ihrem Kind ans Fenster tritt und die beiden einer Katze zuschauen, die auf der Wiese spielt. Dann sind Mutter und Kind ganz eng miteinander verbunden, jedoch nicht in einer personalen Beziehung, sondern sie sind verbunden über das gemeinsame Tun. Im gemeinsamen Tun sind Menschen also auch frei und verbunden!

MATTHIAS ECKOLDT: Von hier aus könnte man sicherlich einen neurowissenschaftlich fundierten Gesellschaftsentwurf vornehmen. Gilt eigentlich die erfahrungsabhängige Neuroplastizität im besonderen Maße für das menschliche Gehirn?

GERALD HÜTHER: Im Tierreich gibt es da graduelle Unterschiede. Jene Tiere, die Nestflüchter sind, müssen sämtliche Verhaltensprogramme schon besitzen, wenn sie geboren werden, sonst könnten sie nicht überleben. Und alle anderen – die sogenannten Nesthocker – haben immerhin ein so plastisches Gehirn, dass sie von ihren Eltern noch das Wichtigste für ihre jeweilige Lebenswelt lernen können. Inzwischen weiß man ja auch aus der Verhaltensforschung, dass diese Phase, die wir bei allen lernfähigen Tieren beobachten – und die bei uns Kindheit heißt –, im Wesentlichen vom Spiel geprägt ist. Im vorigen Jahrhundert hat man noch geglaubt, dass das Spiel der Kinder oder der kleinen Tiere dazu da wäre, damit sie sich aufs Leben vorbereiten. Inzwischen haben die Verhaltensforscher aber erkannt, dass das Spiel zu nichts anderem dient, als dass ein Junges oder ein Kind kennenlernt, was alles geht. Es exploriert sozusagen seine Potenziale. Eine Katze beißt sich nicht in den Schwanz, damit sie möglichst schnell lernt, wie man Mäuse fängt, sondern sie probiert einfach aus, was man alles mit dem Schwanz machen kann. Wenn man diese Phase des freien, unbekümmerten Spiels stört oder abkürzt, z. B. indem man Kinder mit sogenannten Frühförderprogrammen auf das Erreichen bestimmter Leistungen orientiert, hindert man sie letztlich daran, ihre in sich angelegten Potenziale entdecken zu können.

MATTHIAS ECKOLDT: Womit wir bei der Potenzialentfaltung gelandet wären. Allerdings müssten wir uns erst einmal darüber verständigen, was unter Potenzialentfaltung zu verstehen ist. Ich nehme an, dass es für uns zivilisierte Menschen wichtigere Potenziale zu entfalten gilt als die, auf Bäume klettern zu können. Zielt nicht die Idee der Frühförderung genau in die Richtung der Entfaltung menschlicher Möglichkeiten?

GERALD HÜTHER: Nein.

MATTHIAS ECKOLDT: Ein klares Nein?

GERALD HÜTHER: Ein klares Nein! Jedenfalls für all jene Frühförderprogramme, in denen versucht wird, durch mehr *Input* mehr Effekt zu erzielen. Da sollen die Kinder schon im Kindergarten möglichst drei Fremdsprachen lernen, weil irgendwelche Hirnforscher gezeigt haben, dass viel mehr ins Sprachzentrum reinpasst als nur eine Sprache. Oder diese vorgeburtlichen Geräte, die sich Schwangere auf den Bauch legen sollen, damit das Ungeborene bei der Entbindung schon ein bisschen Chinesisch kann. Mit diesem Leistungsdenken hat man auch in den Schulen immer mehr Druck gemacht. Selbst die alten Leute im Seniorenheim sollten Sudoku spielen, damit sie ihr Hirn auch noch ein bisschen mehr benutzen. Aber das hat ja alles nicht funktioniert.

MATTHIAS ECKOLDT: Warum?

GERALD HÜTHER: Weil das Gehirn eben kein Muskel ist, den man trainieren kann! Es nützt auch nichts, wenn man sich furchtbar anstrengt mit seinem Hirn. Da tut sich trotzdem nichts. Damit sich im Hirn Umbauprozesse vollziehen, muss etwas dazukommen, was die Neurobiologen die Aktivierung emotionaler Zentren und die damit einhergehende vermehrte Freisetzung sogenannter neuroplastischer Botenstoffe nennen. Diese neuroplastischen Botenstoffe werden aber nur dann freigesetzt, wenn einem etwas unter die Haut geht. Das heißt, das Hirn hat einen unbestechlichen Selbstorganisationsmechanismus. Es lernt nicht alles, sondern es lernt nur das, was für die betreffende Person wirklich bedeutsam ist.

MATTHIAS ECKOLDT: Deswegen fällt es uns so schwer, Telefonbücher auswendig zu lernen, aber die Handynummer einer neuen Liebe merken wir uns sofort.

GERALD HÜTHER: Es geht noch weiter. Diese besonderen neuroplastischen Botenstoffe, die immer nur dann ausgeschüttet werden, wenn man sich für etwas begeistert, regen ihrerseits die Produktion neuer Eiweiße an. Nicht überall, sondern vor allen Dingen an jenen Neuronen, die mit ihren Netzwerken am Gelingen beteiligt waren. In einem populären Übersetzungsmodus kann man das vielleicht folgendermaßen beschreiben: Immer dann, wenn jemand sich über etwas freut, wenn er sich begeistert, wird im Hirn so eine Art Gießkanne angeschaltet, und da kommt ein Dünger raus. Der düngt im Hirn genau die Bereiche, die man im Zustand der Begeisterung gerade so intensiv genutzt hat. Ohne diese Begeisterung tut sich nichts im Hirn.

Wie Erziehung laufen müsste

MATTHIAS ECKOLDT: Eine folgenreiche Betrachtungsweise vor allem, da sie danach schreit, das gesamte Erziehungssystem auf ein neues Fundament zu stellen. Wie wir seit Luhmann wissen, lautet die Leitdifferenz des Erziehungssystems besser/schlechter. Aber nach Ihren Erörterungen müsste sie eigentlich heißen: begeistert/nicht begeistert.

GERALD HÜTHER: Die größte pädagogische Leistung in dieser Richtung ist aus meiner Sicht, dass heute Trisomie-21-Patienten, die wir in den 50er- und 60er-Jahren noch als Idioten behandelt und Mongos genannt haben, Abitur machen! Wenn es möglich ist, dass jemand mit einer Trisomie 21 zum Abitur geführt wird, kann eigentlich jeder Abitur machen. Deshalb müssen wir uns fragen, was für ein Klima in Schulen herrschen sollte, wie dort die Beziehungen gestaltet werden müssten, damit jeder Schüler die Möglichkeit hat, das in ihm steckende Potenzial auch wirklich zur Entfaltung zu bringen. Unsere gegenwärtige Lehrerausbildung, die noch aus dem letzten Jahrhundert stammt, ist im Wesentlichen darauf ausgerichtet, den Schülern bestimmtes Wissen beizubringen und dann bestimmte Auswahlkriterien in Form von Zensuren einzusetzen, um die Leistungen der Schüler zu bewerten. Und diejenigen, die da durchkommen, erhalten dann ein Abiturzeugnis und werden so behandelt, als hätten sie besondere Begabungen mitgebracht. Und weil das Schulsystem so ist, sehen Lehrer auch gar keinen Anlass, mit Schülern anders umzugehen.

MATTHIAS ECKOLDT: Nämlich wie?

GERALD HÜTHER: Genau so, dass Schüler eingeladen, ermutigt und inspiriert werden, sich für das zu interessieren, was nach Meinung des Lehrers für sie wichtig wäre. Dazu braucht es zwei Befähigungen. Erstens müsste der Lehrer in der Lage sein, einen Schüler für etwas zu begeistern, was den auf den ersten Blick nicht interessiert. Zweitens müsste er in der Lage sein, aus einem zusammengewürfelten Haufen ein leistungsorientiertes Team zu bilden. Aber das sehen die pädagogischen Hochschulen zurzeit noch nicht als ihre Aufgabe an. Deshalb ist die Idee ganz reizvoll, ein neues Berufsbild zu schaffen. Das sollte dann eben nicht mehr »Lehrer« heißen, also im alten Sinne Wissensvermittler, sondern »Potenzialentfaltungscoach«. Das wäre jemand, der tatsächlich nicht versucht, den Schülern etwas beizubringen, sondern dem es gelingt, die Schüler dafür zu begeistern, dass sie ihre angeborene Entdeckerfreude und Gestaltungslust, die ja jedes Kind mit auf die Welt bringt, in der Schule nicht verlieren, sondern sogar noch weiterentfalten können.

MATTHIAS ECKOLDT: Können Sie Ihren Vorschlag, das neue Berufsfeld des Potenzialentfaltungscoachs einzurichten, mit Ihren Erkenntnissen als Hirnforscher untermauern?

GERALD HÜTHER: Man kann aus der Hirnforschung heraus durchaus das Alternativprinzip zu unserem gegenwärtigen Bildungssystem ableiten. Nämlich: Jedes Kind ist hochbegabt! Jedes Kind bringt ja in Form von neuronalen Vernetzungsangeboten wesentlich mehr Möglichkeiten mit auf die Welt als das, was dann tatsächlich realisiert wird. Das ist eine der grundlegenden neuen Erkenntnisse, die sich in den letzten Jahren herauskristallisiert hat. Wir haben mittlerweile verstanden, dass genetische Programme gar nicht dafür zuständig sind, komplexe Vernetzungsmuster in neuronalen Systemen aufzubauen und zu steuern. Sondern genetische Programme steuern auf der Ebene, wo die lernfähigen Gehirne entstanden sind, die Herausbildung von Überangeboten an Neuronen und später von neuronalen Vernetzungen. So wird zunächst ein Überangebot von synaptischer Konnektivität erzeugt. Das steuern unsere genetischen Programme. Aber genetische Programme können nicht wissen, welche dieser Vernetzungen dann in der Konkretheit des einzelnen Lebens – also in der Familie, in dem Kulturkreis, in den ein Kind hineinwächst – tatsächlich gebraucht werden. Das wiederum bedeutet, dass alle Kinder mit einem gewaltigen Potenzial zur Welt kommen. Bisher haben wir noch gar keine Ahnung davon, was da noch alles in einem Kind schlummert an nicht entfalteten Talenten und Begabungen. Noch mal zurück zum Beispiel der Trisomie-21-Patienten. Da hat man durch Zuschreibungen aufgrund von Halbwissen ein Schubladensystem aufgemacht und die betreffenden Kinder dann in die Schublade reingesteckt, auf der »Nicht beschulbar« draufstand. Das Ergebnis war, dass wir sie so behandelt haben, als ob nichts ginge, und dann ging auch nichts. Das will ich jetzt gar nicht weiter ausdehnen auf all die anderen Diagnosen, die wir heute benutzen, wie beispielsweise ADHS. Die Erfahrungen, die solche Kinder beim Heranwachsen machen, sind ungünstig. Sie führen dazu, dass ihre angeborene Entdeckerfreude und Beziehungsfähigkeit verschwinden.

Ursachen von ADHS

MATTHIAS ECKOLDT: Lassen Sie uns doch ruhig noch einen Moment bei ADHS bleiben, der Aufmerksamkeitsdefizit-Hyperaktivitätsstörung. Eine der großen Sorgen des gegenwärtigen Schulsystems. Kinder mit diesem Symptom leiden unter Desorganisation, Disziplinlosigkeit sowie Konzentrationsstörungen und sprengen oft genug herkömmliche Klassenverbände. Da ist der Lehrer nicht mehr als Wissensvermittler, sondern als Sozialarbeiter gefragt. Inwiefern gibt es da eine Verbindung zum Umgang mit Trisomie-21-Patienten?

GERALD HÜTHER: Die gegenwärtige Theoriemeinung ist ja, ADHS beruhe auf einem genetischen Defekt. Der führe zu einer entsprechenden Stoffwechselveränderung im Hirn. Als Folge dieser Veränderung werde dann im Hirn zu wenig Dopamin ausgeschüttet. Die landläufige Schlussfolgerung ist nun, dass man da nur mit Medikamenten etwas machen kann. In der Tat scheint es ja auch so, denn wenn man solchen Kindern diese Substanzen verabreicht, zeigen sie ja meist schon innerhalb einer halben Stunde deutliche Verbesserungen ihrer Symptomatik.

MATTHIAS ECKOLDT: Ist diese Herleitungskette – genetischer Defekt, Stoffwechselstörung, Dopamin-Hemmung, ADHS-Symptomatik – eigentlich wissenschaftlich hart?

GERALD HÜTHER: Natürlich nicht. Es ist ein Konstrukt. Man hat beobachtet, dass diese Psychostimulanzien so wirken. Da man wusste, dass sie die Dopamin-Freisetzung stimulieren, hat man einen Dopamin-Mangel im Hirn dieser Kinder postuliert. Da man sich aber nicht erklären konnte, wieso eigentlich weniger Dopamin freigesetzt werden sollte, hat man angenommen, dass das die Folge eines Stoffwechseldefekts ist. Und weil man damals nicht wusste, wie ein derartiger Stoffwechseldefekt zustande kommt, hat man dafür einen genetischen Defekt verantwortlich gemacht. Diese Vorstellung ist längst überholt. Inzwischen wissen wir, dass das Gehirn von Kindern so plastisch ist, dass da selbst eine unzureichende Dopamin-Ausschüttung wieder ausgeglichen werden könnte, wenn es für das Kind günstigere Bedingungen gäbe.

MATTHIAS ECKOLDT: Sie meinen tatsächlich, dass geeignete Bedingungen – wie immer die dann aussähen – dafür ausreichen würden, ADHS zu behandeln? Lässt sich das neurowissenschaftlich begründen?

GERALD HÜTHER: Was diese Kinder brauchen, sind Erfahrungen, die ihnen zeigen, dass es sehr nützlich ist, wenn sie ihre Impulse kontrollieren. Wenn sie den Nutzen von Disziplin erleben, bilden sich im Frontalhirn auch die betreffenden Verschaltungen aus. Aber: Den Nutzen, sich selbst zu lenken und zu steuern und seine Affekte zu beherrschen, kann man natürlich nicht mehr erleben, wenn einem eine Pille hilft. Mithilfe der Pillen funktionieren die Kinder mit ADHS-Symptomen zwar besser, aber sie lernen eben nicht selbst, wie man das schafft. Das Ergebnis ist, dass wir immer mehr erwachsene »ADHS-Patienten« bekommen. Das Ganze ist jedoch sehr schwer zu korrigieren. Weil zu viele Frösche im Sumpf sitzen, ist es fast unmöglich, diesen Sumpf auszutrocknen. Da sind zunächst einmal Eltern, die ganz glücklich

»So wie bisher kann es nicht weitergehen!«

sind, dass es eine solche Pille gibt, und weil die »Krankheit« genetische Ursachen hat, brauchen sie sich nicht länger schuldig zu fühlen der Problematik ihres Kindes. Dann die niedergelassenen Ärzte sowie die Kinder- und Jugendpsychiater. Das tut denen auch mal gut, wenn sie mit so einer kleinen Intervention solch einen Rieseneffekt erzeugen. Des Weiteren sind da natürlich auch noch die Pharmakonzerne, die mit diesen Pillen ordentlich Geld verdienen. Und nicht zuletzt sind die Lehrer in den Schulen froh, dass es diese Diagnose und die Pillen gibt. Denn unter den gegenwärtigen Bedingungen in unseren Schulen sind solche Kinder in einer Klasse nur schwer auszuhalten. Also machen die Lehrer Druck auf die Eltern. Von allein würden Eltern ihrem Kind diese Substanzen wohl kaum verabreichen. Aber mit dem Hinweis, dass das Kind sonst die Grundschule nicht schafft und auf keine weiterführende Schule kommt, sind dann auch die Bedenken der meisten Eltern schnell ausgeräumt.

MATTHIAS ECKOLDT: Dieser Teufelskreis ist sehr einsichtig. Aber ich möchte noch einmal etwas konkreter nach den Bedingungen fragen, die Kinder mit ADHS bräuchten, damit sich die entsprechenden Verschaltungen ausbilden.

GERALD HÜTHER: Was diese Kinder bräuchten, um die sogenannten exekutiven Frontalfunktionen wirklich ausbilden zu können, sind Erfahrungen, die sie draußen im realen Leben beim gemeinsamen Entdecken und Gestalten machen. Beispielsweise, wenn sie ein Baumhaus bauen. Wenn sie das unbedingt wollen, dann strengen sie sich auch an. Und dann achten sie auch darauf, dass sie sich genau verabreden und dass sie ihre Werkzeuge mitbringen und einen Plan machen und dass nicht jeder dazwischenredet. Das heißt, da lernen Kinder all das, was wir als hochkomplexe Metakompetenzen bezeichnen, allein dadurch, dass sie gemeinsam etwas erreichen wollen. Immer dann, wenn sich Menschen mit ihrer Aufmerksamkeit auf etwas Gemeinsames fokussieren, wenn sie sich gemeinsam um etwas kümmern, lernen sie den Nutzen von Disziplin kennen. Und zwar nicht als eine von außen aufgesetzte Disziplinierungsmaßnahme, die auch nicht dazu führen würde, dass Disziplin entsteht, sondern bestenfalls Gehorsam. Sie lernen vielmehr Disziplin als etwas Wertvolles kennen, das einen in die Lage versetzt, gemeinsam mit anderen etwas auf die Beine zu stellen.

Zur Idee der Selbstorganisation

MATTHIAS ECKOLDT: Ich möchte noch einmal anders fragen: Kann ich dem, was Sie gesagt haben, entnehmen, dass man eigentlich gar nicht genug über das Gehirn weiß, um beispielsweise im Falle von ADHS Neuropharmaka einzusetzen? Immerhin greift man da ja in ein hochkomplexes System ein, das letztlich wiederum seiner Eigenlogik folgt und gerade keine triviale Maschine ist, die nach mechanistischem Vorbild zu reparieren wäre.

GERALD HÜTHER: Leider sind sehr mechanistische Vorstellungen davon, wie unser Gehirn funktioniert, noch weit verbreitet und wohl auch im Denken mancher Hirnforscher verankert. Es ist jedoch in den letzten Jahren immer offenkundiger geworden, dass wir es beim Gehirn mit einem sich selbst organisierenden System zu tun haben. Selbstorganisation ist aber allen Denkansätzen, die aus dem vorigen Jahrhundert stammen und sehr stark von den Vorstellungen des Maschinenzeitalters geprägt worden ist, noch immer recht fremd. Selbstorganisation passt eigentlich nicht in eine Zeit, in der wir glauben, alles sei machbar. Selbstorganisation heißt ja immer, dass ich das, was ich eigentlich machen will, gar nicht machen kann. Man kann lediglich Rahmenbedingungen schaffen, innerhalb deren sich das Gewünschte dann ereignet, aber man kann das Gewünschte nicht herstellen. Das führt uns in eine ganz grundlegende Überlegung: Nämlich in die Differenz zwischen dem Erfolghaben und dem Gelingen. Erfolgreich kann man etwas *machen*. Erfolgreich kann ich eine Schulausbildung abschließen. Das heißt aber nicht, dass damit Bildung wirklich gelungen ist. Wenn wir einen Kirschkuchen gebacken haben und der kommt aus dem Ofen, dann sagen wir: Ah, jetzt ist er gelungen. Und damit bringen wir etwas Großartiges zum Ausdruck, nämlich ein Verständnis für Selbstorganisationsprozesse. Wir haben ja lediglich den Rahmen setzen können, die richtigen Ingredienzien zusammenrühren können, die richtigen Bedingungen schaffen können hinsichtlich der Temperatur und des Teigs und so fort. Dann müssen wir warten und hoffen, dass es sich innerhalb dieser Rahmenbedingungen so entfaltet, wie wir es uns gewünscht haben.

MATTHIAS ECKOLDT: Die Theorie der Selbstorganisation ist ja eng mit dem Namen des österreichisch-amerikanischen Kybernetikers Heinz von Foerster verbunden. In seinen Forschungen am Biologischen

»*So wie bisher kann es nicht weitergehen!*«

Computerlaboratorium der Universität von Illinois brach Heinz von Foerster in der zweiten Hälfte des letzten Jahrhunderts radikal mit der herkömmlichen Wissenschaftstradition, indem er nicht mehr versuchte, nach dem Ursache-Wirkungs-Prinzip Stufe um Stufe ins Innere vorzudringen und den Kern der Phänomene zu ergründen, sondern er beobachtete, wie sich seine Forschungsobjekte verhielten. Das ist ein grundlegender Paradigmenwechsel.

GERALD HÜTHER: Das ist richtig, und dieses neue Denken beginnt, sich nun allmählich auch auszubreiten. Selbst Mediziner können sich nicht dagegen wehren, dass man sagt: Wenn einer den Arm gebrochen hat, dann kann der Arzt den nicht heilen. Sondern der Arzt kann mit seiner ganzen medizinischen Kunst lediglich dafür sorgen, dass diese gebrochenen Knochen möglichst geschickt aneinandergerückt werden, bis sie wieder zusammengewachsen sind. Das ist Selbstheilung, das ist Selbstorganisation. Wenn der Knochen ungeschient bleibt und dann eben schief zusammenwächst, ist das auch Selbstorganisation. Alles Lebendige organisiert sich selbst, aber *wie* es sich selbst organisiert, hängt von den Rahmenbedingungen ab, die jeweils herrschen. Wenn man das jetzt auf das Gehirn und hier speziell auf ADHS überträgt, so heißt das: Wenn es günstige Bedingungen gäbe – solche, in denen Kinder die Erfahrung machen, dass es für sie wirklich wichtig ist, wenn sie sich konzentrieren –, dann würde das auch zur entsprechenden Herausbildung der für diese Leistungen zuständigen Verschaltungsmuster in ihrem Frontalhirn führen.

MATTHIAS ECKOLDT: Es geht also – mit Immanuel Kant ausgedrückt – immer um die Bedingungen der Möglichkeit. Und man sieht ja, wie weit man mit dem Selbstorganisationsparadigma kommt. In avancierten Gesellschaftstheorien wie der Systemtheorie ist die Idee der Selbstorganisation oder Autopoiesis zentral. Wie verhält es sich mit dem Selbstorganisationsparadigma in den Neurowissenschaften?

GERALD HÜTHER: Wissenschaft und Gesellschaft sind auch sich selbst organisierende Systeme. Aber die organisieren sich eben nicht anhand irgendwelcher Theorien, sondern an der Praxis. Davon, dass man weiß, dass das Gehirn ein sich selbst organisierendes System ist, dass es zeitlebens lernfähig ist oder dass nur diejenigen Kinder ihre Potenziale entfalten können, die auch ihre Grundbedürfnisse stillen können – ändert sich ja nicht automatisch irgendetwas in der Praxis.

Die Praxis ist träge. Wir haben diese Schulsysteme, wir haben diese Elternhäuser, wir haben diese kulturell gewachsenen Strukturen. Da nützt es nichts, wenn man plötzlich weiß, wie es anders ginge oder dass es anders werden müsste. Man kommt in diese einmal entstandenen Strukturen nicht hinein. Die haben ein enormes Beharrungsvermögen. Die stabilisieren sich eben auch immer wieder selbst. Und die hatten ja, als sie entstanden sind, durchaus ihre Berechtigung. Es war ja im letzten Jahrhundert sinnvoll und richtig, dass Menschen so ausgebildet worden sind, als wären sie Maschinen. Die sollten ja dann auch die Maschinen bedienen und genauso gut funktionieren wie diese Maschinen.

Und wenn man solche einmal gewachsenen Strukturen verändern will, dann geht das nicht durch neue Erkenntnisse. Meist ist so etwas ein sehr langsamer Prozess. Häufig braucht es mehrere Generationen, bis das Neue in den Köpfen und im Zusammenleben angekommen ist.

MATTHIAS ECKOLDT: Lassen Sie uns bitte noch einmal zur Hirnforschung zurückkommen. Wenn man das Gebiet wissenschaftsgeschichtlich betrachtet, warum dauert es dann so lange, bis sich ein so überzeugendes Paradigma wie das der Selbstorganisation durchsetzt?

GERALD HÜTHER: Weil Wissenschaftler, auch Hirnforscher, eben auch nur Menschen sind. Menschen, die unter bestimmten Verhältnissen, in bestimmten Kulturkreisen groß geworden sind. Die Erfahrungen, die sie dabei gesammelt haben, diese Denkmuster und diese Glaubensüberzeugungen haben ja auch diese Forscher in sich aufgenommen. Manche Hirnforscher laufen auch heute noch mit Vorstellungen herum, die zu einer Zeit in ihrem Hirn verankert worden sind, als sie sich noch begeistert haben für das, was es mit diesen alten Vorstellungen alles zu entdecken und erfinden gab. Aber es gibt auch immer Einzelne, die sich von diesem sozialen Mainstream entfernen. Das sind Eigenbrötler, Leute, die sich nicht anpassen müssen, die den Erfolg nicht brauchen, die sich einfach nur für die Sache interessieren. Aber einer, der als Hirnforscher eine große Karriere machen möchte, der muss ja Entdeckungen machen, die draußen vermarktbar sind. Der richtet seine eigenen Strategien des Denkens nach dem, was draußen gebraucht wird. Wenn die da draußen nun gerne alle die Bestätigung haben möchten, dass man bei ADHS nichts machen kann, außer Psychopharmaka zu geben, dann ist es natürlich nicht so günstig für die weitere Karriere, wenn man auf die Idee kommt, das könnte ein Irrweg sein.

»*So wie bisher kann es nicht weitergehen!*«

Wie sich Paradigmen in der Hirnforschung ändern

MATTHIAS ECKOLDT: Insofern ist Thomas Kuhns These, dass Paradigmen in der Wissenschaft nicht nur durch abstrahierte Regeln wirken, sondern ebenso durch das, was er »Vorbildwirkung« genannt hat, an dieser Stelle unhintergehbar.

GERALD HÜTHER: Vielleicht haben wir es im Moment sogar mit einer Ausnahmesituation zu tun. Wenn nämlich gesellschaftliche Veränderungsprozesse so schnell ablaufen wie derzeit, kann man einfach nicht mehr darauf warten, bis die Vertreter alter Paradigmen wegsterben. Der Druck aus den progressiven Teilen der Bevölkerung wird dann bisweilen so stark, dass diejenigen, die mit den alten Denkmustern immer noch das Gebiet beherrschen, ihre Macht verlieren. Das lässt sich gegenwärtig sogar innerhalb der Hirnforschung beobachten. Zum Beispiel bei all jenen, die sich mit der Entdeckung neuer Psychopharmaka befassen. Im Grunde genommen ist das Gebiet ausgereizt. Da ist nichts Neues mehr zu finden. Trotzdem gibt es noch ein paar, die daran glauben. Aber selbst die Firmen, die diese Forschung bisher unterstützt haben, ziehen inzwischen ihre Gelder aus der Psychopharmaforschung zurück. Die wirklich bahnbrechenden Medikamente, nach denen man ewig gesucht hat, scheint es nicht zu geben. Man hat massenhaft Geld reingesteckt, aber kein Mittel gegen Alzheimer gefunden, kein Mittel gegen Vergesslichkeit, kein Mittel, das ohne Nebenwirkungen die kognitiven Fähigkeiten verbessert. Nun ändert sich parallel die öffentliche Meinung. Es gibt immer mehr Menschen, die sagen: Ich möchte kein Psychopharmakon, sondern eine Psychotherapie. Seit Mitte der 90er-Jahre berufen sich nun auch die Psychotherapeuten auf die Hirnforschung und können mit Recht für sich reklamieren, dass sie mit ihren Interventionen das Hirn verändern. Diese wissenschaftliche Begründung für ihr Vorgehen hat dazu geführt, dass sich die Psychotherapie in erstaunlich kurzer Zeit von der Diskreditierung erholen konnte, unter der sie von Beginn der 50er-Jahre an durch die Psychopharmakologie gelitten hatte. Die Psychotherapeuten können inzwischen nachweisen, dass Verhaltenstherapie, Gesprächstherapie und Traumatherapie ohne Psychopharmaka zur Herausbildung neuer Vernetzungen im Gehirn führen. Somit ändert sich auch die Nachfrage der Patienten nach solchen Behandlungen. Das wäre ein Beispiel dafür, dass die Vertreter eines überholten Paradigmas nicht erst wegsterben müssen. Es kann sich auch etwas ändern, und neue Vorstellungen können sich ausbreiten, weil sich die Marktlage verschoben hat.

MATTHIAS ECKOLDT: Im Kern steht auch bei diesem Beispiel wieder die Erkenntnis der erfahrungsabhängigen Neuroplastizität. Gibt es aus Ihrer Sicht noch weitere große Erkenntnisse der Hirnforschung, die ähnliche Sprengkraft für die herrschenden Paradigmen des Faches entfalten könnten?

GERALD HÜTHER: Es sind m. E. zwei Erkenntnisse aus der Hirnforschung, die wirkliche Sprengkraft besitzen. Erstens ist das die Erkenntnis, dass zu Beginn der Hirnentwicklung viel mehr Verknüpfungen angelegt werden, als am Ende übrig bleiben. Es ist also umgekehrt, als man bisher gedacht hat. Ging man bisher davon aus, man müsse durch Unterricht und Erziehung mehr Synapsen im Hirn der Schüler bauen, so ist man jetzt mit dem Umstand konfrontiert, dass man im besten Fall dazu beitragen kann, dass nicht so viele verschwinden. Das ist die erste große Revolution. Die zweite lautet: Das Hirn ist zeitlebens veränderbar. Allerdings muss man da gleich noch dazusagen: Jedenfalls dann, wenn derjenige, dem dieses Hirn gehört, sich über das freut, was er da tut oder lernt. Das ist wahrscheinlich die größte Herausforderung für unser gegenwärtiges Bildungssystem. Denn es bedeutet, dass man Lernleistungen oder Veränderungen nicht anordnen und auch nicht mit Belohnung oder Bestrafung herbeiführen kann. Es müssen neue Lösungen gefunden werden, die die Lernenden für das begeistern, was in den Schulen gelehrt wird. Es ist gegenwärtig unmöglich, in allen Fächern Bestnoten zu erzielen, wenn man sich für irgendwas begeistert. Sobald ein Schüler anfängt, sich in der achten oder neunten Klasse für Ballett oder Schmetterlinge zu begeistern, wird er seine ganze Energie in dieses Faszinosum hineinstecken. Das wird automatisch dazu führen, dass er nicht mehr so viel Mathematik und Latein machen kann. Also werden sogar die Musterschüler in unserem Schulsystem systematisch dazu gezwungen, sich für nichts zu begeistern. Solche Menschen aber, die sich für nichts begeistern und nur alles perfekt beherrschen, brauchen wir in unserem Land nicht mehr.

MATTHIAS ECKOLDT: Wen brauchen wir dann? Leute mit eher sozialen Kompetenzen?

GERALD HÜTHER: Was wir brauchen, sind diese Eigenbrötler, die sich mit Leidenschaft in irgendwas verbeißen. Wenn Sie sich die Personen anschauen, die in den letzten 50 Jahren etwas Bedeutendes zustande gebracht haben, dann stellen Sie fest, dass keiner von denen ein besonders gutes Abitur gemacht hat. Aber alle haben sich dadurch ausgezeichnet, dass sie sich ihren Eigensinn, ihre Gestaltungslust und ihre Entdeckerfreude bewahrt haben.

MATTHIAS ECKOLDT: Wenn Sie als Hirnforscher sagen, dass es eigentlich nur zwei Erkenntnisse gibt, die für Sie interessant sind, stellt sich mir natürlich die Frage, welche Rolle oder welche Funktion die Hirnforschung eigentlich in Ihren Augen hat.

GERALD HÜTHER: Hirnforschung kann die Welt nicht verändern, und diese ganzen Versuche, Hirnforschung zu funktionalisieren mit dem Ziel, das Hirn zu optimieren, halte ich für ziemlich absurd. Hirnforschung kann bestenfalls dazu beitragen, uns selbst besser zu verstehen. Hirnforschung ist damit eine wichtige Quelle für unseren eigenen Selbsterkenntnisprozess. Diese Möglichkeit haben wir vorher nicht gehabt. Wir haben nicht gewusst, dass Kinder mit so einem gewaltigen Potenzial auf die Welt kommen und dass sogar aus einem »Mongo« ein Abiturient werden kann. Wir haben auch nicht gewusst, dass Menschen nur dann nachhaltig etwas lernen, wenn sie das mit Begeisterung tun. Es gab schon immer Pädagogen, die das gesagt haben, aber man konnte es nicht beweisen. Also haben dann die Funktionalisierer gewonnen, die gesagt haben: Das muss man nur richtig reinpauken, dann klappt das schon. Aber jetzt haben wir eine Naturwissenschaft, die solchen Ansätzen entgegenhalten kann: Tut mir leid, aber das Hirn ist kein Muskel!

Stand der Hirnforschung

MATTHIAS ECKOLDT: Einerseits ist die Hirnforschung ja in den letzten Jahren in eine Sackgasse geraten mit ihrem mechanistischen Ansatz. Ich denke besonders an die lokalisationistische Perspektive der Hirnareale und -karten. Da funktioniert das Hirn wohl doch nicht so einfach. Andererseits stehen auch die Untersuchungsmethoden im Zweifel. Bei der MRT misst man ja weder Gedanken noch Potenziale, sondern nur Änderungen in der Sauerstoffaufnahme verschiedener Hirnbereiche. Dann gibt es auf der anderen Seite die systemischen

Konzepte der Selbstorganisation, die sich aber nicht recht durchsetzen können. Das führt mich zu der Frage: Wie schätzen Sie den gegenwärtigen Stand der Hirnforschung ein, und wo wird die Reise hingehen?

GERALD HÜTHER: Man kann ja nur abschätzen, wo es hingeht, wenn man zurückblickt und sich fragt, wie sich die Hirnforschung in den letzten Jahren verändert hat. Und da wird schon sehr deutlich, dass sie sich nach und nach von diesem mechanistischen Weltbild verabschiedet, das lange Zeit ihre eigene Grundlage bildete. Manchen gelingt das schneller, anderen nicht so schnell, aber der Trend ist klar: Die mechanistischen Vorstellungen verlieren ihre Attraktivität. Was dafür wächst, ist das Verständnis für Selbstorganisationsprozesse. Deshalb gehe ich auch davon aus, dass sich die Hirnforschung in diese Richtung weiterentwickeln wird. Das ist der einzige Ansatz, der in dem gesamten Kontext, in dem wir uns befinden, sinnvoll ist.

Das Problem der Willensfreiheit

MATTHIAS ECKOLDT: Mich hat gewundert, dass Ihre Unterschrift unter dem *Manifest* elf führender Hirnforscher über Gegenwart und Zukunft des Faches fehlt. War das eine bewusste Verweigerung von Ihnen?

GERALD HÜTHER: Ich habe mich damals auch schon der Debatte verweigert, die zur Erstellung des *Manifests* führte.

MATTHIAS ECKOLDT: Warum?

GERALD HÜTHER: Es ging ja um die Frage, die da plötzlich von einigen Kollegen aufgeworfen wurde, ob der Mensch einen freien Willen hat. Ich habe mich dem nicht angeschlossen, weil mir das, was diese Hirnforscher als »freien Willen« betrachtet haben, absurd vorkam. Bevor man über Willensfreiheit redet, muss man m. E. zunächst klären, was überhaupt in unserem Kulturkreis unter freiem Willen zu verstehen ist.

MATTHIAS ECKOLDT: Mir war nicht bekannt, dass zwischen der Debatte über den freien Willen und dem *Manifest* ein Zusammenhang besteht. Dann würde ich vorschlagen, dass wir erst einmal beim freien Willen bleiben. Ausgelöst wurde die Diskussion ja von dem Libet-Experiment, bei dem 350 Millisekunden vor der bewussten Entscheidung für eine Handlung bereits ein Bereitschaftspotenzial zu messen ist.

GERALD HÜTHER: Gern. Dass 350 Millisekunden, bevor ich auf einen Knopf drücke, ein Bereitschaftspotenzial aufgebaut werden, hat ja mit Willensfreiheit zunächst nicht viel zu tun.

MATTHIAS ECKOLDT: Der Versuch legt aber die Interpretation nahe, dass der Willensakt erst auftritt, nachdem die unbewussten Areale des Gehirns bereits entschieden haben, welche Handlung ausgeführt wird. Trotzdem aber tut das Ich so, als ob es bewusst – also mit freiem Willen – handelt.

GERALD HÜTHER: Willensfreiheit heißt doch, ich entscheide mich jetzt, eine bestimmte Sache zu machen. Aber Sie können sich doch nur dann dafür entscheiden, eine bestimmte Handlung auszuführen, wenn Sie auch sicher sind, dass Sie das, wofür Sie sich entscheiden, auch hinbekommen. Hirntechnisch heißt das, wenn ich mich dafür entscheide, einen Knopf zu drücken, muss ich auch wissen, dass es dann auch geht. Beim Knopfdrücken fällt das vielleicht nicht so auf. Aber stellen Sie sich vor, Sie wollen ein Rad schlagen. Dann stellen Sie sich hierhin, und ich frage Sie: Wann können Sie den Entschluss fassen, aus freiem Willen dieses Rad zu schlagen? Das können Sie erst, nachdem Sie innerlich das Bewegungsmuster aufgebaut haben, das Sie brauchen, um das, wozu Sie sich entschieden haben, auch auszuführen. Das heißt, wenn man verlangen wollte, dass der Mensch einen freien Willen hätte, ohne dass er sich innerlich mit dem, was er entscheiden will, befasst hätte, wäre das so, als würde man von ihm verlangen, dass er etwas wollen soll, was er gar nicht kann, wobei er sich – im Fall des Radschlagens – dann möglicherweise den Hals bricht. Das ist doch Unfug.

MATTHIAS ECKOLDT: Dann würde ich Sie bitten, eine Freiheitsdefinition aus neurophysiologischer Sicht zu geben.

GERALD HÜTHER: In unserem Kulturkreis glauben die meisten Menschen, sie wären dann frei, wenn sie aus Zwängen heraus sind. Also frei sind von irgendwas – frei von Hunger, frei von Angst, frei von Unterdrückung oder Bevormundung. Eine aus neurobiologischer Sicht günstigere Freiheitsdefinition würde heißen, ich bin frei, um mich für diese Welt zu öffnen. Ich kann mich auf diese Welt einlassen. Ich kann etwas von meiner Kraft anderen schenken. Das ist meine Freiheit, die ich habe. Das ist etwas völlig anderes, als wenn ich mich von einem Unterdrücker befreien muss. Richtig ist aber, dass man zunächst erst mal »frei von« etwas werden muss, damit man »frei für« etwas werden kann. Insofern haben wir eine lange und schwierige Phase der Menschheitsgeschichte hinter uns und sind jetzt die Ersten, die darüber nachdenken können, *wozu* wir die gewonnene Freiheit eigentlich benutzen wollen.

MATTHIAS ECKOLDT: Jetzt ist aber immer noch nicht klar, was die Debatte über die Willensfreiheit mit dem *Manifest* zu tun hat. Das *Manifest* elf führender Hirnforscher über Gegenwart und Zukunft des Faches hatte ja eher einen sehr erkenntniskritischen Ton. Ihre Kollegen sagten darin, dass sie in einem gewissen Sinne noch auf dem Stand von Jägern und Sammlern sind.

GERALD HÜTHER: Das hätte ich auch nicht unterschrieben! Deshalb packe ich ja das *Manifest* in den Kontext der Debatte über den freien Willen. Das *Manifest* schien mir eher wie ein Zurückrudern derjenigen, die da mit ihren Vorstellungen zu weit vorgeprescht waren und sich bei dieser unseligen Debatte etwas verrannt hatten. In einer solchen Situation ist es durchaus hilfreich, so zu tun, als hätte man noch nicht sehr viel an tragfähigen Erkenntnissen zu bieten.

Der »Visible Scientist«

MATTHIAS ECKOLDT: Es gibt die Idee des »Visible Scientist« als neuen Typ des Wissenschaftlers, der in den Medien sichtbar wird und der auch über seinen konkreten angestammten Bereich, in dem er eigentlich forscht, hinauswirkt. So werden Hirnforscher mittlerweile als Experten für das soziale Miteinander gesehen. Wie geht es Ihnen damit?

GERALD HÜTHER: Die Motive, warum sich Wissenschaftler in die Öffentlichkeit hinauswagen, sind aber wieder ganz individuell. Es kann sein, dass es dem eigenen Ruhm dienen soll, es kann aber auch sein, dass es gar nicht anders geht. Wenn man wirklich ernsthaft Hirnforscher ist, kann man gar nicht anders, als den Körper mit einzubeziehen. Alles, was da unten passiert, hat ja irgendeinen Einfluss auf das Hirn. Wenn wir nun weiterhin davon ausgehen, dass das Hirn ganz wesentlich durch soziale Erfahrungen strukturell geformt wird, dann wird man als Hirnforscher auch nicht mehr länger Untersuchungen am Hirn durchführen können, ohne dabei den sozialen Bezug im Auge zu behalten. Insofern ist es zwangsläufig, dass ein Hirnforscher auch zu anderen Themen Stellung nehmen muss. Sonst wäre das so, als ob ein Architekt über Häuser reden würde, ohne auf die Menschen zu sprechen zu kommen, die darin wohnen sollen, und ohne über die Zeit und die Kultur zu reflektieren, in der man lebt. Die Vorstellung, jeder solle bei seiner Disziplin bleiben, ist nur Ausdruck der Tatsache, dass sich die einzelnen Disziplinen wissenschaftsgeschichtlich erst einmal voneinander abgrenzen mussten, um überhaupt an Kontur zu gewinnen. Aber irgendwann wird sichtbar, dass das, womit man sich beschäftigt, in einem größeren Kontext steht, der dann eben zwangsläufig über das eigene Fach hinausreicht.

MATTHIAS ECKOLDT: Nun ist es ja gerade bei Ihnen so, dass Sie sehr stark auch in den Massenmedien nachgefragt werden und dadurch ständig aufgefordert sind, Stellung zu Themen zu nehmen, die nicht unbedingt im Kern der Neurowissenschaften verankert sind.

GERALD HÜTHER: Das hängt möglicherweise damit zusammen, dass es unter den Wissenschaftlern nicht ausreichend viele gibt, die komplexe Zusammenhänge ihres spezifischen Fachgebietes so darstellen können, dass sie für eine breite Öffentlichkeit verstehbar werden, und darin auch eine gewisse soziale Verantwortung sehen. Wenn man aber Befunde so darstellt, dass man es verstehen kann, durchbricht man freilich die engen Grenzen seiner Disziplin, und damit wird man auch von anderen Kollegen, die in diesen Grenzen und Zuständigkeiten bleiben, als nicht mehr hinreichend »wissenschaftlich« bewertet. Das endet dann immer mit diesem Ausspruch: Das ist zu populistisch. Wenn man dann aber nachfragt, ob es denn falsch gewesen sei, was man gesagt oder geschrieben hat, sagen die Fachkollegen meist: »Nein, es ist alles richtig, aber ich würde es so nicht machen.« Aber ich arbeite doch nicht fürs Hirn, sondern für Menschen.

Was ist Bewusstsein?

MATTHIAS ECKOLDT: Ich habe zum Schluss noch eine Frage, die ich allen Beteiligten stelle: Was ist Bewusstsein?

GERALD HÜTHER: Ich versuche es mal so: Bewusstsein ist ein gesellschaftliches Konstrukt, eine soziale, kulturelle Leistung. Das gibt es als individuelles Phänomen gar nicht. Ein Mensch, der unter Bedingungen aufwächst, in denen er keine Möglichkeit hat, sich im anderen zu spiegeln, wird kein Bewusstsein seiner selbst entwickeln können. Das heißt, um Bewusstsein zu entwickeln, brauche ich den anderen. Und deshalb ist die Herausbildung von Bewusstsein auch kein hirntechnisches Phänomen, sondern eine soziale Errungenschaft. Und ein Blick zurück in die Menschheitsgeschichte lehrt uns ja auch, dass es verschiedene Stufen von Bewusstsein gibt. Und diese Stufen von Bewusstsein waren immer so weit entwickelt wie die Bewusstseine der betreffenden Mitglieder dieser Gemeinschaften. Es gab Epochen, in denen ein mythisches Bewusstsein vorherrschte, dann gab es ein personales Bewusstsein, jetzt bildet sich so etwas wie ein integrales oder transpersonales Bewusstsein heraus. Und wenn man als Kind in so eine Gemeinschaft hineinwächst, dann übernimmt man dieses Bewusstsein. Es gibt ja kein anderes. Wir sind in einem viel höheren Maße sozial organisierte Wesen, als wir das von uns selbst zuzugeben bereit sind. Wenn das so ist, dass wir alles, was wir an Vernetzungen im Hirn aufgebaut haben, dem Umstand verdanken, dass es andere gab, die uns bestimmte Dinge gezeigt und sie uns gelehrt haben, die uns geholfen haben, das alles aufzubauen, dann gibt es auch kein einzelnes Gehirn. Dann ist auch die Idee eines einzelnen Gehirns, das als einzelnes losgelöst von allen anderen und von all den gemachten Beziehungserfahrungen untersuchbar wäre, absurd.

»Es gibt Pädagogen, die meinen, man lernt nur über Belohnungen. Das ist totaler Unsinn!«

Henning Scheich über Musikverarbeitung, sprachbegabte Hunde und den Nutzen von Elektroden im Hirn

Prof. Dr. Henning Scheich, *Jahrgang 1942, studierte Humanmedizin und Philosophie in Köln, Montpellier und München. Er war bis 2010 Direktor des Leibniz-Instituts für Neurobiologie, das er 1992 in Magdeburg gegründet hatte, und leitet dort die Abteilung Akustik, Lernen und Sprache. Seine Forschungsgebiete sind Mechanismen von Lernen und Kognition, akustische Steuerung von Verhalten, funktionelle Hörcortex-Organisation beim Säugetier, Sprachverarbeitung beim Menschen, Hirn-Imaging-Verfahren. Neben seiner vielfältigen Gutachtertätigkeit verfasste er bisher über 300 Originalpublikationen in internationalen wissenschaftlichen Fachzeitschriften. Er ist Mitglied der Federation of European Neuroscience Societies (FENS), der Deutschen Neurowissenschaftlichen Gesellschaft, der Deutschen Audiologischen Gesellschaft, der Society for Neuroscience (USA), der Association for Research in Otolaryngology (USA) und der Berlin-Brandenburgischen Akademie der Wissenschaften.*

Warum die klassische Musik harmonisch klingt

MATTHIAS ECKOLDT: Sie haben viel über die Tonverarbeitung im Gehirn gearbeitet. Inwiefern verwendet die klassische europäische Musik Grundprinzipien des Hörsystems?

HENNING SCHEICH: Die Idee, dass unser Hören etwas mit Harmonien zu tun hat, ist ja uralt. Das geht bis zu den alten Griechen zurück. Wir wissen inzwischen, dass die Harmonieprinzipien, die sehr stark in der europäischen Musik Anwendung fanden, tatsächlich im Gehirn verankert sind. Die Hörprinzipien sind beim Menschen und auch bei höheren Tieren in einer tonotopen Weise strukturiert. Das heißt, dass nicht nur in der Schnecke des Ohres Frequenzen systematisch analysiert werden, sondern auch die zentralen Stellen im Hirn sind so organisiert, dass Nervenzellen auf reine Töne reagieren. Diese Neurone zeigen nachbarschaftliche Verhältnisse.

MATTHIAS ECKOLDT: Wie sieht das konkret aus?

HENNING SCHEICH: Neurone, die beispielsweise auf 500 Hertz optimal reagieren, sind auf der einen Seite flankiert von Neuronen, die auf 499 und auf der anderen Seite von denen, die auf 501 Hertz reagieren. Wenn wir im Experiment mit verschiedenen Tönen stimulieren und die neuronale Erregung messen, kann man diese Nachbarschaftsverhältnisse sehr gut sehen. Das sagt erst einmal nur etwas über die Tonhöhenrepräsentation aus. Darüber hinaus kann man sehen, dass auch jene Neurone, die bestimmte Verhältnisse von Frequenzen beantworten, miteinander verbunden sind. Das gilt insbesondere für die jeweilige Verdopplung beziehungsweise Halbierung der Frequenz, also für die Oktaven, die eine eminent wichtige Rolle in der Harmonielehre spielen. Wenn Sie den Abstand zwischen den Neuronen, die jeweils auf Oktaven reagieren, im Cortex messen, ist der jeweils genau gleich. Dass uns Töne, die eine Oktave höher oder tiefer sind, in unseren Ohren sehr ähnlich klingen, drückt sich auf neuronaler Ebene in gleichen Oktavabständen der Neurone im Hörsystem aus.

MATTHIAS ECKOLDT: Können Sie weitere Rückschlüsse von den neuronalen Gegebenheiten auf unser Musikempfinden ziehen?

HENNING SCHEICH: Ein Rückschluss wäre, dass Sie Melodien, die innerhalb der Oktaven ablaufen, leicht transponieren können.

MATTHIAS ECKOLDT: Die Idee von Bachs wohltemperiertem Klavier.

HENNING SCHEICH: Bei Bach geht es ja pro Tonschritt jeweils um ein Zwölftel der wohltemperierten Skala. Sie können eine Melodie einfach eine Tonlage höher singen, und jeder Zuhörer wird die Melodie als dieselbe wiedererkennen. Das hat den Grund darin, dass die Abstände der Neurone genau gleich sind.

MATTHIAS ECKOLDT: Ist in diesem Zusammenhang der Grund dafür zu finden, dass wir tonale Beziehungen innerhalb von Oktaven als Wohlklang wahrnehmen?

HENNING SCHEICH: Ja, je zahlenmäßig einfacher die Frequenzbeziehungen sind, desto angenehmer klingen sie. Der Ausfluss des kulturellen Trainings durch die klassische Musik ist heutzutage in der Popmusik zu finden. Popmusik ist Resultat der Vereinfachung dieser grundlegenden Harmoniebeziehungen. Das alles ist im Gehirn präformiert. Allerdings wissen wir über die Empfindung des Ästhetischen im Gehirn noch recht wenig. Das muss etwas mit dem limbischen System zu tun haben, aber da sind wir noch nicht sehr weit. Die Organisationsprinzipien, die im Gehirn Oktavbeziehungen fixieren, gibt es nicht nur beim Menschen. Bestimmte Vögel können sehr leicht Melodien nachpfeifen und sind auch in der Lage zu transponieren. Dompfaffen sind bekannt dafür, dass sie einfache Melodien problemlos eine Tonlage höher singen können.

MATTHIAS ECKOLDT: Die moderneren Strömungen der Musik haben ja an der Auflösung, vielleicht könnte man auch positiver sagen, an der Erweiterung der strengen Harmonielehre gearbeitet. Warum haben wir erst einmal größere Probleme, die Zwölftonmusik als wohlklingend wahrzunehmen?

HENNING SCHEICH: Die Zwölftonmusik respektiert zwar die Oktave, übernimmt aber von Bach die Transpositionsregeln nicht. Das erklärt zum Teil schon, warum nichtprofessionelle Musikhörer große Schwierigkeiten mit dieser Musik haben. Zwölfton ist nicht primär hirngerecht. Andere Kulturen haben Tonalitäten entwickelt, die überhaupt nicht harmonisch sind. Das ist merkwürdig, weil wir im Prinzip alle dieselben Hirnstrukturen haben. Wenn man Menschen, die in einer ganz anderen tonalen Kultur aufgewachsen sind, die Aufgabe stellt, Harmoniebeziehungen zu identifizieren, dann können die das genauso gut wie wir, aber sie verwenden das offensichtlich nicht für ihre Musik.

MATTHIAS ECKOLDT: Das heißt, so viel man in letzter Zeit auch über die Plastizität des Gehirns redet, die klassische Musik befriedigt eine Hirnorganisation, die gleichsam ab Werk in unseren Hirnen eingebrannt ist.

HENNING SCHEICH: Tatsächlich gibt es da eine Grundstruktur, die man sicherlich modifizieren kann, aber die nicht total veränderbar ist. Man kann auch Musik machen, indem man dagegen verstößt, aber das sind dann eher Kopfgeburten.

MATTHIAS ECKOLDT: Wenn man in einem klassischen Konzert sitzt und so richtig in einen Flow des Genießens kommt und dann plötzlich ein falscher Ton erklingt – was passiert da im Hirn?

HENNING SCHEICH: Wenn sich die neuronale Ebene in einen Harmoniekontext eingeschwungen hat und dann plötzlich gestört wird, gibt es enorme Aktivierungen, die über das Hörsystem hinausgehen. Das betrifft dann auch das limbische System, sodass Emotionen hochkommen und der Aufmerksamkeitspegel steigt.

MATTHIAS ECKOLDT: Das fühlt sich ähnlich wie ein zugefügter Schmerz an. Man sagt ja auch bei so einem grausam falschen Ton spontan: Aua!

HENNING SCHEICH: Die Verletzung der Erwartungen des eingeschwungenen Systems führt auf neuronaler Ebene geradezu zu einem Aufstand.

Wie das Hirn nach Regeln sucht

MATTHIAS ECKOLDT: Inwiefern haben die Erkenntnisse, die Sie bei der Analyse der Musikverarbeitung gewonnen haben, auch Relevanz über das Hörsystem hinaus? Gibt es einen größeren Zusammenhang von Regeln und Erwartungen?

HENNING SCHEICH: Das Hirn scheint bei der Verarbeitung neuer Reize immer nach Regeln zu suchen, in die neue Informationen einzubetten sind. Das Gehirn versucht immer, Sinn aus Zusammenhängen zu stiften, und solche Oktavbeziehungen beispielsweise haben unmittelbar Sinn, weil sie räumliche Relationen bedienen. Die Suche nach Regeln leisten Gehirne besonders gut. Wenn man unbekannte Geräusche hört, fängt man sofort mit der Suche nach der Ursache an: Wo kam das her, in welchem Kontext könnte das stehen, womit hat das zu tun? Es wird immer eine Regel gesucht, die einem erlaubt, das Wahrgenommene einzuordnen. Gehirne sind neugierig, spekulieren viel und versuchen immer, eine Regel herauszufinden. Im Hörcortex – der obersten Station der Hörrinde – gibt es eine Reihe von Mechanismen, die sich damit befassen, Regelhaftigkeiten von Interpretationen akustischer Muster herauszufinden.

MATTHIAS ECKOLDT: Hätten Sie da ein konkretes Beispiel?

HENNING SCHEICH: Wir machen hier sehr viele Experimente mit Menschen im Kernspintomografen. Da können Sie aber eigentlich nur sehen, unter welchen Umständen welche Regionen aktiv werden. Was man leider nicht sehen kann, ist, was die Neurone darunter tun. Das kann man natürlich nur im Tierversuch erheben.

MATTHIAS ECKOLDT: Indem man mit Mikroelektroden in die einzelnen Neurone hineingeht und misst. Das lässt kein Mensch mit sich machen.

HENNING SCHEICH: Wir machen zumeist Versuche mit Affen. Unsere Elektroden zerstören auch nichts. Die sind an der Spitze nur einen Mikrometer dick. Damit kann man herausfinden, was auf der Ebene der Neurone wirklich im mechanistischen Sinne abläuft, was die Neurone rechnen. Wir haben Affen vor die Aufgabe gestellt, verschiedene akustische Muster zu beurteilen.

MATTHIAS ECKOLDT: Wie stellen Sie das Versuchstier auf das Experiment ein? Sie müssen es ja auf eine bestimmte Weise dressieren, damit es versteht, was Sie wollen.

HENNING SCHEICH: Das geht bei Tieren über Versuch und Irrtum. Wenn die Tiere irgendein Muster erkennen, das für unsere Untersuchung relevant ist, bekommen sie eine Belohnung. Wenn sich die Erfahrung häuft, dass sich bei einer bestimmten Handlung – sagen wir einem Knopfdrücken – eine Belohnung einstellt, wird das als Regel abgespeichert. Wir können dann parallel messen, was passiert. Bei einem naiven Tier ist eine Belohnung, die auf eine spontane Handlung erfolgt, nicht voraussehbar. Das Hirn antwortet darauf mit einem charakteristischen neuronalen Erregungsmuster. Dieses Muster verstärkt sich zunächst, wenn sich der Zusammenhang zwischen der Handlung und der Belohnung bei Wiederholungen bestätigt, und nimmt bei Routine wieder ab. Schließt der Affe jedoch, dass auch andere Handlungen zur Belohnung führen, gibt es im Hirn ein anderes Muster, einen Voraussagefehler. Dieser Prediction Error ermöglicht es, Fehler zu erkennen und die Voraussagen auf ganz bestimmte Zusammenhänge einzugrenzen.

Die Funktion des Belohnungssystems

MATTHIAS ECKOLDT: Nach dem Motto: Das hätte man wissen können.

HENNING SCHEICH: Ja! Anhand solcher multiplen Erfahrungen lernen die Tiere. Das können wir bis ins Hörsystem hinein nachverfolgen. Wir machen hier Experimente an wachen, zahmen Affen, die seit langer Zeit darauf trainiert sind, Akustik zu beurteilen. Bei denen können wir direkt an den betreffenden Neuronen ableiten. Das Hirn ist ja schmerzfrei, und wir können da über Monate Aktivitäten messen, ohne dass sich die Tiere gestört fühlen. Die Tiere haben eigentlich nur eins im Sinn: das Richtige zu tun, damit sie ihre Belohnungen bekommen. Mittlerweile wissen wir, dass diese Beurteilungssituationen im Zusammenhang mit der Ausschüttung des Transmitters Dopamin stehen.

MATTHIAS ECKOLDT: Dopamin kommt ja aus dem Belohnungssystem.

HENNING SCHEICH: Richtig. Es gibt mehrere Verbindungen des Belohnungssystems zum Hörcortex. Wir versuchen, durch elektrische Stimulationen im Dopamin-System Licht ins Dunkel zu bringen, und haben schon gesehen, dass man Lernprozesse durch solche Stimulationen enorm beschleunigen kann.

MATTHIAS ECKOLDT: Direkt?

HENNING SCHEICH: Man gibt Dopamin als Belohnung. Dann lernen die Tiere schneller, als wenn wir mit ihnen Verhaltenstraining machen.

MATTHIAS ECKOLDT: Was ist das Erkenntnisziel dabei?

HENNING SCHEICH: Wir haben eine Theorie zur Förderung kognitiver Prozesse mithilfe tiefer Hirnstimulation entwickelt, die wir in naher Zukunft bei Alzheimer-Patienten einsetzen werden. Bei diesen Patienten sind die Lern- und Gedächtnisprozesse extrem reduziert, und wir wollen versuchen, diesen Prozess zumindest aufzuhalten.

MATTHIAS ECKOLDT: Wie wichtig ist das Belohnungssystem für das Gesamtsystem Gehirn? Man kennt ja die Versuche, wo Affen zwischen Bananen und einer Dosis Dopamin wählen konnten und selbst bei großem Hunger immer Dopamin wählen.

HENNING SCHEICH: Es ist kein Problem, die Affen süchtig zu machen. Aber wir arbeiten hier mit Stimulationen unterhalb der Abhängigkeitsschwelle, um mehr über die Lerneffekte zu erfahren. Das Belohnungssystem hat zwei Aspekte. *Einerseits* wird einem durch so eine kleine Dopamin-Dusche sofort ein positives Gefühl in dem Moment vermittelt, wo man ein Aha-Erlebnis hat.

MATTHIAS ECKOLDT: Der Heureka-Effekt.

HENNING SCHEICH: Dieses: Jetzt habe ich es verstanden! Weil das Belohnungssystem sehr sparsam ausschüttet, führt das in der Regel nicht zur Sucht. Für die Sucht brauchen Sie einen höheren Dopamin-Spiegel, oder Sie müssen die Dosen sehr häufig hintereinander geben, wie es beispielsweise bei Computerspielen geschieht. Im normalen Leben dagegen haben wir niemals in so kurzer Zeit Erfolgserlebnisse.

MATTHIAS ECKOLDT: Wie definieren Sie denn Erfolg aus neurophysiologischer Sicht?

HENNING SCHEICH: Erfolg beruht auf Prädiktionen. Wenn das Hirn Vorhersagen macht und die zutreffen, dann wird das vom Gehirn als Erfolg verbucht, und dann gibt es eine Dopamin-Ausschüttung. Durch die direkte Messung des Dopamins haben wir *andererseits* herausbekommen, dass es auch bei Strafdressur Lernprozesse gibt.

Lernen im Klima der Furcht

MATTHIAS ECKOLDT: Das wäre dann Lernen unter Androhung von Strafe. Das funktioniert?

HENNING SCHEICH: Sie benutzen einen aversiven Reiz, wo die Tiere auf einem Gitter stehen und bei Anschalten eines Stromes ein Fußkribbeln spüren. Die Mäuse müssen nun eine Aufgabe lösen, damit der Strom abgeschaltet wird. Wenn sie das schaffen, wird eine massive Dopamin-Dosis ausgeschüttet. Das zeigt, das Dopamin-System arbeitet für unmittelbaren Erfolg, aber auch für die Vermeidung von Misserfolg.

MATTHIAS ECKOLDT: Worin besteht dabei der Unterschied zur Furchtkonditionierung?

HENNING SCHEICH: Furchtkonditionierung wäre es, wenn die Mäuse keine Möglichkeit haben, das unangenehme Fußkribbeln auszuschalten. Wenn sie das durch Aufgabenlösung schaffen, ist die Belohnung höher, als wenn sie einen normalen Erfolg haben. Deswegen sind auch pädagogische Theorien unsinnig, die Sanktionen ausklammern. Es gibt ja Pädagogen, die meinen, man lernt nur über Belohnung. Das ist totaler Unsinn. So funktionieren diese Systeme nicht.

MATTHIAS ECKOLDT: Man würde unter Androhung von Schlägen dasselbe lernen wie bei Aussicht auf Belohnung?

HENNING SCHEICH: Richtig, man muss allerdings das richtige Maß finden. Wenn es einem nicht schnell gelingt, die Sanktionen durch einen Lernprozess mit Erfolgserlebnissen abzuwehren, dann kann das zur Furchtkonditionierung führen. Der ständige Einsatz des Rohrstocks ist insofern keine gute Methode, weil man dann mit der Sache auf Dauer nichts mehr zu tun haben möchte.

MATTHIAS ECKOLDT: Aber das Schulsystem arbeitet ja selbst noch in seinen moderatesten und reformiertesten Auswüchsen mit Sanktionen.

HENNING SCHEICH: Sie meinen so etwas wie Zeugnisse? Die sind aus hirnwissenschaftlicher Sicht nicht besonders wirksam, weil sie lange nach den jeweiligen Lernsituationen kommen. Für das Furchtlernen muss das Feedback aber sofort kommen.

MATTHIAS ECKOLDT: Nun dachte ich immer, dass die Furchtentstehung in der Amygdala und Lernen sich ausschließen.

HENNING SCHEICH: Das schließt sich eben nicht aus. Das ist ja das Interessante. Die Ausbildung der Furchtemotion in der Amygdala wird verhindert, wenn der Ausweg gefunden ist, durch ein Erfolgserlebnis.

MATTHIAS ECKOLDT: Ich meinte eher die Furchtkonditionierung. Wenn die von der Amygdala her im Gange ist, werden doch sehr viele Hirnprozesse überlagert.

HENNING SCHEICH: Wenn sich die Furcht durchsetzt, überlagert dies alles. Wir können das auch ins Extreme treiben.

MATTHIAS ECKOLDT: Wie?

HENNING SCHEICH: Wir setzen die Tiere in eine Box, aus der sie nicht rauskommen. Dann kommt der unangenehme Fußreiz, und sie haben keine Chance dem zu entgehen. Wenn man das eine Woche lang macht, dann werden diese Tiere sehr aggressiv, fangen an zu beißen und sind extrem unruhig. Wenn man das noch weitertreibt, bekommen Sie ein Tier, das nur noch in der Ecke sitzt, alles erträgt und keinerlei Motivation mehr hat. Das nennt man erlernte Hilflosigkeit. So sieht richtige Furchtkonditionierung aus, und die bekommen Sie dann kaum wieder weg.

MATTHIAS ECKOLDT: Insofern ist es ja ein eher schmaler Grat zwischen effizientem Furchtlernen und Furchtkonditionierung. Wenn ich mich selbst befrage, möchte ich eigentlich nicht, dass mein Sohn eine Pädagogik erfahren müsste, die auf diesem Grat wandelt.

HENNING SCHEICH: Das verstünde ich, wenn es denn ein schmaler Grat wäre. Dabei sind wir aber in unserem Leben ständig solchen Herausforderungen ausgesetzt. Ich gebe Ihnen mal ein Beispiel aus dem Alltag: Nehmen Sie einfach die Verkehrsampeln. Analog dazu haben wir auch unsere Versuche konstruiert. Eine Maus sitzt in der Shuttlebox. Die muss, wenn ein bestimmtes akustisches Muster kommt, über eine Hürde springen. Wenn sie das nicht tut, bekommt sie einen Fußreiz. So machen wir es doch letztlich auch, wenn wir unsere Kinder lehren, über die Straße zu gehen. Bei Rot musst du stehen bleiben, bei Grün darfst du gehen. Wir nehmen natürlich nicht in Kauf, dass sie überfahren werden, aber wir drohen an: Wenn du bei Rot über die Straße gehst, dann kann es gefährlich werden. Im Leben geht es eben so zu. Wenn man sehr schnell die Regel finden muss, ist die Vermeidung von Sanktionen ein sehr probates Mittel dafür, Erfolgserlebnisse zu haben, die dann höchst befriedigend sind. Der Nachteil bei reinem Belohnungslernen ist, dass das interne Belohnungssystem des Gehirns sehr schnell abschaltet, wenn Belohnungen auf alles und jedes voraussehbar erfolgen. Dieser Habituationseffekt wird vermieden, wenn es auch Misserfolge mit möglichen Sanktionen gibt. Die Gehirne werden wieder leistungsbereit. Es kommt auf eine letztlich positive Bilanz von Erfolgen an.

Probleme der Pädagogik

MATTHIAS ECKOLDT: Was würden Sie aus Ihrer Forschung heraus den Pädagogen ins Stammbuch schreiben?

HENNING SCHEICH: Nach den Befunden, die wir über Lernprozesse haben, müssten Pädagogen lernen, das interne Belohnungssystem ihrer Schüler individuell zu bedienen. Bei den deutschen PISA-Ergebnissen haben wir ja ein Mehrfachproblem. Wir haben eine große

Mittelmäßigkeit, wir haben keine gute Spitze, und wir haben fast ein Drittel von Versagern. Das ist eine absolute Katastrophe für die Zukunft einer Gesellschaft mit so einem hohen Anspruch. Aus unseren Erkenntnissen heraus gibt es dafür zwei Ursachen: Wir haben einerseits eine Begabungsspitze, die nicht richtig gefordert wird. Für die wirklich Begabten ist diese Friede-Freude-Eierkuchen-Pädagogik, nach dem Motto, bloß keine negativen Erfahrungen, einfach lähmend. Die wirklich Leistungsfähigen müssen an die Grenze dessen gebracht werden, was sie leisten können. Jene Länder wie Großbritannien, die auf Elite pochen, schaffen das auch. Die Frühidentifikation von Leistungsträgern hat dort die Konsequenz, dass die richtig gefordert und hart rangenommen werden. Dann entwickelt sich da auch mehr. Wenn man sich jetzt andererseits die untere Seite der Verteilung anschaut, dann ist da richtig Frustration am Werk. In einem Klassenverband kommen schwächere Kinder nicht mit, haben keine Erfolgserlebnisse und werden schließlich völlig passiv. Diese Kinder müsste man durch Erfolgserlebnisse gewissermaßen anfüttern. Danach können sie auch wieder gefordert werden. Wenn die Guten unterfordert sind, haben sie auch keine Erfolgserlebnisse mehr. Deswegen ist mein Kernspruch, dass es die oberste Pflicht eines Pädagogen ist, Kinder individuell zu Erfolgserlebnissen zu führen.

Das Manifest

MATTHIAS ECKOLDT: Sie haben an dem *Manifest* elf führender Hirnforscher über Gegenwart und Zukunft des Faches mitgeschrieben. Es geht nunmehr bereits ins achte Jahr. Wie lesen Sie das *Manifest* heute?

HENNING SCHEICH: In Bezug auf dieses *Manifest* müssen Sie vor allem eines verstehen: Wir Hirnforscher sind eine sehr heterogene Gruppe, die in diesem Text um einen Kompromiss gerungen haben. Deshalb sind einige Darstellungen nicht wirklich gelungen. Die Grundaussagen aber, die stimmen, und die sind auch nach wie vor gültig. Ich glaube, dass wir in der Hirnforschung durch die Experimente an Tieren und die Imaging-Verfahren für das menschliche Gehirn eine Menge mehr über die Grundlagen unserer eigenen Verhaltensweisen herausbekommen als über Introspektion. Deswegen kommt ja die Philosophie auch nicht weiter. Der Versuch, sich durch Begriffe über Begriffe klar zu werden, wird nur durch Aufklärung der dahinter stehenden kognitiven Mechanismen des Gehirns, also durch Hirnforschung, gelingen. Diese starke Aussage über die Rolle der Hirnforschung würde ich nach wie vor aufrechterhalten. Des Weiteren hatten wir uns in dem *Manifest* darauf geeinigt, dass die eigentlichen Einsichten darüber, wie Funktionen im Gehirn ablaufen, auf der mittleren Ebene liegen.

MATTHIAS ECKOLDT: Auf der Ebene der Zellverbände von 100 bis 1000 Neuronen also. Aber da gibt es ja – zumindest beim menschlichen Hirn – prinzipielle, methodische Probleme.

HENNING SCHEICH: Die nichtinvasiven Verfahren beim Menschen sind eigentlich nur geeignet, unsere Fragen näher zu spezifizieren, aber nicht zu beantworten. Wir müssen das aus ethischen Gründen alles in die Primatenforschung übertragen, weil Affen höchst menschenähnliche Gehirne haben. Mit Mäusen kommen Sie an dem Punkt nur begrenzt weiter.

MATTHIAS ECKOLDT: Aber Sie müssten ja auch in das Affengehirn bis zu 1000 Elektroden einbringen, um auf der mittleren Ebene etwas herauszubekommen.

HENNING SCHEICH: Nein, das ist ein Irrtum. Man kommt in den Netzwerken, wo sehr viel nachbarschaftliche Ähnlichkeit herrscht, mit einer begrenzten Anzahl von Elektroden weiter. Sie müssen sich das wie Stichproben vorstellen, die man dann extrapoliert. Wenn man dieses Verfahren oft genug wiederholt, ist es sogar sehr unwahrscheinlich, dass man etwas übersieht, was in dem betreffenden Netzwerk abläuft. Bei unseren Affen können wir über Monate immer wieder im selben Gebiet analysieren. Wir müssen also nicht simultan an 1000 Neuronen ableiten, sondern wir können in wechselnden Lokalitäten an jeweils zehn Neuronen ableiten und bekommen dasselbe heraus.

MATTHIAS ECKOLDT: Wenn Sie da schon so weit sind, muss ich das *Manifest* dann als Polemik verstehen? Speziell Sätze wie: »Wie das Gehirn die Welt so abbildet, dass unmittelbare Wahrnehmung und frühere Erfahrung miteinander verschmelzen, und wie es zukünftige Aktionen plant, ist nicht einmal in Ansätzen klar. Und es ist nicht klar, wie man dies überhaupt erforschen könnte. In dieser Hinsicht befinden wir uns noch auf dem Stand von Jägern und Sammlern.«

HENNING SCHEICH: Das war ein Kompromiss zum damaligen Stand des sogenannten Geist-Gehirn-Problems. Zumindest im Hinblick darauf, wie Bedeutungen von etwas im Gehirn entstehen, gibt es inzwischen erheblichen Fortschritt. Die Hirnforscher, die unmittelbar mit solchen Untersuchungen befasst sind, sahen und sehen das anders als jene, die auf anderen Gebieten forschen. Insofern mussten wir uns auf das kleinste gemeinsame Vielfache einigen. Das Problem dabei war, dass die Forscher, die tatsächlich an den kognitiven Prozessen arbeiten, in der Minderheit waren.

MATTHIAS ECKOLDT: Stellt sich die Frage, warum es dieses *Manifest* dann überhaupt geben musste.

HENNING SCHEICH: Die Idee kam ja auch nicht von uns, sondern vom Magazin *Gehirn und Geist*. Erst fanden wir das auch gut, aber nachdem wir dann die einzelnen Entwürfe ausgetauscht hatten, wurde klar, dass die Ansichten ziemlich verschieden sind. Sie können einfach nicht erwarten, dass ein Molekularbiologe, der an einzelnen Zellmechanismen arbeitet, eine qualifizierte Meinung über die Fortschritte der kognitiven Neurowissenschaften hat. Genauso wenig können wir beurteilen, welche Aspekte von Proteinsynthesen Durchbrüche bringen.

Grenzen der Selbstorganisation des Gehirns

MATTHIAS ECKOLDT: Inwiefern ist für Sie eigentlich das Paradigma der Selbstorganisation interessant? Betrachten Sie das Gehirn als ein sich selbst steuerndes System, oder bringt diese Perspektive im Forscheralltag letztlich nichts Erhellendes? Muss man da dann letztlich doch eher deterministisch vorgehen?

HENNING SCHEICH: Ich sehe keinen so großen Unterschied zwischen Determinismus und Freiheitsgraden. Das Hirn als solches ist schon ein deterministisches System. Das sieht man bereits daran, dass es nach Regeln sucht, und es organisiert sich auch regelhaft. Aber es ist nicht streng deterministisch. Es spielen Zufallsprinzipien eine Rolle. Außerdem kann man einen Sachverhalt bisher noch nicht so richtig einordnen. Nämlich die gespeicherte Erfahrung, die in alle Selbstorganisationsprinzipien reinspuckt. Die Hirne machen Erfahrungen, speichern sie und greifen darauf zurück. Was ein Hirn abspeichert, ist individuell sehr verschieden und hängt außer von Evidenzerlebnissen auch stark von Emotionen ab. Dies alles sinnvoll auf einen Nenner zu bringen kann höchst problematisch werden. Insofern macht das

Ganze möglicherweise einen selbstorganisierteren Eindruck, als es in Wirklichkeit ist.

Wie sich die Hirnforschung an die Wahrheit annähert

MATTHIAS ECKOLDT: Der Philosoph Karl Popper hat den Erkenntnisprozess als asymptotische Annäherung an das Wahrheitsgeschehen beschrieben. Ist das eigentlich haltbar, oder ist es nicht vielmehr so, dass gerade neue Erkenntnisse einen noch größeren Problemhorizont aufreißen?

HENNING SCHEICH: Wenn Sie eine Problemebene nehmen, dann stimmt das. Wenn Sie beispielsweise das Verständnis der synaptischen Mechanismen nehmen. Das hat tatsächlich so einen asymptotischen Anstieg, wenn man Zeit und Verständnis korreliert. In diesem Erkenntnisprozess tauchen aber plötzlich interessante Aspekte auf, die jeweils eine neue Ebene erschließen. Nehmen Sie nur diesen NMDA-Rezeptor, an dem man Flipflop-Eigenschaften entdeckt hat. Das wiederum führt dann auf eine Ebene, wo Sie mit dem einzelnen Neuron nicht weiterkommen, sondern ein kleines Ensemble von Neuronen brauchen, um verstehen zu können, wie dieser Mechanismus dafür eingesetzt wird, differenzierte Lernprozesse in Gang zu setzen. Das führt über die Asymptote, die Sie beim Verständnis der synaptischen Ebene zeichnen können, hinaus und kann dann auf der nächsten Ebene wieder Früchte tragen. Die grundsätzliche Entwicklung von Wissenschaft kann Poppers Idee sicher nicht erklären. Denn die Grundfragen an das Gehirn sind uralt. Auf der Suche nach Antworten sind aber manche Irrwege beschritten worden. Beispielsweise beim Gehirn-Geist-Problem. Das ist nicht erst mit Descartes entdeckt worden.

Zum Geist-Materie-Problem

MATTHIAS ECKOLDT: Das Geist-Materie-Problem ist sicher so alt wie die Philosophie selbst, sodass man bei einer asymptotischen Annäherung an das Wahrheitsgeschehen so langsam angekommen sein müsste. Das Gegenteil ist aber der Fall. Descartes riss die Einheit der Welt auseinander, indem er für alle Phänomene eine zentrale Differenz einführte: die von Res cogitans und Res extensa, dem Mentalen und dem Physischen.

HENNING SCHEICH: Das hat leider zum Dualismus geführt, wo wir jetzt größte Mühe haben, aus der Hirnforschung heraus diese Dinge wieder zusammenzubringen.

MATTHIAS ECKOLDT: Für die Hirnforscher gibt es die Differenz gar nicht, auf der der Dualismus aufsattelt?

HENNING SCHEICH: Wir würden natürlich sagen, dass der Geist Produkt des Gehirns ist. Insofern geht es vielleicht um verschiedene Beschreibungsebenen, das, was man in der Physik Komplementarität nennt.

MATTHIAS ECKOLDT: Also die Idee, den Welle-Teilchen-Dualismus bei der Beschreibung der Eigenschaften des Lichtes dadurch zu erklären, dass sich das Licht dem Beobachter nach der Art und Weise seiner Beobachtung jeweils anders darstellt.

HENNING SCHEICH: Damit wäre auch das Kausalitätsprinzip aufgehoben. Kein Physiker würde sagen, dass Wellen kausal für Teilchen sind oder umgekehrt. Sondern es sind zwei Perspektiven auf etwas, was Kant das Ding an sich genannt hat, das, was dahinter steckt, was unserer unmittelbaren Wahrnehmung nicht zugängig ist. Die Aufgabe der Hirnforschung sehe ich nun darin, diese Komplementarität näher zu definieren. Dafür ist diese mittlere Ebene so wichtig. Wir müssen herausfinden, welchen neuronalen Aktivitäten welche Zustände und welche subjektiven Phänomenen entsprechen. Da bekommen wir es dann teilweise mit isomorphen Phänomenen zu tun, d. h. Strukturähnlichkeiten der subjektiven Wahrnehmung und des zugrunde liegenden Neuronenprozesses. Beispielsweise ist unser Farbsehen isomorph mit der Organisation im entsprechenden Sehsystem. Das ist auch von den drei Rezeptorsystemen her voraussagbar. Oder wenn wir Experimente mit Affen machen, die ein Abnehmen einer Tonhöhe unabhängig von den verwendeten Tonfrequenzen einschätzen sollen. Die bilden dafür eine Kategorie durch abstrakte Beurteilung der Richtung von Tonsprüngen unter Vernachlässigung anderer Toneigenschaften. Und die neuronale Aktivität entspricht dem hundertprozentig durch die Aktivierung entsprechend spezialisierter Neuronen. Das ist komplett isomorph.

Wann es zu Handlungen kommt

MATTHIAS ECKOLDT: Die maßgeblich von der Hirnforschung losgetretene Debatte über den freien Willen und die Bewusstheit der Handlungsplanung hat über mehrere Jahre die Gemüter erhitzt. Ich habe die Debatte letztlich auch als eine Kritik an dem zu optimistischen Glauben an den Primat der Rationalität verstanden. Schon Freud wusste ja, dass wir mehr vom dunklen Unbewussten als vom klar strukturierten Bewusstsein angetrieben sind.

HENNING SCHEICH: Das meiste ist unbewusst. Sie könnten nicht einen Tag überstehen, wenn nicht die Mehrzahl der ablaufenden Prozesse unbewusst wären. Für den Neurophysiologen ist das absolut trivial. Im Hirn ist ständig irgendwas los. Das aber ist nicht das berühmte weiße Rauschen, sondern da laufen Millionen sinnvoller Dinge ab, die nie die Schwelle zum Bewusstsein erreichen. Wir können ständig damit rechnen, dass wir Intuitionen haben, die aus dem Unbewussten kommen, dass wir Dinge tun, über die wir uns gar keine Rechenschaft ablegen können. Beobachten Sie mal, was Sie den Tag über so tun. Über das wenigste von dem denken Sie nach. Wichtig ist doch nur, dass wir die prinzipielle Fähigkeit dazu haben, etwas ins Bewusstsein zu heben.

MATTHIAS ECKOLDT: Das gilt aber bezeichnenderweise auch für Entscheidungssituationen, die durchaus von existenzieller Bedeutung sein können. In einem Roman von Wilhelm Genazino habe ich ein schönes Beispiel gefunden. Er beschreibt dort einen freien Architekten, der mit seinem Leben alles in allem zufrieden ist. Dann bekommt er ein Stellenangebot mit geregelten Arbeitszeiten und allem Drum und Dran. Nun spricht alles dagegen, dieses Angebot anzunehmen, aber entgegen jeder spieltheoretischen Gewinnmaximierung nimmt er das Angebot letztlich an. Wo kommt dann plötzlich diese Anregung her, dass man manche Entscheidungen letztlich nicht nur nicht rational, sondern sogar kontraintuitiv trifft?

HENNING SCHEICH: Diese Ungereimtheiten passieren, und es ist sehr schwer, dem auf den Grund zu gehen. Wir sind ja in der Regel schon ganz froh, wenn wir wenigstens nachträglich ein Motiv für unsere Handlungen finden [lacht].

MATTHIAS ECKOLDT: Das war jetzt Ihre Antwort als Mensch, was würden Sie als Neurowissenschaftler sagen?

HENNING SCHEICH: Es gibt planungsspezifische Aktivitäten, die wir inzwischen identifizieren konnten. Da sind ganz bestimmte frontale Hirnareale involviert. Dafür sind die heutigen Methoden ganz gut. Man kann Experimente designen, wo man verschiedene Pläne ergrübeln muss. Dabei kann man sehen, dass da frontale Bereiche besonders aktiv sind. Man kann auch ablesen, wenn eine Erwartung, die man mit einem Plan verbunden hat, nicht in Erfüllung geht.

MATTHIAS ECKOLDT: Aber dem Architekten aus Genazinos Roman könnten Sie auch nicht bei der Selbstreflexion helfen und erklären, warum sein Hirn so ein *mismatch* gegen seine eigene Person ausgebrütet hat?

HENNING SCHEICH: Nein, so weit sind wir noch lange nicht, dass wir erklären könnten, warum jemand etwas Unmotiviertes tut. Da gibt es methodische Schwierigkeiten, sonst wüssten wir das längst. Um Hirnaktivität richtig beurteilen zu können, müssen Sie das statistisch sichern. Sie brauchen also multiple und dennoch vergleichbare Episoden, wo so ein *mismatch* vorkommt. Das bekommen Sie nicht hin. Denn in dem Moment, wo Sie so eine Situation nachstellen, ist sie nicht mehr unvermutet.

Zu den Libet-Versuchen

MATTHIAS ECKOLDT: Die Frage stellt sich natürlich, wo eine solche Handlung herkommt. Eine Handlung, für die sich das Ich nicht einmal im Nachhinein verantwortlich erklären möchte. Solche Handlungen sind ja durchaus nicht ungewöhnlich. Sagt man nicht sogar recht häufig: »Ich weiß wirklich nicht, was mich angetrieben hat, das und das zu tun.« Vonseiten der Hirnforschung wurde die Skepsis gegenüber der Rationalität von Handlungen durch die Experimente von Benjamin Libet prominent, der nachweisen konnte, dass bereits 350 Millisekunden vor dem bewussten Entschluss zu einer Handlung in den unbewussten Schichten des Hirns ein Aktionspotenzial nachzuweisen ist.

HENNING SCHEICH: Die Grundannahme bei den Libet-Experimenten ist, dass man mit seiner Versuchsanordnung die Frage nach dem eigentlichen Akteur von Handlungen beantworten kann. Semantisch, d. h. im Hinblick auf Bedeutung und Begründung der Handlung gibt es da jedoch ein gravierendes Problem. Bei Entscheidungen geht es nämlich immer um zwei Aspekte. Was tue ich, und wann tue ich es? Hinsichtlich des philosophischen und juristischen Verständnisses ist unter freiem Willen immer die Frage danach relevant, was ich tue, während die Frage, wann ich etwas tue, völlig untergeordnet ist.

MATTHIAS ECKOLDT: Bei Libet ist die Was-Frage schon vom Experiment beantwortet. Der Proband soll zu einem von ihm selbst gewählten Zeitpunkt auf einen Knopf drücken.

HENNING SCHEICH: Genau! Formallogisch gesehen, haben Sie damit keine Entscheidungsmöglichkeit, die begründet werden müsste. *Was* Sie machen, steht bereits fest. Es geht also bei Libet nur um das Wann. Hinsichtlich dieser Wann-Frage wissen wir schon länger, dass im Gehirn motorische und koordinative Zentren aktiviert werden, bevor eine Handlung ausgeführt wird, die bereits feststeht. Selbst wenn es um Alternativentscheidungen geht, können beide Alternativen bereits lange vorbereitet werden. Einfach eine Aktivität herauszugreifen, die man gut im Cortex messen kann, halte ich für willkürlich. Das sagt uns nichts über das Problem der Willensfreiheit. Das greift viel zu kurz. Ich bin da auch in Kontroversen mit meinen Kollegen aus Frankfurt und Bremen. Ich mahne da zu größter Vorsicht. Sie kennen doch diese Paradoxa aus der griechischen Philosophie?

Wie frei ist der Wille?

MATTHIAS ECKOLDT: Wenn Epimenides, der selbst aus Kreta ist, sagt: »Alle Kreter lügen!« Also diese selbstreferenziellen Probleme, die auf der Ebene, auf der sie entfaltet werden, nicht aufzulösen sind. Denn wenn die Aussage des Epimenides stimmt, lügt er, damit stimmt aber die Aussage nicht mehr!

HENNING SCHEICH: Ähnlich verhält es sich mit dem freien Willen. Das habe ich auch auf dem Deutschen Kongress der Staatsanwälte gesagt. Wenn Kollegen von mir behaupten, wir hätten keinen freien Willen, dann müssen sie sich notgedrungen selbst von dieser Aussage ausnehmen. Denn wenn sie selbst auch keinen freien Willen haben, ist die Aussage unfreiwillig und damit nicht legitimiert. Diese Aussage würde einen Außenstandpunkt verlangen, den jedoch kein Mensch haben kann. Damit aber kann es auch keine der angemahnten Konsequenzen hinsichtlich unserer Rechtssysteme geben. Denn wenn wir alle keinen freien Willen haben, ist es hinsichtlich der Konsequenzen egal. Ob jemand, weil er unfrei ist, ein Verbrechen begeht, dabei vom auch unfreien Polizisten verfolgt und vom wiederum unfreien Richter bestraft wird, macht für ein funktionierendes System keinerlei Unterschied.

MATTHIAS ECKOLDT: Zumindest in der Konsequenz gäbe es schon eine Differenz. Geht man vom grundsätzlichen, wenn auch bedingten freien Willen aus, kann man für Rehabilitation plädieren, anderenfalls bleibt nur die Sicherungsverwahrung.

HENNING SCHEICH: Trotzdem würden wir nicht davon abkommen, dass Leute nur graduell unfrei sind. Niemand würde doch abstreiten, dass ein Mensch, der einigermaßen bei klarem Verstand ist, darüber nachdenken kann, ob diese oder jene Handlung gut ist.

Einsatz von Prothesen im Hirn

MATTHIAS ECKOLDT: Inwiefern wird aus Ihrer Sicht unser Menschenbild von der Hirnforschung berührt? Konkret meine ich damit das Thema »Neuroprothetik und hirnaktive Stimulanzien«.

HENNING SCHEICH: Da habe ich eine zwiespältige Meinung. Auf der einen Seite werden wir immer mehr mit Eingriffen ins Gehirn konfrontiert. Unser Verbund von Spezialisten in Magdeburg hat vor zwei Jahren einen Pionierversuch unternommen, als wir chronische Alkoholiker mit Hirnimplantaten versorgt haben. Das waren wirklich schwere Fälle von sich selbst vergiftenden Alkoholikern, bei denen auch multipler Entzug nichts genutzt hatte. Denen haben wir in einen bestimmten Teil des Belohnungssystems eine Elektrode gesetzt und sie in relativ kurzer Zeit trocken bekommen.

MATTHIAS ECKOLDT: Ihre Intervention geht von der These aus, dass man mit dauerndem massiven Alkoholkonsum das Belohnungssystem zur übermäßigen Dopamin-Ausschüttung bringt, also Sucht erzeugt und es aufgrund der Gewöhnungseffekte immer höhere Dosen braucht?

HENNING SCHEICH: So wirken die meisten Drogen. Der Circulus vitiosus besteht im positiven Effekt der Droge und der reaktiven Selbstorganisation. Das heißt, die Rezeptorempfindlichkeit wird auf die hohen Dosen hin abgeschwächt, und man braucht immer mehr Steigerung des Reizes, um denselben Effekt zu erzielen. Eigentlich versucht das Gehirn gegenzuregulieren, erzeugt aber damit, dass der Alkoholiker immer mehr trinkt. Diesen Teufelskreis können wir durch die Stimulationen im Nucleus accumbens durchbrechen, der die zentrale Kontrollfunktion für diese Dinge hat. Darüber gewinnen wir auch kausale Einsichten in die Mechanismen im menschlichen Gehirn.

Missbrauch von Neuropharmaka

MATTHIAS ECKOLDT: Wie ist Ihre Einstellung als Hirnforscher zu Neuropharmaka? Sicherlich sind einige dieser Mittel hilfreich, wenn es um bestimmte Typen psychischer Erkrankungen geht. Aber wenn sie andererseits eingesetzt werden zu dem Zweck, negative Gefühle zu beseitigen, ist doch sicherlich Vorsicht geboten. Ängste können ja nicht zuletzt auch erkenntnisleitende Mittel sein, die dann mit ein paar Tabletten weggewischt werden.

HENNING SCHEICH: Ich habe keine Missbrauchsbefürchtungen bei Drähten im Gehirn. Da muss man einfach zu viel detaillierte Kenntnisse haben, um so etwas sinnvoll zu machen. Aber bei den Neuropharmaka sieht das anders aus. Gerade bei diesen dopaminergen Substanzen, wie sie auch bei ADHS eingesetzt werden, gibt es nicht nur ein enormes Missbrauchspotenzial, sondern wir müssen hier schon von einem eklatanten bestehenden Missbrauch reden. Man kann das ja selbst mal ausprobieren: Ritalin® fördert die Konzentrationsfähigkeit, man wird ruhiger, überlegter.

MATTHIAS ECKOLDT: Das schon, aber das Hirn ist ja ein sich selbst organisierendes System, das dann letztlich wieder die Regie übernimmt und nichtintendierte Effekte erzeugen wird.

HENNING SCHEICH: Wir wissen nichts über die Langzeitwirkungen, weil die Dunkelziffer so hoch ist. Deswegen kann man bisher keine vernünftigen Studien anfertigen. In den USA fliegen Sie vom College, wenn herauskommt, dass Sie Ritalin® nehmen. Allerdings erkennt man schon die Tendenz, dass die längere Einnahme solcher Substanzen zu einer Flucht in eine nichtrealistische Welt führt. Ich sage es mal so: Die Kombinatorik von Ritalin® und einer Neigung, viele Stunden vor der Spielkonsole oder dem Computer zu verbringen, könnte eine absolute Katastrophe für einen Teil unserer Jugend bedeuten.

MATTHIAS ECKOLDT: Dabei muss man natürlich auch berücksichtigen, dass Ritalin® aufgrund eines sozialen Drucks, der auch von den Schulen ausgeht, verschrieben wird.

HENNING SCHEICH: Ich kenne mehrere Ärzte, die sagen, ehe ich da eine Mutter dreimal in der Woche in der Praxis sitzen habe, verschreibe ich das lieber.

Was ist Bewusstsein?

MATTHIAS ECKOLDT: Dann hätten wir noch eine weitere Frage, die ich allen an diesem Buch Beteiligten stelle: Was ist Bewusstsein?

HENNING SCHEICH: Die Einstiegsschwelle möchte ich bei dieser Frage sehr niedrig halten, und so fange ich mit dem phänomenalen Bewusstsein an. Damit meine ich alle qualitativ verschiedenen subjektiven Wahrnehmungen in den verschiedenen Sinnesmodalitäten. Alle höheren Tiere haben es geschafft, aus ihren Sinnessystemen weiterverarbeitende Systeme zu entwickeln.

MATTHIAS ECKOLDT: Damit meinen Sie ein klassifizierendes System? Also wenn beispielsweise aus dem Sehsystem ein Abbildungssystem wird?

HENNING SCHEICH: Es geht in der Tat um die Kompetenz der Musteranalyse. Die nächste Stufe wäre dann die Kategorienbildung. Kategorien sind Muster, die nur partielle Ähnlichkeiten untereinander, aber die dieselbe Bedeutung haben. Also Bäume oder Obst oder so etwas. Das sind Kategorien, und die sind die Grundbausteine des kognitiven Bewusstseins. Weiterführende Analysen dieser Kategorien führen dann zu Abstraktionen. Den Abstraktionsgrad kann man nun beliebig steigern, indem man immer allgemeinere Merkmale ansetzt. Affen können beispielsweise einschätzen, ob eine Tonfolge rauf- oder runtergeht. Rauf/runter, das ist schon abstrakt.

MATTHIAS ECKOLDT: Eine stärkere Verallgemeinerung wäre es, wenn man den Zusammenhang in Worte fassen kann, also hoch oder tief.

HENNING SCHEICH: Wir Menschen haben sogar Vokabeln dafür, also Symbole. Ich glaube nicht, dass man ohne diese Symbolbildungen zu höheren Formen des Bewusstseins kommt. Wenn Sie Symbole verknüpfen, kommen Sie in den Bereich der Propositionen, der Aussagen. Wenn Sie sagen: »Wir beide sind Menschen«, dann ist das eine Proposition, die eine Relation zwischen Kategorien wiedergibt. Insofern kann die Hirnforschung auch mit der Suche nach den Logiken in solchen Begriffssystemen weiterkommen.

MATTHIAS ECKOLDT: Das wäre aber ein strikt intelligibler Weg, der ja beispielsweise von der formalen Logik in der Philosophie gegangen wird. Wo würde sich Ihrer Ansicht nach nun die Hirnforschung einklinken?

HENNING SCHEICH: Den Zugang zum Menschen würde die Hirnforschung über Experimente finden. Man kann ja die Erkenntnisse der formalen Logik in entsprechende Instruktionen umsetzen, und dann können Sie schauen, welche Netzwerke bei verschiedenen Vorgaben mechanistisch beteiligt sind. Sie sehen dann, in welcher Weise die Bewusstseinsphänomene mit dem Denken zusammenhängen. Das werden wir im Laufe der Zeit schon aufklären können.

MATTHIAS ECKOLDT: Woher nehmen Sie den Optimismus? Steht die Hirnforschung in Fragen des Bewusstseins nicht noch ganz am Anfang?

HENNING SCHEICH: Das stimmt schon. Was wir hier mit den Affen und der Tonhöhenerkennung machen, läuft alles auf der Ebene der Kategorien ab. Wir sind hier meines Wissens mit unserer Kategorienforschung international führend. Natürlich muss ich auch zugestehen, dass unsere Erkenntnisse nicht mehr als die unterste Basis der Bewusstseinsbildung betrifft. Aber wir haben hier die Wurzel von Bewusstseinsprozessen. Unsere Forschungen kann man problemlos auf den Menschen übertragen, allerdings können wir beim Affen nicht die nächsthöhere Ebene untersuchen.

MATTHIAS ECKOLDT: Die symbolische Ebene bekommen Sie beim Affen nicht, weil er die in seinem Gehirn nicht ausgeprägt hat.

HENNING SCHEICH: Die Affen haben nun mal keine Sprache entwickelt. Es ist aber ganz sicher, dass der Affe seine erlernten Kategorien in verschiedenen Aktivitätsmustern im Gehirn repräsentiert. Da gibt es beim menschlichen Gehirn noch eine oder mehrere höhere Ebenen, die wir über Wörter bzw. Worte fixieren. Zumindest Menschenaffen, Hunde und Papageien können jedoch einige Aspekte dieser Wortsymbolik erlernen. Eine äußerst interessante Untersuchung an Border-Collies hat gezeigt, dass solche Hunde bis zu 200 Objektbegriffe lernen und auf Kommando aus dem Nebenzimmer ein Kissen bringen können, obwohl da mehrere Gegenstände liegen. Dabei ist es egal, wer den Befehl gibt. Allerdings wurde herausgefunden, dass das Begriffssystem der Border-Collies stark kontextabhängig ist.

MATTHIAS ECKOLDT: Wenn also das Kissen auf der Straße liegen würde, bekämen die Hunde schon Probleme.

HENNING SCHEICH: Es muss immer in Erfahrung eingebettet sein. Sie können die Begriffe halt nicht a priori auf alle anderen Lebensbereiche übertragen. Es fehlt die symbolische Generalisierung, die in unserem Bewusstsein durch Sprache geleistet oder zumindest repräsentiert wird. Wir erkennen ja durch Sprache benannte Dinge kontextunabhängig. Hunde können aber im Ausschlussverfahren mit Kategorien umgehen. Nehmen wir an, der Hund kennt zwei Begriffe wie Schuh und Kissen, aber nicht Buch. Dann schickt man den in einen Raum, in dem sich ein Schuh, ein Kissen und ein Buch befinden. Mit dem Befehl: »Hol das Buch!« Dann geht er in das Zimmer. Da er das Kissen und den Schuh ja kennt, bringt er nach einigem Zögern tatsächlich das Buch.

MATTHIAS ECKOLDT: Das ist ja eine Leistung! Hat der Hund den Begriff dann gelernt, oder muss er beim nächsten Mal wieder das Ausschlussverfahren anwenden?

Sprachverständnis von Border-Collies

HENNING SCHEICH: Man muss es zwar noch ein paar Mal wiederholen, aber dann hat er den Begriff gelernt. Das bedeutet, dass diese Hunde die Begriffe im Prinzip ähnlich lernen wie kleine Kinder.

MATTHIAS ECKOLDT: Im Unterschied zum Spracherwerb im Erwachsenenalter erlernen Kinder Sprache ja durch Handlung, also als eine soziale Kompetenz.

HENNING SCHEICH: So wie diese Border-Collies. Kinder lernen Sprache tatsächlich in einem Kommunikationskontext. Deswegen brauchen die auch keine Grammatik zu pauken. Wichtiger sind da Prosodien und Wiederholungen in geeigneten Momenten.

MATTHIAS ECKOLDT: Deswegen können Kleinkinder auch problemlos zwei Sprachen parallel lernen, wenn sie jeweils eine Ansprechperson pro Sprache haben.

HENNING SCHEICH: Problematisch wird es erst dann, wenn sich ambitionierte Mütter zweimal in der Woche mit ihren Kindern hinsetzen und mit denen Englischunterricht machen. Das ist völlig unsinnig. Die Kinder wissen ganz genau, dass die Mutter eigentlich viel besser Deutsch spricht [lacht]. Ich habe häufig Anfragen von Elternjournalen. Diese Zweisprachigkeit ist ja momentan groß in Mode. Da fragen die dann: »Kann man denn nachweisen, dass man mit dem muttersprachlichen Ansatz wirklich mehr Vokabeln lernt?« Da antworte ich: »Die Zahl der Vokabeln ist für das Sprachenlernen im Kleinkindesalter völlig irrelevant. Wichtig für den Erfolg ist nur, dass die Eigenheiten der Kommunikation verankert werden.« Dafür gibt es tatsächlich eine Prägungszeit. Dass die Chinesen »R« und »L« verwechseln, ist ja Realität. Untersuchungen haben ergeben, dass sie auch ein »R« aussprechen können, aber sie hören den Unterschied zwischen »R« und »L« nicht. Das ist sehr früh geprägt worden. In dem Sprachkontext, in dem man aufwächst, bilden sich entweder im westlichen Sprachraum »R« und »L« heraus oder eben nicht, wie bei den Chinesen in China. Das ist essenziell. Deswegen müssen es auch Muttersprachler sein, die den frühen Spracherwerb ermöglichen. Wir haben übrigens so etwas vor. Die Erlaubnis von der Stadt liegt bereits vor. Wir werden hier einen experimentellen Kindergarten gründen, wo wir den Akzent auf die Erforschung der Wirksamkeit der Frühförderung legen.

Der »Visible Scientist«

MATTHIAS ECKOLDT: Rae Goodell beschrieb den »Visible Scientist« als einen neuen Typus von Wissenschaftler, der auch außerhalb seiner Fachwissenschaft sichtbar wird. Wie erklären Sie sich die hohe Medienaffinität der Hirnforschung? Der Hirnforscher gilt teilweise ja schon als Experte für das soziale Miteinander.

HENNING SCHEICH: Es gibt Kollegen, die voll auf diesen Zug aufgesprungen sind. Die schreiben populäre Bücher mit zusammengelesenem Wissen. Darüber habe ich eine ganz schlechte Meinung, weil sie von Dingen reden, von denen sie nicht wirklich etwas verstehen. Auf der anderen Seite kommen unsere Etats ja nicht von alleine. Wir zum Beispiel als Leibniz-Institut haben auch ein bisschen etwas von einem Unternehmen. Drittmittel spielen eine entscheidende Rolle. Aus diesen Kontexten heraus ist mir immer klarer geworden, dass man auch Öffentlichkeitsarbeit machen muss. Allerdings versuche ich dabei immer, bei meinem Leisten zu bleiben. Wenn ich Vorträge im öffentlichen Raum halte über Lernen und Hirn und Geist und solche Themen, leite ich alle Thesen, die ich aufstelle, auch aus der eigenen Forschung ab. So kann ich immer genau überschauen, wie weit ich aufgrund der vorliegenden Experimente in meinen Thesen gehen kann. Wenn manche Kollegen von mir über bestimmte kognitive Untersuchungen reden, wissen sie zwar ungefähr, wie das Ganze funktioniert, aber sie kennen die Methode nicht, da sie nie solche Experimente gemacht haben. Damit aber wissen sie auch nicht, wie weit man in der Interpretation bestimmter Experimente gehen kann. Ich führe den Zuhörern immer vor, wie unsere Daten überhaupt entstehen. Ich zeige kleine Filme von den Experimenten und führe vor, was wir abgreifen und was wir errechnet haben, sodass die Leute verstehen können, was die Daten aussagen. Das ist mein Konzept, und dafür sind die Laien in der Regel auch sehr dankbar. Ich habe feststellen müssen, dass in bestimmten Auditorien Kollegen von mir Vorträge über ihre Überlegungen zum freien Willen aufgrund der Libet-Experimente gehalten haben, ohne dass sie erläutert haben, wie diese Experimente überhaupt abliefen und wo die Fallstricke dabei sind. So etwas muss man doch mal erklären, damit die Laien selbst Zusammenhänge sehen können. Ich halte es für wichtig, die Öffentlichkeit zu unterrichten, aber man muss sie dabei eben auch über die Grenzen der Aussagen aufklären.

»Was tatsächlich in einem Gehirn abläuft, liegt jenseits der Wissenschaft«

Christoph von der Malsburg über neuronale Netze, seinen Weltmeistertitel in Gesichtserkennung und die Langsamkeit des Hirns

Prof. Dr. Christoph von der Malsburg studierte Physik in Göttingen, München und Heidelberg. 1988 ging er als Professor für Informatik, Neurowissenschaft, Physik und Psychologie an die University of Southern California in Los Angeles und gründete im Jahre 1990 zusammen mit dem Kollegen Werner von Seelen an der Ruhr-Universität Bochum das dortige Institut für Neuroinformatik. Im Jahre 1999 gründete das Institut mit Brüsseler Strukturhilfemitteln das Zentrum für Neuroinformatik. Im Jahre 2007 wechselte von der Malsburg an das Frankfurt Insitute for Advanced Studies, wo er mit Kollegen den Bernstein Fokus Neurotechnologie Frankfurt gründete, an dem gegenwärtig nach biologischem Vorbild ein funktionales Computermodell eines Sehsystems entwickelt wird. Von der Malsburg erhielt unter anderem den Hebb Award of the International Neural Network Society, den Innovationspreis der deutschen Wirtschaft und war President of the European Neural Network Society. Er ist Inhaber von fünf Patenten und hat über 200 Arbeiten publiziert.

Zur Idee der Neuroinformatik

MATTHIAS ECKOLDT: Ich würde gern mit einer Frage zu Ihrem Fachgebiet, der Neuroinformatik, einsteigen. Man kennt die eher ernüchternden Versuche der Forschung zur künstlichen Intelligenz (KI), die an dem Nachbau in der Natur vorkommender Regelungsprozesse bereits auf dem Komplexitätsgrad der Heuschrecke kläglich gescheitert sind. Worin liegen die Hoffnungen in Ihrem Arbeitsfeld begründet?

CHRISTOPH VON DER MALSBURG: Wir verstehen die Grundidee der Neuroinformatik so, dass wir vom Gehirn für die Technik lernen. Wir versuchen, technische Systeme zu konstruieren, und sehen, was funktioniert und was nicht funktioniert. Daraus ziehen wir wiederum Rückschlüsse auf die Funktionsweise des Gehirns.

MATTHIAS ECKOLDT: Gibt es in der Neuroinformatik prinzipielle oder nur temporäre Grenzen, bezogen auf die Komplexitätsgrade der Netzwerke, die doch, gemessen am menschlichen Hirn, sehr gering sind?

CHRISTOPH VON DER MALSBURG: Bisher hatten wir ja immer eine sehr gute Ausrede dafür, dass wir das Gehirn nicht im Computer nachbilden konnten, weil die Rechnerleistungen so gering waren. Seit Neuestem aber kommen die besten Rechner an die Leistungen unseres Gehirns heran. Bezogen darauf, liegt unsere Grenze zumindest nicht mehr in der Rechenleistung. Im Augenblick stagniert unser Gebiet im theoretischen Bereich. Mitte der 80er-Jahre des vorigen Jahrhunderts gab es da eine gewaltige Explosion unter dem Stichwort *neuronale Netze*. Da wurde auf der Frontpage der New York Times geschrieben: In drei Jahren haben wir das Gehirn verstanden. Die neuronalen Netze werden die Informationstechnik von Grund auf revolutionieren. 25 Jahre später müssen wir konstatieren, dass die Neuroinformatik auf der Stelle tritt. Da muss man sich in der Tat ernsthaft genau die Frage stellen, die Sie gerade gestellt haben. Wo sind die Grenzen? Ich habe eine sehr persönliche Meinung dazu, die ich seit 30 Jahren durchzusetzen versuche.

MATTHIAS ECKOLDT: Erzählen Sie bitte davon!

CHRISTOPH VON DER MALSBURG: Die neuronalen Netze beruhen in ihrer Grundidee darauf, wie das Gehirn Dinge darstellt. Wenn eine Vorstellung in meinem Gehirn abläuft, dann kann man sich die Frage stellen, wie das in Form von Signalen vermittelt wird. Dazu gibt es ein sehr enges Vorurteil, das in etwa so geht: Unser Hirn ist angefüllt mit einer Reihe von Elementarsymbolen, je eines pro Nervenzelle. Diese kann man einzeln danach befragen, was sie gerade machen, und wenn man geduldig genug ist, geben die einem auch eine Antwort. Daraus abgeleitet, kann man den Gehirnzustand als ganzen verstehen, wenn man weiß, welche Zellen aktiv sind. Das heißt – in dieser herrschenden Vorstellung –, die Gesamtheit der aktivierten Zellen ist das Komplexsymbol für meinen Gedanken. Diese Idee ist für mich als Neuroinformatiker viel zu eng. Wenn Sie auf dieser Basis ein Sehsystem auf dem Computer zu bauen versuchen, werden Sie kläglich scheitern. Ich bin vor langer Zeit auf die Idee gekommen, dass man die Verbindungen zwischen diesen Nervenzellen als aktive Elemente ansehen muss, die selbst an- und ausschalten. Sie stellen gewissermaßen den Leim dar, der aus dem Sandhaufen von Elementarsymbolen in hierarchischer Weise komplexere Symbole aufbaut. So wie man Buchstaben auf dem Papier anordnet, um Wörter und Sätze zu bilden, kann man durch das An- und Ausschalten der Leitungen im Gehirn komplexere Symbole aufbauen. Das funktioniert wunderbar. Ich habe auf diese Weise mehrere Beispielsysteme gebaut, konnte aber meine Kollegen bislang nicht überzeugen.

MATTHIAS ECKOLDT: Was heißt es genau, wenn Sie sagen, dass Sie mit Ihrer Idee in der Scientific Community allein dastehen?

CHRISTOPH VON DER MALSBURG: Es gibt auf der Welt nur etwa fünf wissenschaftliche Gruppen, die wie ich der Meinung sind, dass die Verbindungen im Gehirn so schnell schalten können wie die Zellen. Ein Kollege in den USA redet zum Beispiel seit langer Zeit darüber, dass wir das Invarianzproblem im Sehsystem dadurch lösen, dass die Faserbündel in unserem Sehsystem so schnell schalten, wie wir die Augen bewegen.

MATTHIAS ECKOLDT: Mit Invarianzproblem meinen Sie den Umstand, dass man die gleichen Gegenstände in unterschiedlichen Kontexten wiedererkennt?

CHRISTOPH VON DER MALSBURG: Wenn ich mein Auge bewege, verschiebt sich das Bild von diesem Objekt auf meinem Augenhintergrund. Trotzdem wird aber dieses Bild immer wieder an dieselbe Stelle im Gehirn projiziert, damit ich trotz der Augenbewegung eine Repräsentation dieses Objekts aufbauen kann. Das könnten die Faserverbindungen leisten, die ganz schnell umschalten und das Bild, wo immer es auftaucht, an eine feste Stelle transportieren.

MATTHIAS ECKOLDT: Wenn diese Faserverbindungen so schnell wie die Augenbewegungen schalten können, müsste das ja in Echtzeit ablaufen.

CHRISTOPH VON DER MALSBURG: Genau. Es gibt noch weitere Gruppen, die daran glauben, aber der Rest der wissenschaftlichen Welt ignoriert diese Idee. Die Vorgänge im Sehsystem sind auch nur die Spitze des Eisbergs. Wenn wir auf diesen Tisch hier schauen, liegen da eine Reihe von Objekten. Wir modellieren das alles in unserem Hirn. Was wir erleben, ist in unserem Hirn und wird von ihm konstruiert. Aus den Gedächtniselementen, die man sich wie ein Baukastensystem vorstellen kann, konstruiert unser Hirn in jeder aktuellen Situation eine komplexe Vorstellung. Dieser Prozess der Konstruktion ist im Fach im Augenblick noch sehr unverstanden. Vor allen Dingen kann man sich nicht erklären, wo die enorme Flexibilität unseres Gehirns in diesem Prozess herkommt. Das kann man sich auch nicht vorstellen, wenn man nur in Einzelzellen denkt, die an- und ausschalten, sondern man muss auf die Verbindungen zwischen den Zellen schauen.

MATTHIAS ECKOLDT: Für diese Erklärung wäre doch aber die Idee neuronaler Netze zielführend.

CHRISTOPH VON DER MALSBURG: Selbstverständlich. Der Ausdruck deutet ja schon darauf hin, dass man von den Verbindungen redet. Dieses Gebiet wird ja auch oft Konnektionismus genannt. Aber die tief eingegrabene Idee dabei ist leider, dass die Verbindungen nur das permanente Gedächtnis darstellen, aber nicht selbst schalten können und damit nicht als aktive Teile von Symbolen wirken.

MATTHIAS ECKOLDT: An dieser Stelle kommt Ihre Idee der schnellschaltenden Verbindungen ins Spiel.

CHRISTOPH VON DER MALSBURG: Der Schritt, den ich propagiere, dass die Verbindungen so schnell an- und ausschalten können, wie wir denken, den geht das ganze Gebiet nicht mit.

MATTHIAS ECKOLDT: Weil Ihre Kollegen den Schaltvorgang nur auf neuronaler Ebene akzeptieren.

CHRISTOPH VON DER MALSBURG: Man geht davon aus, dass es Schaltvorgänge nur auf der Einzelzellebene gibt, nicht auf der Verbindungsebene. Sie müssen sich das so vorstellen. Wenn Sie ein Buch schreiben wollen und wissen lediglich, welche Charaktere darin vorkommen, dann kennen Sie ungefähr die Thematik des Buchs, nicht aber, wie sich die verschiedenen Charaktere aufeinander beziehen. Erst wenn das alles auf dem Papier in räumlich gruppierten Wörtern und Sätzen angeordnet ist, wissen Sie Bescheid. Dieses Mittel der syntaktischen Verkoppelung von Elementarsymbolen zu komplexeren Symbolen soll nach Meinung meiner Kollegen im Gehirn nicht vorhanden sein. Das, finde ich, ist eine ziemlich verwegene Annahme.

MATTHIAS ECKOLDT: Was genau können Sie mit Ihrer Idee, dass die Verbindungen selbst schalten können, mehr erklären?

Weltmeisterschaft in Gesichtserkennung

CHRISTOPH VON DER MALSBURG: Ich habe mal gedacht, wenn meine Kollegen mir partout nicht zuhören wollen, dann werde ich jetzt Weltmeister in einer Disziplin. Vielleicht bekommen sie dann Interesse daran zu erfahren, wie ich das gemacht habe. So bin ich Weltmeister in der Gesichtserkennung geworden. Heute gibt es eine Reihe von Firmen, die mit Gesichtserkennung ihr Geld verdienen. Die machen das alle nach meinem System, ob sie das zugeben oder nicht. Das System ist sehr einfach. Ich fasse das Bild eines Gesichts als eine zweidimensionale Anordnung lokaler Texturelemente auf. Das speichere ich, und immer, wenn ein neues Bild kommt, vergleiche ich es mit dem gespeicherten. Um das zu können, muss ich aber einen Punkt im Bild – sagen wir die Nasenspitze – mit einem Punkt im gespeicherten Modell verbinden. Das geht aber nicht ohne schnellschaltende Verbindungen. Ohne diese Annahme könnte ich über den Prozess des Vergleichens noch nicht einmal reden. Wenn der Vergleich durchgeführt ist, hat man das alte Bild um das neue bereichert.

MATTHIAS ECKOLDT: Welchen Grad an Komplexität erreicht man mit einer solchen Art von Gesichtserkennung, gemessen am Gehirn?

CHRISTOPH VON DER MALSBURG: Das ist ein ganz kleiner Elementarprozess. Die heutige Gesichtserkennung ist technisch immer noch sehr primitiv im Vergleich mit unserem Gehirn. Das äußert sich darin, dass die technische Gesichtserkennung nur funktioniert, wenn die zu vergleichenden Bilder möglichst frontal aufgenommen, von der Belichtung her vergleichbar sind und der Gesichtsausdruck möglichst neutral ist. Mit der gigantischen Variationsbreite realer Gesichtsbilder werden diese Programme noch längst nicht fertig.

MATTHIAS ECKOLDT: Können Sie denn Gesichtserkennungsprogramme tatsächlich mithilfe neuronaler Netze bauen?

CHRISTOPH VON DER MALSBURG: Das können wir. Einer meiner Studenten hat ein Gesichtserkennungsprogramm gebaut, das im Detail neuronal ausgebildet ist und sehr respektable Ergebnisse bringt. Aber wie Sie vorhin schon sagten, der Komplexitätsgrad ist, gemessen am Gehirn, doch eher gering. Es ist eine kleine Masche in einem großen Netzwerk, und von diesem großen Netzwerk sind wir noch sehr weit entfernt.

MATTHIAS ECKOLDT: Nun sind wir von Ihrer Geschichte ein wenig abgekommen. Konnten Sie denn Ihre Kollegen durch Ihren Weltmeistertitel in Gesichtserkennung überzeugen?

CHRISTOPH VON DER MALSBURG: Ganz und gar nicht. Die haben gesagt: »Malsburg, jetzt bist du kein Neurowissenschaftler mehr, jetzt bist du Techniker! Lass uns damit zufrieden.«

MATTHIAS ECKOLDT: Bemerkenswert.

CHRISTOPH VON DER MALSBURG: Es ist wirklich sehr bemerkenswert, wie konservativ die Wissenschaftslandschaft ist. Wenn ich einen Vortrag halte, sind alle überzeugt. Dann gehen sie raus und fragen ihren Nachbarn: »Hast du schon was davon gehört?« Sagt der: »Nein.« Dann kommen sie zu dem Resultat, dass sie sich dafür nicht weiter zu interessieren brauchen.

MATTHIAS ECKOLDT: Tatsächlich?

CHRISTOPH VON DER MALSBURG: Ja, so ist das.

MATTHIAS ECKOLDT: Welches Potenzial geht der Fachwelt da möglicherweise verloren?

CHRISTOPH VON DER MALSBURG: Es gibt für jede Zelle Zehntausende Verbindungen. Wenn man nun aber nur die Aktivität der Zellen beachtet und nicht die der Verbindungen, ignoriert man 99,9 % der Information. Dann wundert man sich, dass man das ganze System nicht versteht. Meine Idee der schnellschaltenden Verbindungen schleudert einen, konzeptionell gesehen, in eine völlig neue Welt.

MATTHIAS ECKOLDT: Aus dieser Perspektive sind die Verbindungen das Eigentliche.

CHRISTOPH VON DER MALSBURG: Ja! Quantitativ ohnehin durch ihre Menge. Aber eben vor allem dadurch, dass die Verbindungen Strukturen herstellen.

»Was tatsächlich in einem Gehirn abläuft, liegt jenseits der Wissenschaft«

Wo sitzt das Engramm?

MATTHIAS ECKOLDT: Es geht ja bei Ihrer Idee letzten Endes um Mustererkennung. Sind nicht aber alle neuronalen Muster letztlich durch Aktivitätszustände der Neurone gekennzeichnet? Oder, anders ausgedrückt: Wie verhält es sich mit dem Engramm von Wahrnehmungsinhalten?

CHRISTOPH VON DER MALSBURG: Niemand möchte abstreiten, dass man, um ein Muster zu erkennen, eine Hierarchie von Untermustern haben muss. Die Mehrheit meiner Kollegen aber ist der Meinung, dass alle Punkte in dieser Hierarchie durch Neuronen repräsentiert sein müssen.

MATTHIAS ECKOLDT: Die Idee der Großmutterzelle also.

CHRISTOPH VON DER MALSBURG: Ja! Meine Idee hingegen ist, dass man, indem man die Verbindungen zwischen sehr viel elementareren Elementen aktiviert, komplexere Sachen zusammenbauen kann. Wenn Sie nach dem Engramm fragen, ist es in der Tat so: In dem Moment, wo Sie sich Ihre Großmutter vorstellen, werden verschiedene, sehr elementare Untermüsterchen miteinander vernetzt, sodass das Engramm ein großes Netzwerk von Mustern darstellt, die in geeigneter Weise miteinander verbunden sind.

MATTHIAS ECKOLDT: Das Engramm sitzt also im Netzwerk und nicht im Großmutterneuron.

CHRISTOPH VON DER MALSBURG: So ist es. Wenn Sie sich das Bild der Großmutter merken, werden Verbindungen verstärkt, sodass es Ihnen immer leichter fällt, dieses Muster bei ähnlicher Gelegenheit wieder zu aktivieren.

Was sind neuronale Agenten?

MATTHIAS ECKOLDT: Wie ist es dann eigentlich möglich, dass wir so gut und so rasch über unser Unwissen Bescheid wissen? Wenn ich gefragt werde, welches Element mengenmäßig am häufigsten auf dem Pluto vorkommt, kann ich innerhalb einer Zehntelsekunde angeben, dass ich das nicht weiß. Diese extrem kleine Zeitspanne ist aber definitiv viel zu kurz, als dass ich meine Speicher im Hirn durchsuchen könnte. Trotzdem kann ich das mit hundertprozentiger Sicherheit sagen.

CHRISTOPH VON DER MALSBURG: Wir haben offensichtlich im Mittelhirn Agenten, die das Gehirn beobachten und zum Beispiel beurteilen können, ob sich eine Frage im Hirn als Welle ausbreiten kann oder nicht. Wenn Sie plötzlich eine Idee haben, dann durchfährt es sie. Dafür müssen Agenten zuständig sein, nach denen die Neurowissenschaft merkwürdigerweise noch gar nicht gesucht hat. Wenn Ihnen nun eine Frage gestellt wird, bei der sich im Hirn überhaupt nichts regt, dann wissen Sie sofort, dass Sie mit diesem Themenbereich nichts anfangen können.

MATTHIAS ECKOLDT: Auf welche Weise müsste denn die Neurowissenschaft nach diesen Agenten suchen?

CHRISTOPH VON DER MALSBURG: Im Mittelhirn gibt es lauter Kerne, Gruppen von Zellen, die mit besonderen Botenstoffen ausgestattet sind und zudem noch über Fasersysteme verfügen, die durch das ganze Gehirn laufen. Diese Kerne können nun die Aktivität des Gehirns sowohl abtasten als auch beeinflussen. Man hat sehr intensiv untersucht, unter welchen Umständen das Gehirn bereit ist, sich ein Muster zu merken. Dafür ist ein bestimmter Botenstoff nötig, das Norepinephrin. Wenn der ausgeschüttet wird, merkt man sich etwas. Diese Modulation des Gesamtsystems wird von diesen Kernen gesteuert.

Die Bedingungen des Verstehens

MATTHIAS ECKOLDT: Ab welcher Ebene würden Sie als Neuroinformatiker von Verstehen der Umgebung reden? Versteht ein Parkdistanzsystem die Umwelt der anderen parkenden Autos oder eine automatische Einparkvorrichtung, die Regie über Motor und Gas übernimmt?

CHRISTOPH VON DER MALSBURG: Also, das automatische Einparksystem muss ja immerhin eine Lücke erkennen, die lang genug ist, damit man das Auto da hineinbekommt. Dafür braucht das System eine minimale Repräsentation der Umgebung. Allerdings hat die Autoindustrie in dieser Beziehung noch einen langen Weg vor sich. Ich habe mich gerade mit einem Vertreter der deutschen Autoindustrie unterhalten, der sagte, dass sie mit einer Frontscheibenkamera jedem aufgenommenen Punkt sowohl die Entfernung als auch eine Geschwindigkeit zuordnen können. So weit sind sie immerhin schon. Allerdings können die einzelnen Punkte nicht qualifiziert werden. Das System kann also nicht sagen, ob es sich bei den Punkten um einen Baum, einen Menschen oder einen Bordstein handelt.

MATTHIAS ECKOLDT: Was fehlt da am Verstehen der Umwelt, wenn man es wiederum auf das Gehirn bezieht?

CHRISTOPH VON DER MALSBURG: Das Auto-System hat keinen Vorrat an Strukturmodellen, aus denen es entnehmen könnte: »Das ist ein Mensch, also nicht umfahren!« Oder: »Das ist ein Fußball, da kann man ruhig drüberfahren!« Oder: »Das ist ein Reflex auf einer Pfütze, da darf man nicht bremsen.« In diesem Sinne muss das Verstehen der Szenerie durch die Speicherung der Strukturen, verbunden mit den angemessenen Reaktionsformen, unterstützt werden.

MATTHIAS ECKOLDT: Davon ist man auch mit dem Einsatz neuronaler Netze noch weit entfernt.

CHRISTOPH VON DER MALSBURG: Bei den neuronalen Netzen gibt es im Augenblick Versuche, Objekte in Bildern zu klassifizieren, also ein Auto, einen Baum, ein Fahrrad oder einen Fußgänger zu erkennen. Für diese spezielle Aufgabe werden Netze trainiert.

MATTHIAS ECKOLDT: Wie?

CHRISTOPH VON DER MALSBURG: Man stellt mit Großrechnern Millionen von Bildern zur Verfügung und lernt aus ihnen eine Hierarchie von Teilmuster-Erkennern, mit der das System schließlich Objekte erkennen kann. Die besten Ergebnisse liegen bei bis zu 98 %.

MATTHIAS ECKOLDT: Das ist ja respektabel.

CHRISTOPH VON DER MALSBURG: Nur leider sind die Systeme auf die vorliegenden Datenbanken trainiert. Wenn man ihnen dann andere Bilder zur Erkennung gibt, brechen sie regelmäßig zusammen. Außerdem sind 98 % zwar theoretisch respektabel, wie Sie sagen, aber in der Praxis sind 98 % einfach nicht gut genug. Wenn ich 2 % der Menschen, die vor mein Auto rennen, nicht erkenne, habe ich schlechte Karten.

MATTHIAS ECKOLDT: Warum sind die menschlichen Erkennungssysteme so viel zuverlässiger?

CHRISTOPH VON DER MALSBURG: Der Mensch kann alle Objekte, auf die er seinen Blick richtet, in einen Zusammenhang stellen. Das läuft so, wie Sherlock Holmes einen Tatort anschaut und dazu eine hundertprozentig schlüssige Geschichte erzählt. Wir machen in jeder Sekunde aus dem, was wir sehen, Sinn.

Phänomene der Wahrnehmung

MATTHIAS ECKOLDT: Zugleich sehen wir aber auch sehr wenig, weil wir unsere Aufmerksamkeit immer auf etwas richten. Liegt in diesem Ausblendungsgeschehen vielleicht ein Schlüssel zum Verständnis der Überlegenheit des Gehirns gegenüber technischen Systemen?

CHRISTOPH VON DER MALSBURG: Wir sehen in der Tat nur die Dinge, die für den jeweiligen Prozess wichtig sind. Wenn wir Auto fahren, sehen wir die Straße, die Verkehrsschilder, die anderen Teilnehmer. Das, worauf wir achten, wird in unserem Hirn repräsentiert. Wir nehmen immer eine zugeschnittene, beschränkte Wirklichkeit wahr.

MATTHIAS ECKOLDT: Das ist ja das Faszinierende, dass wir nur sehr beschränkt wahrnehmen und doch über jeweils lückenlose Repräsentationen verfügen. Introspektiv scheint es einem geradezu so, als würden wir die Welt objektiv wahrnehmen.

CHRISTOPH VON DER MALSBURG: Es gibt ein Gebiet in meinem Arbeitsfeld, in dem von Psychologen die sogenannte *change blindness* – also Veränderungsblindheit – untersucht wird. Da bekommt man zwei Bilder hintereinander gezeigt und hat den Eindruck, es sei genau dasselbe Bild. Man kann sich das zehnmal angucken und kommt nicht drauf, worin da ein Unterschied bestehen soll. Dann sagt der Experimentator: »Guck mal auf den Felsen hier.« Dann sieht man erst, dass auf dem einen Bild tatsächlich ein Felsen ist, aber auf dem anderen nicht. Man hat einfach nicht darauf geachtet. Das ist sehr beeindruckend. Bei der Wahrnehmung steht letztlich folgende Aufgabe an: Jede Szene, die sich einem stellt, ist völlig neu. Diese Szene muss man zerschneiden in eine Fülle von Untermustern, die man im Gedächtnis auffinden kann. Diesen Prozess nennt man Segmentierung. Man muss also Dinge, die zusammengehören, als solche herausgreifen und identifizieren.

MATTHIAS ECKOLDT: Wie Sie das beschrieben, würde es sich um eine Trial-and-Error-Methode handeln. Dagegen spricht doch aber sicherlich die Geschwindigkeit, mit der die Wahrnehmungsvorgänge ablaufen. Ist Wahrnehmung nicht eher als heuristischer Prozess zu beschreiben?

CHRISTOPH VON DER MALSBURG: »Heuristisch« ist ein gutes Stichwort. Es geht letztlich um einen Rateprozess, der auch von Zufälligkeiten abhängt. Das Endprodukt ist dabei ein Konstrukt meines Gehirns. Wir können uns beim Autofahren beispielsweise erstaunlich gut auf dieses Konstrukt verlassen, aber in komplizierten Umgebungen können wir auch ganz fürchterlich irren. Der wissenschaftliche Prozess selbst ist ja von genau derselben Struktur: Er ist über viele Menschen und lange Zeiten ausgebreitet. Um herauszubekommen, wie die Atomspektren entstehen, muss man als latente Variable das Atommodell erfinden. Dabei kann natürlich ein ganzes Wissensgebiet über große Zeiträume falsch geraten haben. Die Geisteswissenschaftler reden da gern von *social construction*, um den Naturwissenschaftlern am Zeuge zu flicken. Aber natürlich kann es sein, dass ein ganzes Fach lange Zeit im Geiste irriger Annahmen forscht.

Mühsame Paradigmenwechsel

MATTHIAS ECKOLDT: Da fällt einem natürlich sofort Thomas Kuhn mit seinen Paradigmenstrukturen ein.

CHRISTOPH VON DER MALSBURG: Genau. Das geozentrische Modell machte es den Astronomen schwer zu verstehen, wie sich die Planeten bewegen. Wenn man aber das heliozentrische Weltbild benutzt, passt plötzlich alles. Die Ablösung des geozentrischen Modells hat aber – laut Thomas Kuhn – trotzdem noch 100 Jahre gebraucht. Oder: Boltzmann hat bereits 1870 die kinetische Gastheorie veröffentlicht, die einen zwanglos verstehen lässt, welcher Zusammenhang zwischen Wärme, Energie, Entropie und Atomen besteht. Aber seine Kollegen haben gesagt: »Atome sind doch nichts als eine Hypothese, lass uns bloß zufrieden damit.« Es hat 30 Jahre gedauert, bis sich die Physiker davon überzeugt hatten, dass es Atome gibt. Die Chemiker wussten das schon länger.

MATTHIAS ECKOLDT: Und die Philosophen wussten es schon seit Demokrit. Ich möchte noch einmal auf den Wahrnehmungsprozess zurückkommen. Wenn Sie grundsätzlich damit übereinstimmen, dass es sich dabei um einen heuristischen Prozess handelt, stellt sich doch die Frage, was Sie daraus für die Neuroinformatik lernen können. Die Computer sind ja auf dem heutigen Stand eher noch – wie Heinz von Foerster so schön gesagt hat – triviale Maschinen. Man tätigt eine Eingabe und weiß prinzipiell, was rauskommt.

Künstliche Intelligenz

CHRISTOPH VON DER MALSBURG: Die Grundidee der künstlichen Intelligenz, die in den 50er-Jahren aufgekommen ist, war folgende: Der Experimentator schaut sich ein Phänomen, wie beispielsweise Schachspielen, an und überlegt, wie es funktioniert. Diese Funktionsidee setzt er dann in einen Algorithmus um, um schließlich sagen zu können, der Computer sei intelligent. In Wirklichkeit ist es natürlich nur eine Projektion, denn die Intelligenz sitzt nicht im Computer, sondern im Kopf des jeweiligen Programmierers. Man war damals auch der Meinung, dass man auf diese Weise Sprache verstehen könne. Dafür hätte man dann eine universelle Grammatik etwa der englischen Sprache formulieren und in einen Algorithmus gießen müssen. Dabei hat sich aber herausgestellt, dass sich Sprache nicht durchgängig an Regeln hält. Im Extremfall ist es sogar so, dass jedes Wort um sich herum sein eigenes Regelwerk verbreitet. Inzwischen weiß man, dass man gewaltige statistikbasierte Datenbanken braucht, um Sprache verarbeiten zu können. So wurde langsam klar, dass sich die Aufmerksamkeit des Programmierers von den Anwendungsvorgängen auf die Organisationsmechanismen zurückziehen muss, durch die Daten aufgenommen und verarbeitet werden. Was kann man dafür vom Gehirn lernen? Im Gehirn ist bei Geburt das Organisationsprinzip festgelegt, mit dessen Hilfe die Struktur der Umwelt verarbeitet werden kann, das heißt nicht mehr, als dass wir auf eine bestimmte Weise die Regelmäßigkeiten der Welt absorbieren. Wenn man sich darauf einlässt, muss man aber auch damit leben, dass der Computer nicht unfehlbar ist. So wie es Alan Turing ausdrückte: »If you want a computer to be infallible you can not ask it to be intelligent as well«. (Wenn man möchte, dass ein Computer unfehlbar ist, darf man nicht zugleich von ihm verlangen, dass er auch intelligent sei.) Wenn man Intelligenz haben möchte, dann muss man auch dieses heuristische Spielchen spielen wollen. Dann kann man gar nicht mehr davon reden, dass der Computer genau das macht, wofür der Programmierer ihn programmiert hat.

MATTHIAS ECKOLDT: Mit dem Computer, der sich vom Programmierer lossagen kann, wäre dann aber auch eine neue Evolution losgetreten.

CHRISTOPH VON DER MALSBURG: Gewissermaßen. Der Einzelprozess wird dann für den Programmierer unverständlich sein, weil der in der Hand statistischer Muster liegt. Mir geht das bereits seit Jahrzehnten so.

Wenn ich ein Programm für ein sich selbst organisierendes Netzwerk geschrieben hatte, konnte ich nur staunen, was das Netzwerk machte. Üblicherweise gerade nicht das, was ich mir vorgestellt hatte. Die Idee des Sichverstehens zwischen Programmierer und Programm muss aufgegeben werden.

Gefühle im Licht der Informatik

MATTHIAS ECKOLDT: Würden dann nicht zur Entwicklung von Intelligenz letztlich noch Gefühle und vielleicht sogar ein Körper gehören? Wir haben ja den sogenannten interozeptiven Sinn, der permanent die Körperzustände abfragt und bei Entscheidungsfindungen im Gehirn beteiligt ist. Gibt es Intelligenz ohne Gefühle und ohne Körper?

CHRISTOPH VON DER MALSBURG: Von den Neurowissenschaften sind die Gefühle bis vor Kurzem völlig unterdrückt worden. Erst seit etwa drei Jahrzehnten werden in elementarer Form etwa Angstreaktionen untersucht. Im Verstärkungslernen kommen Gefühle mittlerweile auch zum Tragen.

MATTHIAS ECKOLDT: ... durch das Belohnungssystem.

CHRISTOPH VON DER MALSBURG: Genau. So kann man unterscheiden zwischen hilfreichen und weniger hilfreichen Strategien. Die Neurowissenschaft merkt jetzt langsam, dass man Gefühle braucht, um komplexe Prozesse in einem System zu steuern, weil in jedem Moment unendliche viele Reaktionsmöglichkeiten aufscheinen und das System Kriterien für Entscheidungen braucht. Deswegen werden wir das Äquivalent von Gefühlen in neuronalen Netzwerken aufbauen müssen. Den Körper braucht man dazu meines Erachtens nicht. Ich könnte mir ein intelligentes Wesen vorstellen, das im Netzwerk lebt und ausschließlich mit elektronischen Signalen umgeht, ohne Körperteile bewegen zu müssen.

MATTHIAS ECKOLDT: Aber man muss dann ja auch ein Äquivalent für das Belohnungssystem schaffen.

CHRISTOPH VON DER MALSBURG: Man muss ein Äquivalent vom Heureka-Effekt haben, durch den eine Koordination von ehemals unkoordinierten Signalen geradezu physisch spürbar wird.

MATTHIAS ECKOLDT: Genau! Irgendetwas muss die Belohnung empfinden können. Was aber sollte das sein, wenn nicht ein Körper?

CHRISTOPH VON DER MALSBURG: Das, was uns spüren macht, sind ja elektrische und chemische Signale, die physisch implementiert sind. Sie können problemlos elektrisch abgebildet werden.

MATTHIAS ECKOLDT: Da fehlt mir der Glaube aufgrund der Introspektion. Dass ein neuronales Netzwerk den Prozess abbilden kann, verstehe ich, aber wie soll es ihn empfinden?

CHRISTOPH VON DER MALSBURG: Da sind Sie in guter Gesellschaft. Es gibt einen Philosophen namens John Searl. Der hält es für möglich, dass man einen Computer so programmiert, dass er Chinesisch verstehen kann. Aber dieser Computer würde völlig blind seine Regeln abarbeiten und keine Ahnung davon haben, worüber eigentlich geredet wird. Er benutzt die Metapher der Leber. Eine Leber kann man als chemische Struktur simulieren, aber es kommt unten trotzdem kein Saft raus [lacht]! Und Ihnen fehlt da eben auch der Saft.

MATTHIAS ECKOLDT: Immer bezogen auf die neuronalen Netzwerke.

CHRISTOPH VON DER MALSBURG: Das wäre ein Sprung, den Sie in Ihrem Inneren machen müssten. Alle Signale, die in unserem Hirn physisch existieren, Muskelspannung, Haare, die sich aufstellen, Adrenalinausschüttung – dass sie alle auf Bits im Computer abgebildet werden können. Das ist ein Sprung, den man macht oder eben nicht. Sie sehen da Schwierigkeiten, ich nicht.

MATTHIAS ECKOLDT: Sehen Sie denn bei diesem Umschreibungsprozess noch prinzipielle Schwierigkeiten?

CHRISTOPH VON DER MALSBURG: Nicht wirklich. Offensichtlich haben wir ja konzeptionelle Bretter vor dem Kopf. Unser ganzes Gebiet hat Vorurteile und macht Fehler beim Abbilden der Gehirnprozesse im Computer. Aber wenn diese Vorurteile einmal weg sind, gibt es aus meiner Sicht keine prinzipiellen Schwierigkeiten.

MATTHIAS ECKOLDT: Dass es in dieser Richtung noch keine Netzwerke gibt, liegt somit nur an Komplexitätsproblemen. Wie ist eigentlich das Paradoxon aufzulösen, dass unser Gehirn, gemessen am Computer, so unsagbar langsam ist, aber wir trotzdem meilenweit davon entfernt sind, das Gehirn mit dem Computer nachbauen zu können? Das muss doch letztlich an der parallelen beziehungsweise assoziativen Rechenarchitektur liegen.

CHRISTOPH VON DER MALSBURG: Die Elektronik ist tatsächlich sehr schnell, etwa eine Million Mal schneller als die Zellen in unserem Gehirn. Aber die elektronischen Bauelemente haben nur sehr wenige Verbindungen zu anderen Bauelementen – typischerweise drei –, während die Zellen im Gehirn Tausende Verbindungen haben. Ich möchte auf das Wort »Architektur« zu sprechen kommen, das Sie benutzt haben. Das eigentliche Geheimnis liegt darin, wie man ein System so aufbaut, dass Milliarden von Bauelementen gleichzeitig vor sich hin ticken können, ohne sich gegenseitig im Wege zu stehen. In der Frühzeit des Parallelrechners lag der Teufel in den sogenannten *deadlocks*, bei denen ein Rechenprozess auf einen anderen Rechenprozess gewartet hat, aber dieser andere wiederum auf einen dritten wartete, sodass sie gewissermaßen im Kreis warten und der Computer stehen bleibt. Mittlerweile hat man an diesem Punkt große Fortschritte gemacht, aber letztlich ist es so, dass die Datenabhängigkeit zwischen verschiedenen Rechenwerken immer noch ärgerlich ist, weil Daten hin- und hertransportiert werden müssen, was einfach viel Zeit kostet.

MATTHIAS ECKOLDT: Das Problem liegt also nicht in der Rechengeschwindigkeit, sondern letztlich im Datenabgleich.

CHRISTOPH VON DER MALSBURG: Einen Parallelcomputer so zu organisieren, dass Rechenvorgänge gleichzeitig ablaufen, zugleich aber miteinander verkoppelt sein können, das ist das zentrale technische Problem, das wir haben. In unserem Gehirn ist genau dieses Problem offensichtlich gelöst.

Wie die Idee der Selbstorganisation ignoriert wird

MATTHIAS ECKOLDT: Insofern müsste die Idee der Selbstorganisation eigentlich richtungweisend für Ihr Fach sein. Ist es denn vorstellbar, den Netzwerken die Probleme der Synchronisation von Rechenprozessen und Datenabgleich zu überlassen?

CHRISTOPH VON DER MALSBURG: Es ist bemerkenswert, dass der Gedanke der Selbstorganisation, der ja einst eine gewaltige geistige Revolution ausgelöst hatte, überhaupt nicht prominent ist unter den Leuten, die über das Gehirn nachdenken. Das ist schon sehr erstaunlich. Die Schaltung unseres Gehirns braucht 10^{16} Bits, will man sie als Liste aufschreiben. Demgegenüber gibt es in unserem Genom lediglich eine

Informationstiefe weniger als 10^{10} Bits. Das macht noch einmal deutlich, dass die Gene die Spielregeln für einen Selbstorganisationsprozess festlegen, der im Embryo beginnt. Man wird dementsprechend das Gehirn nur über Selbstorganisation verstehen können. Aber diese Idee ist bei meinen Kollegen gerade nicht Mode.

MATTHIAS ECKOLDT: Das Problem bei Selbstorganisation ist ja auch, dass das Konzept selbst einem die Hände bindet. Denn wenn man sagt, hier handelt es sich um einen Selbstorganisationsprozess, dann impliziert das ja, dass es um eine Art der Eigensteuerung geht, die per definitionem von außen nicht mehr zu beeinflussen ist. Man gibt mit dem Konzept eigentlich alles aus der Hand, was für das herkömmliche Wissenschaftsselbstverständnis wichtig ist.

CHRISTOPH VON DER MALSBURG: Die intuitive Abwehr der Idee der Selbstorganisation gründet darin, dass solche Prozesse zwar schöne, regelmäßige Gebilde wie Kristalle oder Schäfchenwolken hervorbringen, aber nicht zielorientiert ablaufen. Da muss man sagen, dass das Gebäude der Selbstorganisation, wie es etwa von Hermann Haken, Manfred Eigen, Ilya Prigogine, Francisco Varela und Humberto Maturana aufgebaut wurde, einfach noch unvollständig ist. Erstens kommen darin keine Kaskaden von Selbstorganisationsprozessen vor, wo also ein Prozess die Arena für den nächsten schafft. Die Strukturierung eines Embryos ist Resultat von solchen Kaskaden. Der Embryo differenziert sich immer weiter, bis sich schließlich Arme und Hände und Fingernägel bilden. Außerdem fehlt im Konzept der Selbstorganisation die Implementierung von Zielgerichtetheit, also die Sache mit den Gefühlen, von denen Sie vorhin geredet haben. Schließlich haben die Selbstorganisationstheoretiker auch nicht über Netzwerkselbstorganisation nachgedacht. Wenn man aber von einem Netzwerk redet, ist der unmittelbare Nachbar nicht der räumliche Nachbar, sondern der, mit dem man verbunden ist. Letztlich muss man die Begrifflichkeit der Selbstorganisation noch aufbohren, um dem Phänomen der neuronalen Netze näherzukommen.

MATTHIAS ECKOLDT: Wie weit ist man da im Moment?

CHRISTOPH VON DER MALSBURG: Da passiert überhaupt nichts! Das ist ein toter Sektor.

MATTHIAS ECKOLDT: Warum? Weil die Idee der Selbstorganisation in der Scientific Community keine Lobby hat und es somit auch keine Gelder gibt?

CHRISTOPH VON DER MALSBURG: Genau so ist es!

MATTHIAS ECKOLDT: Aber Ihrer Meinung nach müsste die Idee der Selbstorganisation weiterverfolgt werden.

CHRISTOPH VON DER MALSBURG: Unbedingt. Es ist absolut notwendig, dieses Konzept weiterzuentwickeln. Ansonsten wird man das Gehirn nicht verstehen.

Kann man Gedanken lesen?

MATTHIAS ECKOLDT: In der letzten Zeit geistern immer wieder Erfolgsmeldungen durch die Presse, dass es gelungen sei, Gedanken zu lesen. Wenn man dann genauer hinschaut, läuft das angebliche Gedankenlesen so ab, dass man Probanden Bilder zeigt und die neuronale Reaktion mit bildgebenden Verfahren festhält. Dann sollten die Probanden noch einmal die Bilder in beliebiger Reihenfolge anschauen, und die Experimentatoren konnten aus den neuronalen Erregungsmustern darauf schließen, welche Bilder die Probanden gerade sahen. Das hat ja mit Gedankenlesen dann doch herzlich wenig zu tun.

CHRISTOPH VON DER MALSBURG: Ich werde mich mit meiner Kritik daran zurückhalten, sonst werde ich noch gelyncht. Es wird ja auch behauptet, dass man feststellen kann, ob einer lügt. Das liegt hauptsächlich daran, dass der Lügner etwas länger braucht, seine Antwort herauszubringen, weil es ein wenig komplizierter ist, eine Lüge stringent zu behaupten, als einfach die Wahrheit zu sagen. Das sind Moderichtungen, die meines Wissens nichts Tiefschürfendes ans Licht bringen.

MATTHIAS ECKOLDT: Hat das Ihrer Meinung nach auch grundsätzlich mit der mehrfachen Indirektheit der MRT-Methode zu tun, wo man ja nicht nur keine Gedanken und auch keine elektrische Erregung, sondern nur Veränderungen in der Sauerstoffaufnahme des Blutes misst? Abgesehen davon, täuschen die bunten Bilder auch darüber hinweg, dass das Gehirn nicht nur an der betreffenden Stelle X, sondern auch als Gesamtsystem aktiv ist.

CHRISTOPH VON DER MALSBURG: Das, was in Ihrem Gehirn in diesem Moment abläuft, ist für die Wissenschaft in seiner Einmaligkeit und Komplexität für alle Zeiten unantastbar. Ich halte es geradezu für einen Kategorienfehler, wenn die Wissenschaftler einen einzelnen Hirnzustand in seiner Komplexität erforschen wollen. Was Wissenschaft machen kann, ist, an vereinfachten Modellen Prinzipien zu erkennen. Aber was tatsächlich in einem Gehirn abläuft, liegt jenseits der Wissenschaft. Das ist so ähnlich, wie wenn ein Wissenschaftler über Gemälde redet. Er kann über Perspektiven, Farben und Beleuchtung, Ölimmersionen und Pinselstärke reden, aber das, was der Künstler gemeint hat, kann er nicht einmal berühren. Die Zeitgebundenheit und die persönlichen Gefühle des Malers sind keine Gegenstände der Wissenschaft. So ist es auch mit dem Gehirn. Die Wissenschaft wird vielleicht wesentliche Prinzipien des Gehirns so gut verstehen, um Teile davon nachzubauen oder medizinisch einzugreifen, aber die Idee, den einzelnen Gedanken lesen zu können, ist einfach absurd.

MATTHIAS ECKOLDT: Das heißt, die Qualia werden dem Menschen durch die Wissenschaft niemals streitig gemacht.

CHRISTOPH VON DER MALSBURG: Das denke ich!

Das Manifest

MATTHIAS ECKOLDT: Sie haben an dem *Manifest* elf führender Hirnforscher über Gegenwart und Zukunft des Faches mitgeschrieben. Es datiert von 2004. Wie lesen Sie das *Manifest* heute?

CHRISTOPH VON DER MALSBURG: Ach, das war so ein Konglomerat von Meinungen verschiedener Leute. Ich bin mal attackiert worden, dass ich damit auch die Thesen über den freien Willen unterschrieben hätte. Das stimmt natürlich nicht. Unser Gebiet wälzt sich, was die Konzepte angeht, ganz langsam dahin. Insofern ist dieses sogenannte *Manifest* nicht mehr als eine Momentaufnahme.

MATTHIAS ECKOLDT: Entscheidend war für mich in dem *Manifest* die Darstellung, dass auf der Ebene der einzelnen Neurone sehr viel bekannt ist. Auch die obere Ebene, die große Strukturen wie die Amygdala im Blick hat, ist schon recht gut erforscht. Die entscheidenden Erklärungslücken gibt es laut *Manifest* auf der mittleren Ebene, wo 100 bis 1000 Zellen interagieren. Ist das nicht genau die Ebene, auf der Sie forschen!?

CHRISTOPH VON DER MALSBURG: Ich denke, es war Wolf Singer, der diese Passage geschrieben hat. Die hat mir gut gefallen. Es ist nach wie vor so, dass eine Korrelation zwischen kognitiven und neuronalen Prozes-

> »Was tatsächlich in einem Gehirn abläuft, liegt jenseits der Wissenschaft«

sen nicht hergestellt werden kann. Man weiß einfach nicht, wie diese beiden Ebenen miteinander zusammenhängen. Meine persönliche Meinung kennen Sie ja dazu.

MATTHIAS ECKOLDT: Stichwort »schnellschaltende Verbindungen« ...

CHRISTOPH VON DER MALSBURG: Genau. Man wird die Hirnprozesse nicht verstehen, wenn man sich nur auf die Neurone als schaltende Elemente im Gehirn konzentriert. Wenn Sie strukturierte Netzfragmente auf dieser mittleren Ebene haben, also 1000 Einzelneurone, die in geeigneter Weise verbunden sind, dann wäre das meines Erachtens ein großer Schritt von den Neuronen hin zu den mentalen Objekten. Ich bin da mit meiner Ansicht, wie gesagt, noch in einem sehr kleinen Klub, aber ich habe überhaupt keinen Zweifel daran, dass es nur eine Frage der Zeit ist, bis sich die Idee durchsetzt.

MATTHIAS ECKOLDT: Ich möchte noch einmal aus dem *Manifest* zitieren: »Wie das Gehirn die Welt so abbildet, dass unmittelbare Wahrnehmung und frühere Erfahrung miteinander verschmelzen, und wie es zukünftige Aktionen plant, ist nicht einmal in Ansätzen klar. Und es ist nicht klar, wie man dies überhaupt erforschen könnte. In dieser Hinsicht befinden wir uns noch auf dem Stand von Jägern und Sammlern.«

CHRISTOPH VON DER MALSBURG: Ich bin der Meinung, dass wir mit den gegenwärtigen Untersuchungsmethoden nie die wesentlichen Funktionsprinzipien des Gehirns ergründen werden. Wir brauchen eher Ideen, wie es funktionieren könnte, um die dann experimentell zu testen. Aufgrund der Komplexität des Systems haben wir im Moment keine andere Wahl, als solche Ideen auf dem Computer auszuprobieren.

MATTHIAS ECKOLDT: Sie plädieren also für ein eher deduktives Vorgehen?

CHRISTOPH VON DER MALSBURG: Ich würde eher sagen, für ein synthetisches. Man muss sich ausdenken, wie das Gehirn partiell funktionieren könnte, um es dann auf dem Computer aus zu probieren. Leider aber ist es so, dass die meisten Ideen, die man in dieser Richtung hat, nicht funktionieren und das Modellsystem ganz schnell zusammenbricht. Je näher man sich an dem, was man über das Gehirn weiß, entlangtastet, desto besser funktionieren die Systeme. Dies ist für den Techniker eine gute Strategie. Deshalb würde ich es nicht deduktiv nennen, das hieße ja, dass man mit einem festen Regelgebäude an Probleme herangeht und die Lösung bekommt. Man muss auch da wiederum heuristisch vorgehen.

Der Code des Hirns

MATTHIAS ECKOLDT: Bei Computern gibt es einen zentralen Code, der aus 0 und 1 besteht. Inwiefern kann man so etwas wie einen zentralen Code auch für das Gehirn angeben?

CHRISTOPH VON DER MALSBURG: Es werden ja häufig Modelle aus sogenannten Modellneuronen gebaut. Diese Gebilde können die ankommenden Signale gewichten und aufaddieren. Wenn das Ergebnis einen bestimmten Schwellenwert übersteigt, feuert die Zelle, ansonsten nicht. Das wäre nach Ansicht der Netzwerktheoretiker der neuronale Code. Es gibt jedoch sehr gute Gründe anzunehmen, dass wir es dabei mit einer groben Vereinfachung zu tun haben. Die einzelne Synapse ist ein Gewebe von 100 Molekültypen, die alle miteinander vernetzt sind. Wenn man da zwei Impulse hintereinander hineingibt, ist das Ergebnis verschieden. An den Synapsen wackelt also alles furchtbar. Nun könnte es sein, dass man diesen molekularen Prozess in der Synapse erst vollständig verstehen muss, um an den Code heranzukommen. Der Code ist bestimmt komplizierter als alles, was die neuronalen Netzwerktheoretiker heute zu wissen glauben. Meine These ist auch da, dass die Verbindungsstärken auf eine bestimmte Art und Weise schnellgeschaltet werden. Damit würde man einige Komplexitätsstufen höher kommen. Ob das aber dafür ausreicht, den Code des Gehirns zu erfahren, kann ich auch nicht sagen.

Ringen um Wahrheit

MATTHIAS ECKOLDT: Sir Karl Popper hatte die Idee, dass sich Wissenschaft – verkürzt gesagt – asymptotisch an die Wahrheit annähert. Betrachtet man die Wissenschaftsgeschichte, kommen doch Zweifel auf, ob dem so ist. Wie stellt sich der Sachverhalt für Sie dar, ist es nicht eher so, dass jede neue Erkenntnis einen neuen Problemhorizont aufreißt und Wahrheit ein eher hinderlicher Terminus bei der Beschreibung von Wissenschaft ist?

CHRISTOPH VON DER MALSBURG: Schlagen Sie mal die beiden Bände von James Clerk Maxwell über die Elektrodynamik auf. Da werden Sie sehen, dass er erst mal eine gewaltige Zoologie von Einzelexperimenten beschreibt, bevor er dann alles in seinen berühmten Gleichungen zusammenfasst. Heute kann man sie in einer Zeile aufschreiben. Damit werden die elektrischen und magnetischen Phänomene kompakt zusammengefasst. Dass man vielleicht hinter diesen Gleichungen noch eine tiefere Wahrheit erkennen wird, ist richtig, aber auf dem Weg dahin ist ja schon unendlich viel passiert.

MATTHIAS ECKOLDT: Klar, aber das hat trotzdem nichts mit Wahrheit zu tun. Es können eher auf der Höhe neuer Erkenntnisse neue Fragen gestellt werden. Es geht da wahrscheinlich im Kern um den Wahrheitsbegriff. Warum muss Wissenschaft Wahrheit produzieren? Sie wollen doch letztlich keine Wahrheit erkennen, sondern eher jeweils passende Erklärungsmodelle finden. Wahrheit klingt in diesem Zusammenhang nach meinem Geschmack zu metaphysisch.

CHRISTOPH VON DER MALSBURG: Da haben Sie schon recht, es gibt keine absoluten Wahrheiten, weil man dazu den Blick von oben bräuchte. Wir bezeichnen die Aussagen als wahr, die hundertfach nachgeprüft werden können und bestehen. Wenn Sie ein Raumschiff zum Mars schicken und es dort ankommt, hat sich die dahinter stehende Theorie bewahrheitet.

MATTHIAS ECKOLDT: Dieses Beispiel macht den Unterschied, glaube ich, deutlich. Wenn das Raumschiff ankommt, hat sich nichts bewahrheitet, sondern das ganze Unternehmen hat geklappt. Nur weil ein Raumschiff durchs Universum fliegt, ist ja noch kein Wahrheitsgeschehen da.

CHRISTOPH VON DER MALSBURG: Die Wissenschaft redet gern von Wahrheit, wenn sie in diesen herauspräparierten und vereinfachten Experimentiersituationen ihre Regeln bestätigt sieht. Wenn wir jetzt von einem Raumschiff reden, geht es da ja um ein gewaltiges Gebilde mit Menschen und Apparaturen. Da geht es tatsächlich nicht um Wahrheit.

MATTHIAS ECKOLDT: Ich meine, wenn ein Spaceshuttle durch den Raum fliegt und wohlbehalten zurückkehrt, soll das ein Beweis für das Wahrheitsgeschehen der Wissenschaft sein, und wenn es nicht zurückkommt, ist menschliches Versagen schuld. Aber ganz ohne Polemik: Bei Thomas Kuhn wird ja auch deutlich, dass Wissenschaft noch 100 Jahre, nachdem eine neue Wahrheit bekannt wurde, eine längst überholte Wahrheit zu beweisen sucht, eine Wahrheit also, die gar nicht mehr wahr ist.

CHRISTOPH VON DER MALSBURG: Kuhn sagte ja auch, dass der übliche Wissenschaftsprozess nicht nach dem popperschen Motto läuft. Also nicht: Passt nicht, dann weg damit, sondern: Passt nicht, jetzt probiere ich so lange mit Zusatzhypothesen an der Sache rum, bis es doch wieder passt. Das macht den Wissenschaftsprozess natürlich sehr kompliziert. Wenn ich mich mit meinen Kollegen auseinandersetze und sage: »Ihr lasst die wesentlichen Aspekte in euren Erklärungsmodellen aus ...«

MATTHIAS ECKOLDT: ... die schnellschaltenden Verbindungen ...

CHRISTOPH VON DER MALSBURG: ... genau. Wenn ich ihnen das sage, ist es ja nicht so, dass sie mit offenem Mund dasitzen und sagen: »Du hast recht«, sondern die erfinden einfach spezielle Zusatzhypothesen, mit denen sie in einer speziellen Situation das ganze Problem umgehen können. Da wird die Argumentation dann schwierig. Deswegen schwimmt die Neurowissenschaft zurzeit und hält sich an Moden.

MATTHIAS ECKOLDT: Da müsste etwas frischer Wind reinkommen. Vielleicht vom Nachwuchs?

CHRISTOPH VON DER MALSBURG: Gerade nicht! Die jungen Leute halten sich ja noch stärker an Moden, weil sie schon von vornherein um ihre Karriere fürchten, und hüten sich davor, abweichende Gedanken vorzubringen. Sie können ansonsten ihre Artikel nicht veröffentlichen. Wenn die Referees sagen, das verstehe ich nicht, und die Artikel ablehnen, ist die junge Karriere nach drei Jahren zu Ende.

Was ist Bewusstsein?

MATTHIAS ECKOLDT: Nun noch eine Frage, die ich allen an diesem Buch Beteiligten stelle: Was ist Bewusstsein?

CHRISTOPH VON DER MALSBURG: Ich habe mal geschworen, nie öffentlich über das Bewusstsein zu sprechen. Den Schwur habe ich nun schon lange gebrochen. So sei es denn. Wenn Sie in Ihr Hirn reingucken – introspektiv –, dann können Sie bewusste und weniger bewusste Zustände unterscheiden. Mal sind Sie zerstreut, mal sind Sie hoch konzentriert. Der bewusste Zustand ist nun der, bei dem sich die verschiedenen Subsysteme Ihres Gehirns – die Sprache, das Gedächtnis, die Zielvorstellungen, die Wahrnehmung – miteinander ins Benehmen gesetzt haben. Sie reden gewissermaßen von demselben Thema und werfen sich die Bälle reibungslos zu.

MATTHIAS ECKOLDT: Bedingungslose Kohärenz.

CHRISTOPH VON DER MALSBURG: Ja.

MATTHIAS ECKOLDT: Wäre das nicht einfach nur Aufmerksamkeit?

CHRISTOPH VON DER MALSBURG: Darum geht es. Wenn ich den Kaufvertrag für ein Haus unterschreibe, dann überlege ich mir das sehr gut. Da belaste ich mich für den Rest meines Lebens mit Schulden. Ich frage mich eindringlich, ob ich da auch wirklich leben möchte, ob das Haus seinen Wert behält, was meine Frau dazu sagt und so weiter. Ich konzentriere alle Aspekte, die es in meinem Hirn gibt, auf dieses Thema. Aufmerksamkeit hat insofern damit zu tun, weil Sie die Kohärenz nur erreichen können, wenn aus allem, was in den Subsystemen herumirrt, eine präzise Auswahl getroffen wird.

MATTHIAS ECKOLDT: Wo sehen Sie auf neurowissenschaftlicher Ebene die entscheidenden Fragestellungen zur Erforschung des Bewusstseins?

CHRISTOPH VON DER MALSBURG: Man muss ein künstliches System erzeugen, das die Fähigkeit hat, diese Art von Kohärenz herzustellen, und muss damit experimentieren. Schafft es ein solches System beispielsweise, sich wieder einzuschwingen, wenn sich seine Umweltkoordinaten ändern? Aber mir ist natürlich auch klar, dass es in der Bewusstseinsfrage nie einen Konsens geben wird, weil jeder seine eigene Meinung haben möchte. Einige meinen, dass Bewusstsein an Sprache gekoppelt ist. Andere sind der Meinung, dass das Ich-Verständnis für das Bewusstsein zentral ist. So entstehen verschiedene Meinungen allein dadurch, dass verschiedene Leute jeweils verschiedene Subsysteme für essenziell halten. Einem Kollegen habe ich letztens auf dem Weg zum Mittagessen dargestellt, was ich mir unter Bewusstsein vorstelle, da ist der laut geworden und hat gerufen: »Warum hört eigentlich mir niemand zu?«

Der »Visible Scientist«

MATTHIAS ECKOLDT: Rae Goodell beschrieb den »Visible Scientist« als einen neuen Typus von Wissenschaftler, der auch außerhalb der Wissenschaft sichtbar wird.

CHRISTOPH VON DER MALSBURG: Da gibt es eine Untermenge meiner Kollegen, die es lieben, mit den Medien zu reden und Bücher zu schreiben, in denen sie ex cathedra reden und gewagte Hypothesen aufstellen, während andere still in ihrem Labor arbeiten.

MATTHIAS ECKOLDT: Wo würden Sie sich auf dieser Skala ansiedeln?

CHRISTOPH VON DER MALSBURG: Weiß ich nicht. Ich hab jedenfalls keine großen Anstrengungen gemacht, eine große Medienpräsenz aufzubauen.

MATTHIAS ECKOLDT: Hat man nicht als Wissenschaftler, der mit öffentlichen Geldern forscht, auch die Aufgabe, die Öffentlichkeit über das zu informieren, was man herausbekommen hat?

CHRISTOPH VON DER MALSBURG: Die Unterrichtung der Öffentlichkeit ist meines Erachtens nicht einfach nur ein Abfallprodukt der Wissenschaft, sondern das ist in gewisser Weise sogar das Endprodukt der Wissenschaft. Die Wissenschaftler sind das Sinnesorgan, und die Gesellschaft als Ganzes ist der wahrnehmende Organismus, und für den muss das alles aufbereitet werden. Es ist natürlich eine sehr schwierige Aufgabe, Begriffe zu finden, die Wissenschaft verständlich machen, aber die dennoch auch stimmen. Nicht jeder von meinen Kollegen, die an die Öffentlichkeit drängen, schafft es wirklich.

MATTHIAS ECKOLDT: Noch mal andersherum gefragt: Wie erklären Sie sich die hohe Medienaffinität der Hirnforschung? Der Hirnforscher gilt teilweise ja schon als Experte für das soziale Miteinander.

CHRISTOPH VON DER MALSBURG: Wir alle haben ein Gehirn, und wir alle haben damit unsere Probleme und machen unsere Beobachtungen. Ich könnte mir denken, dass die Menschen sich für Hirnforschung aus ganz individuellen Motiven interessieren. Weil sie Sorge haben, dass ihr Gedächtnis nachlässt oder dass ihr Denken nicht so gut funktioniert, wie sie wollen, oder dass sie die Hoffnung haben, mit speziellen Drogen die Funktionen ihres Hirns zu verbessern. Hirnforschung ist einfach – im Unterschied zu so etwas wie Hochenergiephysik – dem Leben der Menschen sehr nah.

»Das Gehirn nimmt die Welt nicht so wahr, wie sie ist«

Gerhard Roth über Depressionen, einen Großauftrag aus der Wirtschaft und das Ich als virtuellen Akteur

Prof. Dr. Dr. Gerhard Roth, *Jahrgang 1942, studierte Philosophie, Germanistik und Musikwissenschaft in Münster und Rom sowie Biologie in Münster und Berkeley/Kalifornien. Seit 1976 war er Professor für Verhaltensphysiologie an der Universität Bremen und bis 2008 Direktor am dortigen Institut für Hirnforschung; 1997–2008 Gründungsrektor des Hanse-Wissenschaftskollegs in Delmenhorst. Er ist Geschäftsführer der »Roth GmbH – Applied Neuroscience« mit Sitz in Bremen. Gerhard Roth veröffentlichte rund 200 Arbeiten auf den Gebieten kognitive Neurowissenschaften, Persönlichkeitsforschung und Neurophilosophie, darunter elf Bücher. Seine Forschungsschwerpunkte sind neurobiologische Grundlagen psychischer Funktionen, psychosoziale und neurobiologische Grundlagen gewalttätigen Verhaltens bei jugendlichen Intensivstraftätern sowie psychologische und neurobiologische Grundlagen des Lehrens und Lernens.*

Die Unhintergehbarkeit des Konstruktivismus

MATTHIAS ECKOLDT: Sie wurden oft mit der Entwicklung des erkenntnistheoretischen Konzepts des so genannten radikalen Konstruktivismus in Verbindung gebracht und galten in diesem Umfeld als *der* Unterstützer von naturwissenschaftlicher Seite. Das Konzept des Konstruktivismus konzentriert sich vor allem auf die Eigensteuerung psychischer Systeme und lehnt die Vorstellung ab, dass wir die Welt einfach abbilden, wie sie ist. Ist das aus Ihrer Sicht als Hirnforscher mittlerweile unhintergehbar?

GERHARD ROTH: An die Abbildungstheorie hat eigentlich niemand so recht geglaubt, sie ist auch wissenschaftlich unsinnig. Die Bedeutungen erzeugt jedes Gehirn hochindividuell für sich.

MATTHIAS ECKOLDT: Vor noch nicht allzu langer Zeit ging man ja noch davon aus, dass wir es beim Hirn im behavioristischen Sinne mit einem passiven Organ zu tun haben, das von außen gereizt wird und den Reizen entsprechend reagiert. Heute aber hat sich das Paradigma des aktiven Gehirns, das seine Erlebniswelt selbst konstruiert, durchgesetzt. Kann man davon sprechen, dass sich die konstruktivistische Perspektive etabliert hat?

GERHARD ROTH: Eigentlich müsste jedem Laien klar sein, dass die Sinnesrezeptoren als die einzigen Kontaktstellen zwischen Gehirn und Umwelt die Welt überhaupt nicht abbilden können, wie sie ist. Ich habe gerade ein Buch über Wahrnehmung aufgeschlagen, und dort gibt ein Kollege von mir eine Einführung über Sinnesorgane. Dieser Kollege, der philosophisch völlig unverdächtig ist, schreibt dort über die Prozesse in den Rezeptoren auf molekularer Ebene. Da dockt ein Geruchs- oder ein Lichtmolekül an. Damit müssen die Rezeptoren arbeiten und das Ganze in die Sprache des Gehirns umwandeln. Nun hat der Kollege geschrieben, das Hauptproblem bei diesem Vorgang sei, dass das Gehirn die Umwelt nicht direkt verstehen kann, sondern es nur diese von den Rezeptoren erzeugten Nervenimpulse bekommt, aus denen es seine Welt konstruieren muss. So oder so ähnlich schreiben das alle Sinnesphysiologen. Wer etwas anderes behauptet, kennt einfach die inzwischen sehr etablierte Forschung nicht.

MATTHIAS ECKOLDT: An den Rezeptoren werden – wie es Heinz von Foerster einmal so schön ausgedrückt hat – die Signale der Außenwelt all jener Eigenschaften entblößt, die nach herkömmlicher Meinung zu dem tönenden und farbigen Bild der Welt führen sollen. Dass kein Gehirn die Welt so wahrnehmen kann, wie sie ist, zeigt sich ja jenseits dieses vom Sensorium zu leistenden Übersetzungsvorgangs sehr plastisch in der Tatsache, dass die Sinnesorgane des Menschen nur auf wenige Schwingungsfrequenzen der Luft oder der Lichtwellen überhaupt ansprechen.

GERHARD ROTH: Wie aus den Lichtfrequenzen in unseren Köpfen Farben entstehen, ist eine neurobiologisch wie erkenntnistheoretisch hochkomplexe Frage. Klar ist aber, dass das Hirn die Welt nicht so wahrnimmt, wie sie ist, sondern so, wie sie für das Überleben des Organismus relevant ist. Das sind eben winzigste Ausschnitte der Wirklichkeit. Bestimmte Reize aber, die für unser Leben relevant wären, nehmen wir trotzdem nicht wahr, beispielsweise Radioaktivität. Offenbar gab es hierfür im Laufe der Evolution der Säugetiere und des Menschen keinen genügend starken Selektionsdruck.

Das Manifest

MATTHIAS ECKOLDT: Sie haben an dem *Manifest* elf führender Hirnforscher über Gegenwart und Zukunft des Faches mitgeschrieben. Es datiert von 2004. Wie lesen Sie diesen Text heute?

GERHARD ROTH: Die Idee zu dem Papier stammte ursprünglich von mir. Ich habe damals auch zusammen mit der Zeitschrift die Leute ausgesucht und finde das *Manifest* immer noch richtig gut. Es wird zumeist völlig überinterpretiert, und zwar in zwei Richtungen. Einerseits wie unverschämt die Hirnforscher seien, andererseits wie kläglich verzagt sie seien. Für beide Deutungen liefert der Text eigentlich keine Indizien. Wir haben einfach nur vorsichtig formuliert. Einige Aspekte können wir heute schon optimistischer sehen.

MATTHIAS ECKOLDT: Wie ist der Text für das *Manifest* entstanden? Gab es jemanden, der nach Gesprächen mit allen Beteiligten das *Manifest* dann verfasst hat?

GERHARD ROTH: Nein. Jeder hat für sich geschrieben, und dann ist das zusammengefügt und nur noch wenig redigiert worden. Es wurden natürlich Leute ausgewählt, die miteinander gut auskommen. Aber wir haben uns nicht vorher abgesprochen.

MATTHIAS ECKOLDT: Da stehen ja solche Passagen wie: »Wie das Gehirn die Welt so abbildet, dass unmittelbare Wahrnehmung und frühere Erfahrung miteinander verschmelzen, und wie es zukünftige Aktionen plant, ist nicht einmal in Ansätzen klar. Und es ist nicht klar, wie man dies überhaupt erforschen könnte. In dieser Hinsicht befinden wir uns noch auf dem Stand von Jägern und Sammlern.« Trotzdem aber lesen sich Ihre Bücher wie *Das Gehirn und seine Wirklichkeit* – über die Kognitionsvorgänge – ebenso wie *Fühlen, Denken, Handeln* – über die Handlungsplanung – eher wie vollständige Theorien von Neurowissenschaftlern. Wie ist diese Differenz zu erklären?

GERHARD ROTH: Damals haben wir uns viel zu klein gemacht. Der Satz, den Sie da zitieren, stammt auch nicht von mir. Das war ziemlich untertrieben. Wir wissen über genau diesen Prozess mittlerweile sogar recht viel, wenn auch noch nicht alles. Wie aus der Wahrnehmung Konstrukte entstehen, die wir dann bewusst erleben, weiß man schon ganz gut. Einige von den Kollegen, die an dem *Manifest* mitgeschrieben haben, würden da heute noch viel kühnere Aussagen machen als ich. Man muss gleichzeitig natürlich immer vorsichtig sein und schauen, welche Thesen wirklich gut etabliert sind, welche noch umstritten oder gar hoch umstritten sind. Vieles von dem, was der Konstruktivismus vor etwa 20 Jahren hypothetisch formulierte, ist heute so selbstverständlich, dass man gar nicht mehr drüber reden muss. Dass das Gehirn extrem konstruktiv arbeitet, würde heute niemand mehr bezweifeln.

Die mittlere Ebene

MATTHIAS ECKOLDT: Dann würde ich gern noch mal andersherum fragen. Worin liegen denn aus Ihrer Sicht die großen Rätsel des Faches zurzeit?

GERHARD ROTH: Wir wissen ziemlich viel hinsichtlich der unteren und der oberen Ebene der Gehirnprozesse. Insbesondere sind die Prozesse auf molekularer und zellulärer Stufe recht klar. Das ist geradezu eine Erfolgsgeschichte, weil sich da die ganze Welt der Molekularbiologen darauf gestürzt hat. Auch die obere Ebene kennen wir ganz gut. Da geht es um die Frage: Wo passiert was im Gehirn, etwa in der Großhirnrinde oder im limbischen System? Das kann man mit den Methoden der bildgebenden Verfahren inzwischen recht genau lokalisieren. Das große Rätsel liegt auf der mittleren Ebene. Da stellt sich die Frage: Wie erzeugt beispielsweise bei Furchtentstehung die Aktivität einzelner Zellen die Erregung von sieben oder acht Hirnzentren? Das ist aus methodischen Gründen sehr schwer herauszubekommen, weil wir das eigentlich nur im lebenden menschlichen Gehirn untersuchen können. Da kann man natürlich nicht mit Elektroden herumfuhrwerken. Die großen Erfolge in der Neurobiologie gab es immer nach In-vitro-Versuchen. Das aber ist weit von der Realität entfernt. Wir haben keine Vorstellung davon, wie Zellverbände bis zu einer Millionen Neurone wirklich zusammenarbeiten. Das kann man weder untersuchen noch mathematisch bewältigen.

MATTHIAS ECKOLDT: ... weil man es da mit hochgradig nichtlinearen Gleichungssystemen zu tun bekommt, die nicht berechenbar sind.

GERHARD ROTH: Alles, was von mehr als zwei Faktoren bestimmt wird, kann man nicht genau ausrechnen. Deshalb müsste man simulieren, aber Simulationen laufen, wenn man es detaillierter macht, maximal mit bis zu 1000 Neuronen. Noch ein großes Rätsel ist die Frage, worauf es dem Gehirn wirklich ankommt. Da haben wir in der Vergangenheit große Fehler gemacht.

MATTHIAS ECKOLDT: Welche?

GERHARD ROTH: Ich habe kürzlich vor Medizinern einen Vortrag über die Auswirkungen vorgeburtlicher und frühnachgeburtlicher Traumatisierung auf das Gehirn des Kindes gehalten. Wir kennen darüber inzwischen viele Details, aber wir verstehen es nicht in der Komplexität der Prozesse. Allein bei der Furchtentstehung sind ganz verschiedene neuromodulatorische Zentren im Hirn beteiligt. Das Cortisol-System hat zehn unterschiedliche Rezeptorenklassen, das Serotonin-System 16, beim Dopamin-System sind es noch einmal sechs. Die Interaktion dieser psychoneuronalen Systeme ist sehr komplex – da muss man sich sehr mühsam durchquälen. Wenn wir mit den vorliegenden Daten intensiv arbeiten – was ich zusammen mit einer Mitarbeiterin gerade tue –, dann kann man durchaus eine Schneise schlagen. Wir werden dann auch die neuronalen Grundlagen verschiedener psychischer Krankheiten aufdecken helfen, insbesondere was Depression, Angsterkrankungen und Persönlichkeitsstörungen betrifft. Wir wissen dann wahrscheinlich noch nicht alle Ursachen, aber wir werden erste Lichtblicke bekommen. Früher war das alles in unseren Vorstellungen noch ganz einfach: Die Amygdala ist für die Furcht zuständig, der Nucleus accumbens für die Lust und der präfrontale Cortex für das Denken und der orbitofrontale Cortex für das Gewissen. Alles erschien ganz einfach.

MATTHIAS ECKOLDT: Was heißt in diesem Zusammenhang »früher«?

GERHARD ROTH: Vor gerade einmal zehn Jahren sah unser Hirnbild so aus, aber das Ganze ist um Größenordnungen komplizierter. Das Problem ist: Je mehr man erfährt, desto komplizierter werden die Zusammenhänge.

Depressionen

MATTHIAS ECKOLDT: Sprechen Anzeichen dafür, dass die Neurowissenschaft vor einem ähnlich dramatischen Perspektivwechsel steht wie die Physik zu Beginn des 20. Jahrhunderts? Ist es möglich, dass man noch einmal ganz anders denken muss, dass man eine komplett neue Metatheorie braucht?

GERHARD ROTH: Das glaube ich nicht. Die einzige Frage, bei der wir wirklich einen Geistesblitz dringend benötigen, ist die Frage nach dem Entstehen von Bewusstsein. Aber jenseits dessen sind wir auf einem guten Weg. Es ist in den letzten 50 Jahren so viel erforscht worden, und keines der Resultate ist wirklich rätselhaft. Nehmen Sie Depressionen, womit ich mich zurzeit beschäftige. Man weiß, welche Medikamente ganz gut wirken. Das sind die selektiven Serotonin-Wiederaufnahmehemmer. Ihre Wirkungsweise hat man ausgiebig studiert. Wenn man diese Pillen gibt, tut sich häufig zwei bis sechs Wochen gar nichts, und dann geht es den Patienten besser. Wir haben jetzt eine große Untersuchung beendet, wo wir über zwei Jahre die Gehirne von Depressiven während der Therapie untersucht haben.

MATTHIAS ECKOLDT: Was ist dabei herausgekommen?

GERHARD ROTH: Wenn es depressiven Patienten besser geht und wir dafür in ihrem Gehirn keine Entsprechung finden könnten, dann würde ich denken, wir machen einen grundlegenden methodischen Fehler, oder die Sache selbst ist komplett rätselhaft. Dem ist aber überhaupt nicht so. Wir haben unsere Ergebnisse hochrangig publiziert, und sie wurden von der Fachöffentlichkeit akzeptiert. Wir können Veränderungen und insbesondere subjektive Verbesserungen während der Therapie von Depressiven mit unseren Methoden objektivieren. Die Situation in der Physik Anfang des 20. Jahrhunderts war da ganz anders. Bestimmte Sachverhalte waren damals mit den herkömmlichen Methoden nicht erklärbar, obwohl sich die größten Geister daran abgearbeitet haben. Da brauchte es ein totales Umdenken.

MATTHIAS ECKOLDT: Das steht in der Hirnforschung nicht an?

GERHARD ROTH: Erst einmal nicht. Auch die vielen einzigartigen Fähigkeiten des Menschen sind nicht vom Himmel gefallen. Wir können heute sagen, dass es nicht eine einzige höhere kognitive, emotionale oder soziale Funktion des Menschen gibt, die nicht in Vorstufen bereits bei den Primaten und anderen Tieren zu finden ist.

MATTHIAS ECKOLDT: Das klingt alles sehr optimistisch. Wenn man jedoch in die Tiefe geht, kommt die Neurowissenschaft schon in arge Erklärungsnöte.

GERHARD ROTH: Ich will auch nicht sagen, dass wir alles übers Hirn wissen. Allerdings ist vieles von dem, was noch vor zehn Jahren als unerklärlich und rätselhaft galt, inzwischen erklärbar geworden.

Das Phänomen des Bewusstseins

MATTHIAS ECKOLDT: Aber bei der Erklärung des Phänomens Bewusstsein tappt die Neurowissenschaft ziemlich im Dunkeln. Da gibt es ja noch nicht einmal eine grundsätzliche Idee für eine Theorie des Bewusstseins. Der einzige Ansatz in dieser Richtung scheint mir die Überlegung zur Synchronschwingung zu sein.

GERHARD ROTH: Das war die Idee von Wolf Singer und Christoph von der Malsburg, die sich aber als nur begrenzt haltbar erwiesen hat. Ein Schüler von Wolf Singer arbeitet an unserem Institut. Das ist Andreas Kreiter, der untersucht seit 15 Jahren diese Synchronisationen der Neurone an Makakenaffen. Nach seinen Forschungsergebnissen würde er nicht behaupten, dass diese Prozesse etwas mit der Bildung des Bewusstseins zu tun haben, sondern eher direkt oder indirekt mit Aufmerksamkeit. Viele Kollegen meinen inzwischen, dass es die langreichweitige Synchronisation, die Wolf Singer gefunden haben will, gar nicht gibt. Es gibt wohl nur die kurzreichweitige Synchronisation. Aber auch das ist schon eine großartige Entdeckung, weil man auf diese Weise sehen kann, dass neben der aufmerksamkeitsabhängigen Impulsfrequenz der Neurone ihre Synchronisation in einem bestimmten Gebiet ein weiterer unabhängiger Code ist. Aber mit Bewusstsein hat das alles wohl nichts direkt zu tun. Es ist ein – vielleicht sogar universeller – Code des Hirns.

MATTHIAS ECKOLDT: Über die Synchronisation kennzeichnet das Hirn gewissermaßen, welche Neurone etwas miteinander zu tun haben.

GERHARD ROTH: Das kann man im motorischen System sehr gut nachweisen. Bevor eine motorische Reaktion beginnt, müssen sich mehrere Tausend Neurone in diesem Areal synchronisieren. Erst dann können sich die Muskeln überhaupt kontrahieren.

MATTHIAS ECKOLDT: Das wäre aber ein Prozess, der überhaupt nicht im Bewusstsein auftaucht.

GERHARD ROTH: Eben! Die Synchronisation scheint eine universelle Bedeutung zu haben. Man kann das auch bei Schnecken beobachten, denen wir wohl kein Bewusstsein zugestehen. Die Neurone haben als Regulativ nichts weiter als ihre Fähigkeit, stärker oder schwächer zu feuern. Insofern ist es enorm wichtig, dass der Synchronisationscode hinzukommt, damit die Neurone untereinander kommunizieren können.

MATTHIAS ECKOLDT: Das scheint ein interessanter Weg zur Erschließung des zentralen Codes des Hirns zu sein, der die Neurowissenschaft in Fragen des Bewusstseins aber keinen Schritt weiterbringt. Wenn man Ihre Bücher liest, kann es einem so vorkommen, dass Bewusstsein ohnehin eine Art Ausnahmezustand ist, denn das Hirn ist letztlich bestrebt, für möglichst viele Vorgänge Routinen einzurichten, die ohne den Einsatz des Bewusstseins auskommen. So ist Bewusstsein eigentlich nur für den Notfall da.

GERHARD ROTH: Das ist etwas übertrieben, allerdings auch nicht ganz falsch. Erst mal ist Bewusstsein, energetisch gesehen, sehr teuer, sodass vom Gehirn her der Einsatz des Bewusstseins vermieden wird, wo immer es geht.

MATTHIAS ECKOLDT: Was heißt »teuer« in diesem Zusammenhang?

GERHARD ROTH: »Energetisch teuer« meint den Sauerstoff- und Glucose-Verbrauch. Der liegt bereits im »ruhenden« Gehirn bei rund 20 % des gesamten Körperstoffwechsels, obwohl das Gehirn nur 2 % der Körpermasse ausmacht, und steigt dann bei starker Hirnaktivität, insbesondere bei intensivem Nachdenken, auf mindestens 30–40 %. Deshalb stellt der Körper dabei alle anderen Aktivitäten ein.

MATTHIAS ECKOLDT: In diesem Kontext bekommt der Ausdruck »Geistesarbeiter« einen tiefen Sinn.

GERHARD ROTH: Man kann es mit einer Firma vergleichen, die ständig extrem teure Spezialisten braucht. Da wird man bald auf die Idee kommen, Systeme einzurichten, die es erübrigen, dass da ständig ein Spezialist für 1000 Euro pro Stunde angeheuert werden muss. Wenn das Gehirn mit neuen und zugleich wichtigen Dingen konfrontiert wird, dann muss es jedoch wohl oder übel bestimmte Areale der Großhirnrinde einschalten, die mit Umlernen und dem Erzeugen neuer Bedeutungen befasst sind. Das wird richtig teuer. Der Mensch lebt aber nun einmal in einer Umwelt, die im Gegensatz zur Umwelt vieler anderer Tiere permanent neu ist. Das hat er sich eingehandelt, weil er den Urwald verlassen hat und in die Savanne gegangen ist. Da musste er in sozialer und kommunikativer Hinsicht völlig neue Dinge lernen. Deshalb hat sich bei ihm auch so ein vergleichsweise großer Cortex entwickelt. Der Gebrauch dieses Cortex ist aber so teuer, dass das Hirn versucht, alles, was uns einmal gelungen ist, zu automatisieren.

MATTHIAS ECKOLDT: ... also auszulagern.

GERHARD ROTH: Auszulagern in die Basalganglien und ins Cerebellum. Das sind die beiden Orte dafür. Wenn diese Auslagerung gelingt, dann begleitet das Bewusstsein die Prozesse nur noch, und dann wird es wesentlich billiger. Das merken wir introspektiv daran, dass wir verschiedene Dinge zugleich tun können.

MATTHIAS ECKOLDT: Deswegen kann man beim Autofahren so wunderbar in Träumen und Gedanken schwelgen, ohne dass etwas passiert.

GERHARD ROTH: Aber wenn plötzlich ein Unfall geschieht oder Stau ist oder eine Baustelle kommt, dann wird Bewusstsein sofort eingeschaltet. Wenn das Bewusstsein in vollem Einsatz ist, dann können wir nichts anderes tun. Dann muss unser Arbeitsgedächtnis seine gesamte Energie investieren. Immer, wenn sich etwas Neues einstellt, richtet sich unsere Aufmerksamkeit sofort darauf. Da gibt es tatsächlich einen Zusammenhang zwischen der Synchronisation bei der Aufmerksamkeitssteuerung und dem Einsatz des Bewusstseins. Was aber die »Natur« des Bewusstseins ist, ist völlig unklar.

MATTHIAS ECKOLDT: In der Frage des Bewusstseins, um auf das Thema zurückzukommen, fehlen der Neurowissenschaft grundsätzliche Ideen, wohin die Forschung gehen könnte?

GERHARD ROTH: Mittlerweile gibt es da erste Durchbrüche. Erst einmal steht ja die Frage an, ob man all die Bewusstseinszustände, die man psychologisch unterscheiden kann, mit unterschiedlichen Hirnzuständen in Verbindung bringen kann.

MATTHIAS ECKOLDT: Ein dualistischer Philosoph würde sagen: Das kann man nicht.

GERHARD ROTH: Aber wir würden sagen, dass es weitgehend möglich ist.

MATTHIAS ECKOLDT: Welche mentalen Zustände können Sie denn überhaupt mit neuronalen Zuständen korrelieren?

GERHARD ROTH: Aufmerksamkeit natürlich, aber auch den Prozess des Verstehens, des Nachdenkens über sich selbst, Empathie, moralische Zweifel wie Reue, Schmerz. Da finden wir die entsprechenden neuronalen Korrelate im Gehirn. Das bedeutet philosophisch, dass es da kein großes metaphysisches Geheimnis gibt. Außerdem wissen wir, dass alle Bewusstseinszustände energetisch aufwendig sind. Diese Tatsache liegt ja auch den bildgebenden Verfahren zugrunde, die den Energieverbrauch in Teilen des Gehirns messen. Die meiste Energie wird dabei für das schnelle Umverdrahten von Synapsen in bestimmten Hirnregionen benötigt.

Bewusstes versus unbewusstes Lernen

MATTHIAS ECKOLDT: Damit wären wir bei der erfahrungsabhängigen Neuroplastizität. Brauchen denn alle Lernprozesse gleich viel Energie?

GERHARD ROTH: Richtig teuer ist nur das bewusste Lernen. Unbewusstes Lernen dagegen ist billig, dauert dafür aber wesentlich länger. Bewusstes Lernen findet im Assoziationscortex statt. Dort schaut man nach, unter welchen Bedingungen sich Assoziationen umstricken und Gedächtnis bilden. Dies braucht beispielsweise Eingänge vom Thalamus. Auf diese Weise kann man das Phänomen Bewusstsein zumindest eingrenzen, sodass man schließlich zu einer langen Liste von Eigentümlichkeiten im Gehirn kommt, die mit Bewusstsein verbunden sind. Wenn man bestimmte Komponenten dieser Ereigniskette stört, ist das Bewusstsein weg. Das heißt, egal was Bewusstsein sein mag, es hängt direkt mit der Aktivität von Nervennetzen und ihren Synapsen im Assoziationscortex zusammen. Je stärker wir Bewusstsein benutzen, desto mehr Sauerstoff und Zucker verbrauchen diese Nervennetze. Da gibt es eigentlich nichts Rätselhaftes mehr.

MATTHIAS ECKOLDT: Eigentlich?

GERHARD ROTH: Na ja, das Einzige, was wir noch nicht richtig wissen, ist, wie das eine aus dem anderen entsteht. Unter welchen physiologischen Bedingungen Bewusstsein abläuft, ist inzwischen relativ klar, aber was Bewusstsein wirklich ist, bleibt noch ein Rätsel.

Magische und reale Welten

MATTHIAS ECKOLDT: Vielleicht ist aber auch die Frage falsch gestellt. Möglicherweise ist die Rede vom Bewusstsein nur ein philosophisches, sprachtheoretisches Problem, von dem sich die Hirnforscher in die Irre führen lassen haben? Wenn man allein die Frage nach den Gedanken und ihren biologischen Korrelaten nimmt, wird deutlich, dass da die Sprache gleichsam quer zum Problemhorizont steht. Sie können ja in Ihren Untersuchungen überhaupt keine Gedanken sehen.

GERHARD ROTH: Und umgekehrt: Wenn ich Gedanken habe, sehe ich keine Neurone. Ich denke tatsächlich, dass wir es hier mit einem Pseudoproblem zu tun haben. Wenn man sich den Erlebnisbereich anschaut, in dem unsere Experimente stattfinden, wird ja eins rasch deutlich: Ich sehe Aktivitäten von Neuronen, und ich weiß, dass in dem Moment das Bewusstsein aktiv ist bzw. war.

MATTHIAS ECKOLDT: Woher?

GERHARD ROTH: Ich kann mich ja in diesem Fall selbst als Proband nehmen. Sonst ist man darauf angewiesen, dass der andere einem stets die Wahrheit sagt. Die Philosophen sind geradezu in die Idee verliebt, dass der Proband lügen könnte. Aber ich schließe das aus, indem ich mich selber in die Röhre lege. Dann komme ich zu der Anschauung, dass sowohl meine Bewusstseinsinhalte als auch das Feuern der Neurone Konstrukte meines Gehirns sind. Denn alles, was ich sehe und höre und anschaue, entsteht – davon sind die Neurobiologen fest überzeugt – in meinem visuellen Cortex. Dies ist natürlich auch der Fall, wenn ich als Wissenschaftler auf den Bildschirm schaue und mir die Aktivität der Neurone angucke, die auftrat, während ich im Experiment mein Bewusstsein eingesetzt habe. Andererseits sind aber auch meine Gedanken, die ich während des Experiments hatte, Konstrukte meines Gehirns. Das heißt aber, ich vergleiche ein Konstrukt mit einem anderen Konstrukt. So weit sind wir uns einig?

MATTHIAS ECKOLDT: So weit ja.

GERHARD ROTH: Dann heißt das aber auch, dass ich mein Bewusstsein nicht mit den Neuronen, von denen ich annehme, dass sie mein Bewusstsein erzeugen, vergleichen kann, denn die realen, d. h. bewusstseinsunabhängig existierenden Neurone sind mir ja gar nicht zugänglich.

MATTHIAS ECKOLDT: Weil dafür die Methoden fehlen, oder weil sich das Hirn konstruktivistisch verhält?

GERHARD ROTH: Natürlich Letzteres! Mir ist ja die bewusstseinsunabhängige Realität per definitionem nicht zugänglich. Mein Gehirn, so hatte ich vorhin den Sinnesphysiologen zitiert, hat keinen Kontakt zur Außenwelt. Die Gesamtheit meiner Erlebniswelt ist ein reines Gehirnkonstrukt. Alles, was darin auftaucht – meine Worte, meine Gedanken oder auch die Neurone auf dem Bildschirm – entstehen in meinem Gehirn. Wenn man nun als Philosoph die Frage stellt, wie aus bestimmten neuronalen Zuständen Bewusstsein entsteht, setzt man klammheimlich voraus, dass aus dem einen Konstrukt das zweite entstünde. Das aber ist unsinnig. Um diese Frage beantworten zu können, müsste ich einen bewussten Zugang zur bewusstseinsunabhängigen Realität haben, was ein Widerspruch in sich ist. Der zweite wichtige Punkt zum Verständnis des Geist-Gehirn-Dilemmas ist, dass sich unsere Erlebniswelt relativ langsam ausdifferenziert. Kleinkinder haben erst einmal nur undifferenzierte Wahrnehmungen und Gefühle. Sie werden ganz behutsam über die Erfahrung der Bindung zur Mutter und erste sinnliche Erfahrungen differenziert. So entsteht nach und nach die Erlebniswelt. Nun gibt es eine elementare Unterscheidung zwischen Körper und Nichtkörper, die das Kind ganz früh erlernen muss.

Geist und Materie

MATTHIAS ECKOLDT: Da geht es dann um den schmerzlichen Unterschied zwischen Nadel und Finger.

GERHARD ROTH: Genau. Das eine ist mein Finger, und das andere ist die Nadel. Die Nadel ist nicht mein Finger, und mein Finger ist nicht die Nadel. Wenn die beiden zusammenkommen, gibt es einen anderen Effekt, als wenn ich mich mit dem Finger selber berühre. Selbstberührung und die Berührung externer Dinge werden im Gehirn völlig anders repräsentiert. So lernt das Kind, dass es eine Grenze zwischen Körper und Außenwelt gibt. Das ist ein hochgradig dynamisches Konstrukt. Das kann man unter anderem daran sehen, dass bei Blinden der Blindenstock in das Körperschema inkorporiert wird. Wenn wir andererseits unsere Hände über eine längere Zeit nicht bewegen würden, würden sie aus unserem Körperschema verschwinden. Nachdem das kindliche Gehirn die Unterscheidung von Körper und Nichtkörper etabliert hat, lernt es etwa ab dem dritten Lebensjahr, dass es eine Welt von Zuständen gibt, die weder Körper noch Nichtkörper sind, die von den Erwachsenen »Denken«, »Vorstellen«, »Erinnern« und »geistig« genannt werden. Das ist für das Kindergehirn sehr geheimnisvoll, weil Kinder als Psychorealisten denken, dass die Dinge genau so sind, wie sie erlebt werden. Erst mit der Zeit lernt das Kind zu erkennen, dass es auch Gedanken gibt, dass Träume nicht Realität sind, dass Wünsche nicht unbedingt in Erfüllung gehen. Zur magischen Sicht tritt also die realistische Sicht auf die Welt hinzu. Dieser Prozess dauert bei Kindern oft sehr lange.

MATTHIAS ECKOLDT: Manche Menschen weigern sich ihr Leben lang, die magische Weltsicht abzulegen und der Realität Einzug in ihr Leben zu gewähren.

GERHARD ROTH: Allerdings. Unsere Sprache ist ja voll von diesen magischen Ritualen. Wir wünschen einander einen guten Tag. Warum eigentlich? Wir tun so, als ob Wünsche etwas helfen.

MATTHIAS ECKOLDT: So betrachtet, haben diese Redewendungen den Charakter von Beschwörungsformeln. Da fällt mir der Titel von Peter Handke ein: *Als das Wünschen noch geholfen hat.*

GERHARD ROTH: Das waren schöne Zeiten [lacht]. Das sind magische Beschwörungsformeln, deren ursprüngliche Bedeutungen uns gar nicht bewusst sind. Für die Realisierung der Unterscheidung zwischen Geist und Materie braucht ein Kind vier bis fünf Jahre. Dabei lernt es, dass die Gedanken nicht die Realität und die Realität nicht unbedingt die Gedanken sind. Diese Unterscheidung ist hochgradig konstruiert. Jetzt schlagen wir den Bogen zur Frage: Der Philosoph verlangt, dass wir anschaulich begreifen, wie aus der Materie die Gedanken entstehen. Da fragt sich das Hirn: Jetzt habe ich mich so lange abgemüht, das beides zu unterscheiden, nun soll ich darlegen, wie das eine aus dem anderen hervorgeht oder sogar mit ihm identisch ist? Das geht einfach nicht, weil unser Gehirn auf die Unterscheidung von Geist und Materie getrimmt wurde.

MATTHIAS ECKOLDT: Aus Ihrer Sicht wäre dann das Leib-Seele-Problem oder Geist-Materie-Problem lediglich ein entwicklungspsychologischer Tatbestand, aus dem sich gar keine sinnvolle Frage ableiten lässt?

GERHARD ROTH: Es mag ja eine sinnvolle philosophische Frage sein, aber sie ist entwicklungspsychologisch und auch neurobiologisch erklärbar.

MATTHIAS ECKOLDT: Aber dann bleibt die alte Frage letztlich doch offen. Wenn man die kausale Geschlossenheit der Welt voraussetzt, also die Idee, dass jede Wirkung eine Ursache haben muss, dann ist es legitim zu fragen, wie materielle, ihrem Wesen nach räumliche Prozesse auf mentale, ihrem Wesen nach nichträumliche Zustände wirken sollen!

GERHARD ROTH: Das ist eine falsch gestellte Frage.

MATTHIAS ECKOLDT: Ich würde eher sagen, das ist die Kurzfassung des Geist-Materie-Problems in der Philosophie.

GERHARD ROTH: Die Frage ist sinnlos, weil ihr ein Materiebegriff zugrunde liegt, der nicht zeitgemäß ist. Die heutige Physik hat den alten Materiebegriff längst aufgegeben. Umgangssprachlich wird Materie mit Masse gleichgesetzt, mit etwas, das man anfassen kann. Viele materielle Zustände sind jedoch masselos. Licht beispielsweise. Licht ist fraglos materiell als eine Menge physikalisch definierter Teilchen, hat aber Eigenschaften, die mindestens so merkwürdig sind wie die des Bewusstseins. In der Physik wird »Materie« als das definiert, was mithilfe physikalischer Methoden beschreibbar ist, gleichgültig ob es Masse besitzt oder masselos ist. Immaterielle Dinge gäbe es in diesem Zusammenhang nur dann, wenn gezeigt werden könnte, dass es Phänomene gibt, die in ihren Eigenschaften und Wirkungen mit keinerlei physikalischen Methoden zu beschreiben sind. Solche Phänomene gibt es aber nicht. Kein Mensch weiß genau, was Licht wirklich ist, niemand weiß, was genau Gravitation ist, aber niemand würde bezweifeln, dass es in beiden Fällen um Eigenschaften der Materie geht, da diese Phänomene physikalisch beschreibbar sind.

MATTHIAS ECKOLDT: Aber gerade die Astrophysiker haben ja entdeckt, dass 90 % der Materie im All sogenannte dunkle Materie sein müssen, von der man nicht weiß, welchen Gesetzmäßigkeiten sie folgt.

GERHARD ROTH: Moment! Wenn man Materie als operational beschreibbar konzeptualisiert, heißt das ja nicht, dass das zugrunde liegende physikalische Weltbild geschlossen sein muss. Egal, was dunkle Materie sein mag, wenn sie nicht mit der herkömmlichen Materie wechselwirken würde, wüsste man nichts von ihr. Sie mag also beliebig viele Eigenschaften haben, die man nicht kennt, aber man kennt zumindest diese eine Eigenschaft der Wechselwirkung. Auf welche Weise sich diese Wechselwirkung realisiert, mag unklar sein, aber dann wird einfach das physikalische Weltbild erweitert. Genauso verhält es sich mit Bewusstsein. Wir wissen, dass Bewusstsein unter spezifischen physikalisch-chemischen Bedingungen entsteht, die wir angeben können. Es gibt kein Phänomen des Bewusstseins, das nicht durch physikalische Eingriffe kontrolliert werden kann. Nehmen Sie nur die Narkosetechnik. Man weiß dabei genau, was passieren muss, damit Bewusstseinszustände sich verändern.

MATTHIAS ECKOLDT: Aber man kann es nicht erzeugen.

GERHARD ROTH: Okay, aber man kann es kontrollieren.

MATTHIAS ECKOLDT: Aber das Rätsel an der Sache bleibt trotzdem.

GERHARD ROTH: Man weiß, dass die Inhalte und Funktionen von Bewusstsein physikalischen Gesetzmäßigkeiten unterliegen. Wenn ich im Hirn eine bestimmte Stelle errege, kann ich grob und manchmal sogar genau voraussagen, was der Proband erleben wird. Insofern kann ich sagen: Bewusstsein ist ein physikalisches Phänomen, weil es sich innerhalb der physikalischen Welt bewegt. Dazu muss ich nicht wissen, was genau Bewusstsein dem Wesen nach ist. Insofern ist ein strenger Dualismus im metaphysischen Sinn nicht aufrechtzuerhalten.

MATTHIAS ECKOLDT: Trotzdem aber wissen Sie nicht, was Bewusstsein ist.

GERHARD ROTH: Nein, aber das wissen wir bei der Schwerkraft auch nicht. Für mich ist ausreichend, dass im Gehirn bestimmter Tiere und Menschen unter spezifischen Bedingungen das Phänomen Bewusstsein auftritt und bestimmte Funktionen erfüllt. Die Frage nach dem Wesen überlassen wir den Philosophen. Es war ein großer Fortschritt der neuzeitlichen Wissenschaften, sich von der Wesensfrage zu verabschieden, denn diese Frage setzt voraus, dass wir unsere Erlebniswelt transzendieren könnten.

Was das Ich von sich weiß

Matthias Eckoldt: Einverstanden. Trotzdem noch einmal eine Frage zum Akteur beim Bewusstsein. Sie gehen davon aus, dass das Ich eine Instanz ist, die ihren Produzenten leugnet. Die Begründung dieser These sehen Sie unter anderem in den Libet-Versuchen, bei denen eine Versuchsperson gebeten wird, zu einem von ihr selbst gewählten Zeitpunkt eine Handbewegung auszuführen. Diesen Zeitpunkt hält sie mithilfe einer Oszilloskop-Uhr fest. Dabei zeigt sich schon etwa 350 Millisekunden vor der bewussten Entscheidung ein Bereitschaftspotenzial. Die Versuchsperson hatte also den bewussten Entschluss zur Ausführung der Handlung deutlich nach der Einleitung der Bewegung durch neuronale Prozesse gefällt. Interpretiert man die Libet-Versuche in dieser Weise, verwundert es ein wenig, dass das Ich so tut, als ob es bewusst und autonom handelt.

Gerhard Roth: Das Ich ist eine wichtige Instanz, denn ohne diesen virtuellen Akteur, wie ich ihn gern nenne, könnten wir sozial nicht bestehen. Es ist aber nur ein *virtueller* Akteur, gewissermaßen eine Lupe, ein Hilfsmittel, das selbst nichts tut. Das Ich ist, wenn man es zynisch sagen will, eine Benutzeroberfläche, mit der man Dinge besser handhaben kann. Es gibt da viele Metaphern, wenn man das veranschaulichen will, aber alle haben eins gemeinsam: Das bewusste Ich ist ein Werkzeug für das Unbewusste, damit es komplexe Situationen besser meistern kann.

Matthias Eckoldt: Speist sich diese Ihre kühne These nur aus den in philosophischen wie neurobiologischen Fachkreisen äußerst kontrovers diskutierten Libet-Versuchen?

Gerhard Roth: Nein. Wenn Sie sich die Großhirnrinde angucken, dann sehen Sie, dass die Verknüpfungen ihrer Neurone untereinander über einhunderttausendmal dichter sind als die ein- und ausgehenden Signale. Das heißt, alles, was für den Beobachter aus dem Unbewussten in das Bewusstsein eindringt, erlebt das Bewusstsein in sich und schreibt sich das als eigenen Zustand zu.

Matthias Eckoldt: Was bedeutet diese Einbahnstraßen des Signalflusses konkret? Beispielsweise für meine Wünsche?

Gerhard Roth: Das bedeutet, dass Sie Ihre Wünsche nicht ins Unbewusste hineinverfolgen können. So bleibt dem Ich nichts anderes übrig, als sich all die Wünsche und Handlungsentwürfe, die aus dem Unbewussten kommen, selbst zuzuschreiben. Darin besteht die Illusion: *Ich* tue das, *ich* erlebe das, *ich* will das jetzt so.

MATTHIAS ECKOLDT: Das hätte Nietzsche als eine Lüge im außermoralischen Sinne bezeichnet.

GERHARD ROTH: Genau. Es geht hier um ein Lügen ohne Vorsatz. Es sind Illusionen, aber es sind sehr nützliche Illusionen. Wenn man die Ich-Instanz zerstört, kann der Mensch nicht mehr in komplexen Situationen handeln. Das wäre in etwa so, als wenn man jemandem, der ein kompliziertes Verkehrssystem leitet, seinen Computer wegnimmt. Dann ist er verloren.

MATTHIAS ECKOLDT: Wenn das Ich aber nur sehr begrenzt Einsicht in die Antriebe unseres Verhaltens hat, ergibt sich daraus notwendig, dass die subjektiv empfundene Freiheit des Wünschens, Planens und Wollens eine Illusion ist.

GERHARD ROTH: Richtig, aber das ist nicht meine Entdeckung. Das hat Freud schon vor über 100 Jahren gesagt und vor ihm andere. Wenn man als Hirnforscher das Ich genauer betrachtet, ist alles sogar noch viel schlimmer [lacht].

MATTHIAS ECKOLDT: Das interessiert mich!

GERHARD ROTH: Die Undurchdringlichkeit des Ich nimmt für mich zu, je mehr ich als Forscher und beruflich damit zu tun habe. Für ein Projekt in der Industrie führe ich beispielsweise Interviews mit Vorstandsvorsitzenden von großen Firmen durch. Da versuche ich, in anderthalb Stunden herauszubekommen, was die Leute wirklich antreibt. Ich bin jedes Mal aufs Neue sehr erschrocken, wie undurchdringlich für die Person selbst ihre eigene Triebstruktur ist.

MATTHIAS ECKOLDT: Die Triebstruktur gehört ja nach Freud auch zum Es, nicht zum Ich. Sprechen denn aus hirnwissenschaftlicher Sicht gute Argumente für die Trias von Freud? Also das Über-Ich, das Es und das Ich, das für ihn die schwächste Instanz war.

GERHARD ROTH: Aus unserer Sicht sind es eher vier Instanzen. Es gibt das Es, das völlig unbewusst ist, es gibt das bewusste Ich, das sich in etwa so darstellt, wie Freud es meinte. Das Über-Ich können wir im orbitofrontalen Cortex orten. Was Freud nicht gesehen hat, ist die Intuition. Die ist als eine vorbewusste Instanz bisher völlig unterschätzt worden. Freud ging davon aus, dass in der Psychotherapie das Unbewusste bewusst werden kann. Das ist ein großer Irrtum. Man kann nur das, was aktuell nicht bewusst ist, sich aber in unserem bewusstseinsfähigen Gedächtnis befindet, bewusst machen. Da geht es vor allem um das Intuitive. Das wird in der Therapie bewusst gemacht.

Verräterische Intuition

MATTHIAS ECKOLDT: Ich verstehe den Unterschied an dieser Stelle noch nicht ganz. Das Intuitive würden Sie als eine Art Halbbewusstsein bezeichnen, während das Unbewusste uns gänzlich unzugänglich ist?

GERHARD ROTH: Ich kann jemanden dazu bringen, dass er sich an etwas erinnert, was ihm eines vergangenen Tages einmal bewusst war. Aber ich kann nichts aus der Amygdala, also aus dem tiefen Unbewussten, ins Bewusstsein hervorholen.

MATTHIAS ECKOLDT: Warum nicht?

GERHARD ROTH: Weil die Informationen, die da gespeichert sind, überhaupt nicht sprachlich codiert sind. Da kommt man so nicht ran.

MATTHIAS ECKOLDT: Ich ringe immer noch mit dem Terminus »Intuition«. In der Psychotherapie geht es doch letztlich darum, störende, krank machende Denk-, Wahrnehmungs- und Verhaltensmuster bewusst zu machen. Wenn man versteht, dass diese Muster in früher Kindheit einmal überlebenswichtig gewesen sein mögen, nun aber nur noch hinderlich sind, ist man sukzessive auf dem Weg der Besserung. Das hat aus meiner Sicht aber mit Intuition nichts zu tun.

GERHARD ROTH: Da muss man unterschieden. Wenn ich mit Personen Interviews mache, gibt es drei Ebenen der Kommunikation. *Erstens* die Ebene, die jetzt zwischen uns herrscht. Wir reden miteinander. *Zweitens* gibt es noch die Ebene, in der wir denken und fühlen, während wir reden. Es könnte sein, dass ich ziemlich genau das sage, was ich denke oder fühle. Das muss aber nicht sein. Ich könnte Ihnen jetzt die Dinge anders darstellen, als ich sie denke und fühle.

MATTHIAS ECKOLDT: Das machen wir in der Regel auch so, und das Produkt dieses Prozesses nennt man Kommunikation, in der es ja nicht zuerst um Informationsübermittlung geht.

GERHARD ROTH: Nun muss man aber, wenn man mit einem Menschen spricht und herausbekommen möchte, ob er etwa für eine Führungsposition geeignet ist, nicht nur auf das hören, was er sagt, sondern auch das zu erfassen versuchen, was er denkt und fühlt, während er mit mir spricht. Das ist nicht ganz einfach, man kann aber aus der Art, wie Dinge gesagt werden und welche Dinge nicht gesagt werden, Rückschlüsse auf das eigentlich Gemeinte ziehen.

MATTHIAS ECKOLDT: Wenn also etwas zu schnell oder zu langsam oder stockend oder gar nicht gesagt wird. Sie hören gleichsam nur auf den Ton, der die Musik macht.

GERHARD ROTH: Wenn man ein wenig Erfahrung darin hat, kann man sogar recht genau sehen, ob jemand lügt. Diese Ebenen sind aber dem Interviewten selbst noch zugänglich. Was ihm hingegen überhaupt nicht zugänglich ist – und das ist die *dritte* Ebene –, sind seine tiefen Motive und Persönlichkeitsstrukturen. Darüber hat er keine Kontrolle. Ebenso wenig über wesentliche Teile seiner Mimik, seiner Gestik, seiner Körperhaltung. Ich kann natürlich nicht in sein Gehirn schauen, aber ich weiß aus der Forschung einiges über das limbische System. Dieses Zentrum ist sprachlich nicht zugänglich, sendet aber deutliche Signale über die nichtsprachliche Kommunikation aus. Wenn ich darauf trainiert bin, dann kann ich die auch zumindest begrenzt wahrnehmen. Da geht es um 300 bis 500 Millisekunden, in denen die Mimik nicht lügen kann.

MATTHIAS ECKOLDT: So lange dauert es, bis die eigene Reaktion auf der Bewusstseinsebene erscheint. Das erinnert an die 350 Millisekunden aus den Libet-Versuchen, wo genau diese Zeitspanne vor der bewussten Einleitung von Handlungen Aktivitäten in subcortikalen Schichten registriert wurden.

GERHARD ROTH: Man kann die unbewussten Reaktionen in Slow-Motion-Videos sehr gut sehen. Da sagt einer zu einem anderen: »Wie ich mich freue, heute mit Ihnen reden zu können!« In der Zeitlupenanalyse sieht man dann, wie sich die Oberlippe ein klein wenig nach oben zieht. Dies zeigt an, dass der Person das Treffen zuwider ist. Ekel, Abscheu, Unwille bringen in diesen ersten 500 Millisekunden Reaktionen hervor, die er nicht unterdrücken kann. Das kommt direkt von seiner Amygdala und ist völlig unabhängig von dem, was er sagt. Wir erleben das in Begegnungen auch intuitiv.

MATTHIAS ECKOLDT: In welcher Weise?

GERHARD ROTH: Nehmen Sie eine fiktive Gesprächssituation. Wenn wir hier diskutieren und Sie mir in verschiedenen Punkten recht geben, klingt das ehrlich, aber ich traue dem trotzdem nicht.

MATTHIAS ECKOLDT: Warum?

GERHARD ROTH: Ich habe ein schlechtes Gefühl dabei. Wenn man das analysieren würde, kommt heraus, dass meine eigene Amygdala Ihre Skepsis erfasst hat. Das macht bei mir das schlechte Gefühl.

MATTHIAS ECKOLDT: Und wenn ich aber gar nicht skeptisch bin, hat sich Ihr Unbewusstes getäuscht.

GERHARD ROTH: Das war ja nur ein Beispiel, das nichts mit unserem tatsächlichen Gespräch zu tun hat.

MATTHIAS ECKOLDT: Da bin ich aber erleichtert. Also die Amygdala ist bei Begegnungen für genau das zuständig, was man umgangssprachlich als Chemie bezeichnet, die zwischen zwei Menschen stimmt oder nicht.

GERHARD ROTH: Ja. Die Amygdala kann diese Zustände ins Bewusstsein bringen auf dem Weg über die Intuition. Da kommt etwas gewissermaßen von der untersten Sohle hoch und wird in das, was man Intuition nennt, umgewandelt. So kommt man vom völlig Unbewussten auf die Ebene, die für das Bewusstsein mit Abstrichen wahrnehmbar ist.

Wie es zu Handlungen kommt

MATTHIAS ECKOLDT: Die Amygdala spielt im Schulterschluss mit dem gesamten limbischen System auch eine entscheidende Rolle bei der Handlungsplanung. Wie stellt sich dieser Prozess aus neurowissenschaftlicher Sicht dar?

GERHARD ROTH: Das limbische System hat bei Handlungen das erste und das letzte Wort. Die von dort auftauchenden Gefühle erzeugen in uns Wünsche, Pläne und Absichten und stoßen damit unser bewusstes Denken an. Unser Denken, unseren Verstand, unsere Vernunft setzen wir nur dann ein, wenn Routinen und Gefühle keine tragfähigen Konzepte haben, wenn etwas so komplex ist, dass die Gefühle damit nicht fertig werden, da Gefühle ihrem Wesen nach einfach strukturiert sind. Sie können weder viele Details erkennen noch große Datenmengen schnell miteinander verbinden. An sehr komplexen Abwägungen scheitern die Gefühle, da muss der Verstand eingesetzt werden. Deswegen haben wir auch eine vergleichsweise große Großhirnrinde. Dort sitzt ein ungeheuer großer assoziativer Speicher, der viele Datenmengen aus verschiedenen Sinnesmodalitäten unglaublich schnell verknüpfen kann. Aber Wissen allein ist nutzlos, irgendwann muss gehandelt werden. An dieser Stelle schaltet sich das limbische System wieder ein und entscheidet, was aufgrund des angehäuften Wissens getan wird.

MATTHIAS ECKOLDT: Das Bewusstsein ist also aus Ihrer Sicht lediglich eine Art Großrechner ohne Entscheidungsgewalt? Das klingt ja geradezu nihilistisch. Woher kommen neben Ihrem grundsätzlichen Erkenntnisoptimismus diese Facetten der Ernüchterung?

GERHARD ROTH: Die Ernüchterung fußt auf der Erkenntnis, dass sich unser Bewusstsein ständig hinsichtlich der eigenen Motive betrügt. Wir schreiben uns sehr viele Dinge zu, und die eigentlichen Motive sind viel direkter. Viele edle Antriebe werden vorgegeben, und die eigentlichen egozentrierten Determinanten unseres Verhaltens sind: Macht, Ruhmsucht, Geldgier, Neid, Missgunst, Aggressivität, Sexualität. Das wird alles in unserer Kultur unglaublich geschickt verpackt.

MATTHIAS ECKOLDT: Hinter allen edlen Motiven steht im Kern die Sucht nach Liebe und Anerkennung durch die Gruppe?

GERHARD ROTH: Ja, die ist für uns Affen, die wir letztlich noch sind, elementar. Nichts ist schlimmer für einen Affen, als von seiner Gruppe abgelehnt zu werden. Das haben viele Verhaltensexperimente nachgewiesen. Da kommt es zu schweren Depressionen, manchmal sogar zum Selbstmord. Die Sehnsucht nach Anerkennung ist ebenso elementar. Wir Affen zittern immer vor dem möglichen Verlust der Anerkennung durch den anderen. Das ist das Schlimmste, was uns passieren kann.

Operationalisierte psychodynamische Diagnostik

MATTHIAS ECKOLDT: Damit sind wir mitten in der Methode der operationalisierten psychodynamischen Diagnostik, kurz OPD, mit der Sie sich in mehreren Projekten intensiv befassen. Dabei geht es um die Tiefenanalyse von Persönlichkeitsstrukturen. Übertragungsmuster, innere Konfliktkonstellationen und strukturelle Bedingungen wurden durch die OPD messbar, sodass damit ein diagnostisches Manual für alle Formen psychischer Erkrankungen vorliegt. Was genau interessiert Sie daran als Hirnforscher?

GERHARD ROTH: Die OPD ist ja erst einmal nur ein Diagnoseverfahren. Es kann dazu dienen, die vom Bewusstsein kreierten Berichte der Leute um genau das zu ergänzen, was nicht gesagt wird. Ich frage Sie: »Herr Eckoldt, wie geht es Ihnen denn so?« »Prima! Großartig!« Ich habe aber den Eindruck, dass dem nicht so ist, frage nach, und es stellt sich heraus, dass es Ihnen gar nicht so großartig geht. Da gibt es also die oberste Ebene und dann die tiefe, strukturelle Ebene, die man nur nonverbal erschließen kann. Dafür ist die OPD sehr hilfreich. Manfred Cierpka und ich konnten diese Zusammenhänge auch direkt in den Hirnstrukturen lokalisieren.

MATTHIAS ECKOLDT: Sie sind ja als Hirnforscher mit der OPD ins Personalmanagement eingestiegen. Das ist eine durchaus ungewöhnliche Karriere. Was hat Sie dazu veranlasst?

GERHARD ROTH: Ich habe auf Wunsch der Personalleitung mit einem großen DAX-Unternehmen gearbeitet. Der konkrete Anlass war, dass in diesem Unternehmen mit 300 000 Mitarbeitern und Hunderten Milliarden Umsatz in der obersten Etage ein ständiges Kommen und Gehen war. Die bisherigen Unternehmensberater konnten das nicht erklären. Nun sollte ich herausbekommen, woran das lag. Ich habe mich eingearbeitet und entsprechende Interviews in der Chefetage geführt. Jeweils anderthalb Stunden nach dem OPD-Schema.

MATTHIAS ECKOLDT: ... das eigentlich für die Diagnostik psychischer Erkrankungen entwickelt worden war.

GERHARD ROTH: Deshalb nennen wir unsere Methode auch »ad personam«, weil wir erst einmal davon ausgehen, dass die Leute, mit denen wir zu tun haben, nicht psychisch krank sind. Ich habe da rasch ziemlich viel Auswertbares gefunden. Nun habe ich bei einem anderen großen Dax-Unternehmen einen ähnlichen Job, wo ich gerade ein Konzept für die Personalauswahl und Motivationsstruktur entwickele. Warum die bisherigen Personalkonzepte nichts taugen, habe ich mit Kollegen sehr genau analysiert.

MATTHIAS ECKOLDT: Dass Sie sich als renommierter Hirnforscher um das Personalmanagement eines Großunternehmens kümmern, lässt meine Amygdala rebellieren, und mich beschleicht ein ungutes Gefühl. Irgendwie klingt das in meinen Ohren nach Unterforderung und Verschwendung intellektueller Ressourcen.

GERHARD ROTH: Dazu muss ich sagen, dass ich anfangs nicht beabsichtigt hatte, die Interviews selbst zu führen. Ich habe dem Vorstand gesagt, dass ich Ihnen gern und ausführlich erklären kann, was schiefläuft, dass die Interviews aber von meinen Kollegen gemacht werden, also von Psychiatern, Psychotherapeuten und Psychologen. Diese Leute aber sind in solchen Unternehmen schlicht nicht erwünscht. Man will dort keine weißen Kittel sehen und keine Couch. Man will nicht den Geruch der Psychotherapie im Haus haben. Die haben mich geradezu genötigt, dass ich die Interviews selbst mache. Dann mussten mich meine Kollegen entsprechend trainieren, und ich habe die Interviews geführt.

MATTHIAS ECKOLDT: Warum ist denn Ihre spezielle Variante des OPD-Verfahrens wirksamer als andere Personalmanagement-Strategien?

GERHARD ROTH: Die anderen Konzepte basieren zum großen Teil auf Online-Assessment am Bildschirm. Aber häufig sind diese Verfahren nicht von Fachleuten entwickelt worden, und außerdem beruht das Ganze auf Selbstauskünften. Wenn man als Befragter da halbwegs intelligent ist, weiß man, was man ankreuzen oder sonst wie angeben muss, um zu bestehen. Man kann sich bei den meisten Online-Erhebungen genau so darstellen, wie man sich dargestellt sehen möchte. Selbst wenn man sehr ehrlich wäre, was niemand ist, wenn er einen bestimmten Job bekommen will, hat man zu den wichtigsten Eigenschaften der eigenen Persönlichkeit keinen direkten Zugang. Wenn man gefragt wird, ob man zuverlässig ist, sagt man natürlich Ja. Deshalb braucht man ein Verfahren, mit dem man in diese tieferen Etagen kommt.

MATTHIAS ECKOLDT: Mit den tieferen Etagen meinen Sie das Hinabsteigen ins Unbewusste des anderen?

GERHARD ROTH: Damit meine ich die mimische, nonverbale Kommunikation. Es geht darum zu protokollieren, was jemand sagt, wie er das sagt, was er nicht sagt und wie er dabei wirkt.

Der »Visible Scientist«

MATTHIAS ECKOLDT: Können Sie mit der Beschreibung des »Visible Scientist« als eines neuen Typus von Wissenschaftler, der auch außerhalb der Wissenschaft sichtbar wird, etwas anfangen? Das trifft ja in hohem Maße auf die Hirnforscher zu, die teilweise geradezu als Experten für das soziale Miteinander gehandelt werden.

GERHARD ROTH: Hirnforscher erscheinen zurzeit in der öffentlichen Wahrnehmung als Experten für alles und jedes. Ich bekomme jeden Tag im Durchschnitt drei bis vier Anfragen für Vorträge oder Anfragen zu psychologischen Problemen. Meine Mitarbeiter können kaum etwas anderes machen, als Absagen zu schreiben.

MATTHIAS ECKOLDT: Wie kann man Sie denn überzeugen, einen Vortrag zu halten?

GERHARD ROTH: Wir gehen nach drei Regeln vor: Erstens muss der Kontext seriös sein, dann muss mich das Thema wirklich interessieren. Wenn ich beispielsweise zum Thema Glück oder Trauer oder zum Weltfrieden oder zu Afghanistan oder Griechenland angefragt werde, sage ich sofort ab. Wenn mich also das Thema nicht so interessiert, dass ich den Vortrag auch umsonst halten würde, stellt sich drittens die Frage nach der Höhe des Honorars. Warum soll ich für 500 Euro brutto von Bremen nach München fahren und dafür zwei Tage investieren, wenn ich auf das Honorar noch rund 50 % Steuern zahlen muss? Außerdem erhöhen Absagen den eigenen Marktwert.

MATTHIAS ECKOLDT: Wie erklären Sie sich die hohe Medienaffinität der Hirnforschung?

GERHARD ROTH: Hirnforschung ist einfach »in« – und zwar schon viel zu lange. Die Sicherheit, mit der viele meiner Kollegen in der Vergangenheit aufgetreten sind, hat dazu beigetragen. Inzwischen halten sich Leute wie Wolf Singer sehr zurück, während andere Neurobiologen – oder jene, die sich als solche ausgeben –, ununterbrochen produzieren. Mir persönlich macht es nur noch Spaß, von meinem Expertenwissen aus zu reden. Ich halte viele Vorträge über Psychotherapieforschung, weil wir da große Untersuchungen gemacht haben. Da weiß ich, worüber ich etwas sagen kann. Über Glück rede ich nicht. Das können Kollegen von mir machen, die in der Regel gar nicht darüber arbeiten, aber sollen sie ruhig. Ich versuche, nur von Dingen zu reden, von denen ich wirklich durch meine Forschung oder meine Lektüre im Detail etwas verstehe.

»Man muss unbedingt aufpassen, dass man sich nicht dazu hinreißen lässt, Antworten zu geben, obwohl man sie noch nicht hat«

Angela D. Friederici über den Spracherwerb, eine Begegnung mit Noam Chomsky und das Ende der Hirnkarten

Prof. Dr. Dr. h. c. Angela D. Friederici ist Jahrgang 1952. Sie studierte Germanistik und Psychologie an den Universitäten Bonn und Lausanne. Seit 1994 ist sie Direktorin des MPI für Kognitions- und Neurowissenschaften in Leipzig. Sie ist Mitglied der Berlin-Brandenburgischen Akademie der Wissenschaften und der Deutschen Akademie der Naturforscher Leopoldina. Sie gibt verschiedene internationale Zeitschriften (u. a. Brain and Language, Brain and Cognition, Cognitive Neuroscience, Frontiers in Auditory Cognitive Neuroscience, Trends in Cognitive Science*) mit heraus. Ihr Hauptarbeitsgebiet ist die Neurokognition der Sprache.*

Wie aussagekräftig sind bildgebende Verfahren eigentlich?

MATTHIAS ECKOLDT: Die öffentliche Karriere der Hirnforschung ist unmittelbar mit den bunten Bildern verbunden, die uns die MRT liefert. Diese Bilder haben jedoch einen trügerischen Charakter, da es durch die Einfärbungen so aussieht, als wären jeweils nur kleine Teile des Hirns während eines Experiments aktiv.

ANGELA D. FRIEDERICI: Da haben Sie recht. Das Gehirn ist im Grunde genommen dauernd aktiv. Frau Gabriele Lohmann hier im Haus hat es einmal auf den Punkt gebracht, als sie sagte: »Wenn wir uns Hirnaktivierung von Experimenten anschauen, wo Bedingung A mit Bedingung B verglichen wird, erklärt der Anstieg der Aktivität zwischen A und B eigentlich nur 15 % bis 20 % der Varianz.«

MATTHIAS ECKOLDT: Das ist ziemlich wenig und auch recht irreführend, denn die MRT-Bilder suggerieren eher eine scharfe Trennung zwischen aktiven und nichtaktiven Stellen.

ANGELA D. FRIEDERICI: Genau, darum ist es wichtig, dass man sich diesen Sachverhalt klarmacht. Die offene Frage ist, was mit den restlichen 80 % bis 85 % der Aktivierung ist. Ist die jetzt überall im Hirn gleich verteilt? Nein, wenn man sich die Restaktivierung im Gehirn anschaut, stellt man fest, dass die eben nicht total zufällig ist. Nehmen wir ein Sprachverstehensexperiment. Der Anstieg der Aktivierung in einzelnen Arealen zeigt dann zum Beispiel die Reaktion auf einen semantisch falschen versus einen semantisch richtigen Satz an. Wenn man jetzt aber eine Reihe von Sprachexperimenten mit visuellen Experimenten vergleicht, ohne zu schauen, was da im Einzelnen getestet wurde, dann sieht man, dass es unterschiedliche zugrunde liegende Netzwerke für sprachliche und nichtsprachliche Experimente gibt. Und die haben wir »Default-Netzwerk« genannt. D. h., wenn wir jetzt hier sprechen, ist wahrscheinlich in unseren beiden Hirnen das gesamte Sprachnetzwerk voraktiviert, und nur die spezifischen Informationen, die Sie sich jetzt rausziehen aus dem, was ich Ihnen sage, bedingen dann die Aktivierung in einzelnen Arealen.

MATTHIAS ECKOLDT: Das heißt also, für die schwierigen Passagen, die ich teilweise nicht verstehe, brauche ich die restlichen 20 %?

ANGELA D. FRIEDERICI: Ja, so könnte man sagen. Das ist natürlich unterschiedlich von Bedingung zu Bedingung oder auch von Probandengruppe zu Probandengruppe. Also, wenn ich mir Kinder anschaue oder auch Erwachsene, die das Deutsche nur als Zweitsprache gelernt haben, sind natürlich sehr viel größere Hirnregionen aktiv als bei jenen, die hoch automatisiert mit der Muttersprache umgehen können.

MATTHIAS ECKOLDT: Was sagen Sie eigentlich zu dem Argument, dass bei der MRT nur eine bestimmte Gruppe von Personen untersucht wird, weil sich 20 % wegen Platzangst und anderen Phobien gar nicht erst in eine Röhre legen? Ist das eine Zahl, die Sie interessiert?

ANGELA D. FRIEDERICI: Das ist jetzt eine klinische Frage. Das müsste man mal eine Arbeitsgruppe, die sich mit Phobien beschäftigt, fragen, und man müsste überlegen, ob es bei diesen interessanten Personen vielleicht auch andere Hirnbedingungen geben könnte. Dazu können wir natürlich nichts aussagen, da es jedem freisteht, in den Scanner zu gehen oder nicht. Bei uns ist die Zahl derer, die nach der Aufklärung reingehen, wesentlich größer als die Zahl derjenigen, die sich nicht in die Röhre legen, sodass wir in unseren Studien schon den Großteil der Bevölkerung repräsentieren.

Sprache und Musik

MATTHIAS ECKOLDT: Wie ist das im Vergleich von Sprach- und Musikverarbeitung? Mich haben Versuche von Ihnen sehr beeindruckt, bei denen man sehen konnte, dass Säuglinge, die ja per definitionem noch nichts davon wissen konnten, richtige von falschen Oktaven unterscheiden konnten.

ANGELA D. FRIEDERICI: Wir konnten zeigen, dass die Gehirne von Säuglingen registrieren, wenn die Harmonie auseinanderbricht.

MATTHIAS ECKOLDT: Das ist jetzt vielleicht ein bisschen übertrieben, aber könnte man sagen, dass das wohltemperierte Klavier in der Hirnstruktur bereits angelegt ist?

ANGELA D. FRIEDERICI: Ob das wohltemperierte Klavier in der Hirnstruktur eingeschrieben ist, wissen wir nicht. Aber wir wissen, dass das Gehirn von Säuglingen einiges leisten kann, sowohl im Bereich Musik als auch im Bereich Sprache. Wir haben jetzt neue Daten, die zeigen, dass Kinder im Alter von vier Monaten syntaktische Relationen zwischen Elementen im Satz lernen. Ich gebe mal ein Beispiel: »He is singing«, wenn vorne »is« steht, dann muss ich im Englischen hinten an das Verb »-ing« dranhängen. »He is sings« ist natürlich falsch, und die Frage ist nun: Wie kann man solche Relationen lernen? Damit sind wir nahe an der Musik. Man kann die sprachlichen Gesetzmäßigkeiten aufgrund von akustischen Regularien lernen. Wenn man immer wieder Sätze hört, wo vor dem Verb das »is« und hinter dem Verb das »-ing« kommt, dann bekommt man irgendwann die Regelhaftigkeit heraus. Wir haben zum Beispiel deutsche Kleinkinder aus deutschen Familien einige Regeln der italienischen Syntax lernen lassen. Die lernen das innerhalb von einer Viertelstunde. Rein passiv, nur indem sie korrekte Sätze hören. Danach präsentieren wir korrekte und inkorrekte Sätze, und was wir an den Hirnaktivitäten der Kinder sehen, ist, dass sie die korrekten von den inkorrekten unterscheiden. Das Hirn ist darauf aus, solche Regeln zu erkennen. Also, erst lernt man lautliche Abhängigkeiten, und in einem zweiten Schritt erkennt man dann, dass diese lautlichen Abhängigkeiten auch eine grammatische Bedeutung haben.

MATTHIAS ECKOLDT: Aber wenn ich mich recht erinnere, dann ist es bei den Harmonien gerade nicht so, dass Ihre wenige Tage alten Probanden die Regeln erst erlernen, sondern das Beeindruckende war für mich, dass die mit der Geburt schon richtige von schiefen Harmonien unterscheiden können.

ANGELA D. FRIEDERICI: Sie sprechen hier eine Studie zur Musikverarbeitung an, in der Herr Kölsch, zusammen mit Frau Perani, in Mailand Neugeborene untersucht hat. Hierbei wurden jetzt keine kleinen Harmoniesprünge untersucht, sondern größere Verletzungen in den musikalischen Sequenzen. Da kann man sehen, dass das neugeborene Gehirn bei musikalischen Regelverletzungen reagiert. Aber wir dürfen nicht vergessen, dass das Kind schon bereits vor der Geburt akustische Informationen wahrgenommen hat. Also, ungefähr sechs Wochen vor der Geburt ist das akustische System voll ausgebildet, und auch im Bauch kann der Fötus somit Musik wahrnehmen.

MATTHIAS ECKOLDT: Und bei der Sprachverarbeitung?

ANGELA D. FRIEDERICI: Bei der Sprachverarbeitung ist es so, dass Neugeborene sehr wohl den Unterschied zwischen zwei Sprachen mit verschiedenen Sprachmelodien erkennen können. Unsere Untersuchungen zeigen, dass Neugeborene den Unterschied merken zwischen einer Sprache, die eine gewisse Sprachmelodie hat, und einer Sprache, bei der wir die Sprachmelodie rausnehmen, was dann so klingt, als ob ein Computer spricht. Das Gehirn reagiert mit den entsprechenden Spracharealen auf den modulierten Sprachinput, wenn die Satzmelodie vorhanden ist, aber das Gehirn interessiert sich überhaupt nicht für den Sprachinput, wenn die Sprachmelodie rausgenommen ist. Auch da gibt es also bei Geburt eine Präferenz für ganz bestimmte akustische Signale.

MATTHIAS ECKOLDT: »Das Gehirn interessiert sich überhaupt nicht« heißt was?

ANGELA D. FRIEDERICI: Keine Aktivierung.

MATTHIAS ECKOLDT: Also ist das Melodische, das Klangliche, offensichtlich extrem wichtig für die Sprachverarbeitung.

ANGELA D. FRIEDERICI: In der Tat. Man merkt das ja auch selber, wenn man sich an ein Kleinkind wendet, dann legt man sehr viel mehr Modulation in seine Stimme, als wenn man mit einem Erwachsenen redet. Es gibt akustische Analysen, die das genau registriert haben und zeigen, dass die Modulation der Stimme sehr viel größer ist, dass ganz bestimmte Wörter, die wichtig erscheinen, mehr betont werden, und dass größere Pausen gemacht werden. All das hilft dem Kind, bestimmte Sequenzen aus dem Sprachstrom herauszusegmentieren.

MATTHIAS ECKOLDT: Wie würden Sie das aus Ihrer wissenschaftlichen Erfahrung einschätzen: Ist es so, dass sich das Sprachverarbeitungssystem in Korrelation mit der Umwelt ausbildet, oder ist es genetisch stark vorstrukturiert und muss dann im Laufe des Spracherwerbs nur wie eine leere Vase befüllt werden?

ANGELA D. FRIEDERICI: Also, das ist eine Riesendiskussion, die bis heute noch nicht abgeschlossen ist. Wir wissen heute aber, dass sehr viel mehr genetisch angelegt ist, als man früher geglaubt hat, da man jetzt Untersuchungen auch mit Neugeborenen machen kann. Wir haben Neugeborene nicht nur im Scanner zu Funktionsmessungen gehabt, sondern wir konnten uns auch die Faserverbindungen zwischen verschiedenen Arealen im Gehirn ansehen. Und da gibt es folgenden interessanten Unterschied zu sehen: Die Kleinkinder aktivieren zwar jene Sprachareale im Temporalcortex, wo akustische Information verarbeitet wird, und zusätzlich auch die Sprachareale im Frontalcortex. Wenn wir uns nun aber die Faserverbindungen angucken zwischen den frontalen Arealen und den Arealen im Temporalcortex, sehen wir große Unterschiede über die Lebensspanne hinweg. Bei Neugeborenen ist, im Gegensatz zu Erwachsenen, die Faserverbindung zwischen diesen Arealen nicht zu sehen. Wir konnten feststellen, dass es selbst im Alter von sieben Jahren, also in einem Alter, in dem Kinder immer noch Schwierigkeiten mit syntaktisch komplexen Sätzen haben, noch deutliche Unterschiede gibt in diesen Faserverbindungen, von denen wir glauben, dass sie für die Verarbeitung von komplexen syntaktischen Strukturen zuständig sind. Jetzt stellt sich natürlich die Frage, was die Henne und was das Ei ist. Deshalb machen wir jetzt eine Studie, in der wir die gesamte Altersspanne von zwei bis acht Jahren untersuchen und uns anschauen, wie sich einerseits die strukturellen Differenzierungen und andererseits die Sprachfunktionen entwickeln.

MATTHIAS ECKOLDT: Was ist dabei das Erkenntnisinteresse?

ANGELA D. FRIEDERICI: Die Frage, die uns interessiert, ist, wie können wir die strukturellen Differenzierungen im Gehirn in Verbindung bringen mit der Entwicklung einzelner sprachlicher Fähigkeiten? Also, es geht um die Frage: Was ist zuerst da, die Faserverbindung (Struktur) oder eine bestimmte sprachliche Fähigkeit (Funktion)?

Bewusst versus unbewusst

MATTHIAS ECKOLDT: Können Sie darstellen, wie sich die bewussten und unbewussten Anteile bei Sprach- und Musikverarbeitung verhalten? Man merkt ja introspektiv in so einem – für mich zumindest – sehr intensiven Gespräch, dass ständig das Bewusstsein aktiv ist. Zugleich registriert man eigentlich gar nicht, dass man spricht.

ANGELA D. FRIEDERICI: Ich glaube, bei uns Erwachsenen ist es so, dass wir die Grammatik automatisiert haben und ihren Einsatz nicht mehr bewusst merken. Sie machen sich jetzt keine großen Gedanken darüber, wenn Sie mir zuhören, ob ich den Satz syntaktisch richtig spreche. Uns passieren auch Fehler, oder wir finden am Ende des Satzes nicht das richtige Verb. Aber trotzdem sind diese Prozesse hoch automatisiert, und sie geben uns Ressourcen frei, damit wir Inhalte verarbeiten können. Die Inhalte verarbeiten sich natürlich besser oder schlechter gemäß dem jeweiligen Vorwissen. Man kann das in Experimenten zeigen. Wenn ich einer Person eine kurze Einleitung gebe, bevor sie einen Text verarbeiten muss, versteht sie ihn besser als ohne Einleitung.

MATTHIAS ECKOLDT: Welchen Umfang hat so eine Einleitung? Geht es bis in die semantische Struktur hinein?

ANGELA D. FRIEDERICI: Nein, nicht notwendigerweise, das können auch einzelne Stichworte sein. Das hört sich etwa so an: »Um was geht es hier? Ich sage Ihnen mal drei Stichworte.« Das reicht zum Teil schon, um einen Kommunikationsraum zu eröffnen, in den ich das Gehörte dann besser eingliedern kann. Weil ich mein Vorwissen schon voraktiviert habe.

MATTHIAS ECKOLDT: Mit Kontextwissen.

ANGELA D. FRIEDERICI: Ja.

MATTHIAS ECKOLDT: Das heißt, die Grenze zwischen Bewusstem und Unbewusstem ist fließend!?

ANGELA D. FRIEDERICI: Schon, aber die Syntax, davon können wir ausgehen, die ist relativ unbewusst.

MATTHIAS ECKOLDT: Was fasziniert Sie eigentlich an der Syntax?

ANGELA D. FRIEDERICI: Mich fasziniert dieses System, weil es penibel genau ist, aber wir es trotzdem implizit gelernt haben und es auch implizit gebrauchen. Wenn Sie aber darüber nachdenken, wie ganz bestimmte grammatische Regeln, die Sie täglich benutzen, explizit aussehen, dann werden Sie das kaum beschreiben können.

MATTHIAS ECKOLDT: Das gilt zumindest für Muttersprachler.

ANGELA D. FRIEDERICI: Ja. Was mich daran interessiert, ist: Wie kommt das Gehirn dazu, ein so kompliziertes und feingliedriges System so hochautomatisch zu verwenden beim Produzieren und Verstehen von Sprache? Für die anderen Aspekte, die Sie jetzt angesprochen haben, wo die Grenze zwischen Bewusstem und Unbewusstem fließend ist, da ist das Kontextwissen relevant. Das wird moduliert durch Aufmerksamkeit. Inwieweit das wirklich mit Bewusstsein zu tun hat, da würde ich mich jetzt nicht hinreißen lassen, etwas dazu zu sagen, dazu müsste man erst mal genau definieren, was Bewusstsein ist.

Die Idee und Wirklichkeit der Repräsentation

MATTHIAS ECKOLDT: Die Frage nach dem Bewusstsein ist eine Frage, die ich allen an dem Buch Beteiligten stelle, aber erst am Schluss. Lassen Sie uns noch einen Moment bei der Sprache verweilen. Wie verstehen Sie aus Ihrer Praxis heraus die Art und Weise der Repräsentation der Sprache? Ist es wirklich so, dass wir gewissermaßen ein gewaltiges Wörterbuch im Kopf haben, das wir abrufen können, wenn wir sprechen? Warum aber fallen uns dann manchmal Wörter nicht ein? Warum vergessen wir sie? Was passiert, wenn wir vergessen? Das Wort ist ja trotzdem noch da, man weiß ja, dass man es kennt, man kann es nur nicht zutage fördern. Wie stellt sich dieser ganze Komplex aus Ihrer Sicht dar?

ANGELA D. FRIEDERICI: Das kann man am besten analog erklären zu ganz bestimmten physiologischen Prozessen. Sie wissen, bevor es ein Aktionspotenzial gibt, also bevor ein Neuron reagiert, muss eine ganz bestimmte Aktivierungsschwelle überschritten werden. Für mich würde das in Analogie bedeuten, ein Wort sehr gut abrufen zu können, wenn es sehr schnell die notwendige Schwelle überschreitet. Aber bei einem Wort ist es ja nicht nur ein Neuron, das aktiv ist, sondern mehrere, die zusammenarbeiten. Das ist ein gemeinsamer Prozess. Also, es sind viele Neuronen aktiv, und dann wird der Prozess überschwellig. In einem Fall, in dem mir ein Wort nicht verfügbar ist, sind eben nicht genug Neuronen da, die gleichzeitig aktiv werden, um es über eine ganz bestimmte Zugriffsschwelle zu bringen.

MATTHIAS ECKOLDT: Das ist sicher nicht im eigentlichen Sinne zu verstehen, sondern – wie Sie sagten – als Modell. Aber was ist dann in dieser Sichtweise mit der Repräsentation? Wo ist das Wort?

ANGELA D. FRIEDERICI: Ich glaube schon, dass die Wörter im Gehirn neuronal repräsentiert sind, und zwar durch eine Reihe von Neuronen, die untereinander verbunden sind, und diese Mininetzwerke sind in größeren semantischen Netzwerken mit anderen Mininetzwerken verbunden. Forschungen, die Fehler in der Sprachproduktion in den Fokus nehmen, zeigen sehr deutlich, dass semantische Fehler zumeist durch systematische Fehlverbindungen in semantischen Netzwerken zu erklären sind. Auch die Sprachfehlerforschung im Bereich der Syntax ist ganz interessant, da gibt es auch gemäß ganz bestimmten Theorien nur ganz bestimmte Fehler, die auftauchen dürfen. Beispielsweise werden Sie in einem Satz nie zwei Funktionswörter verwechseln. Die Funktionswörter stehen immer an ihrer Stelle. Wenn Sie sagen wollen »Die Venus von Milo«, dann kann es schon mal passieren, dass Sie sagen »Die Milo von Venus«, aber das »von« wird immer an seiner Stelle stehen. Und die Psycholinguisten haben rekonstruiert, dass man einen syntaktischen Rahmen erstellt, gleichzeitig jene Wörter abruft vom Lexikon, von denen man glaubt, dass man sie braucht, und sie dann in diesen syntaktischen Rahmen setzt. Und da kann es schon mal dazu kommen, dass man zwei Wörter verwechselt. Aber das sind dann zwei Wörter gleicher grammatischer Klasse. Sie verwechseln schon mal ein Nomen mit einem Nomen, aber nie ein Nomen mit einem Artikel. Das ist komplett geregelt im System, und man macht sich da wenig Gedanken drüber, weil es so gut funktioniert.

MATTHIAS ECKOLDT: Aber *wie* das System das macht, da ist man in der Hirnforschung noch nicht sehr weit, man kann nur sehen, *dass* es das macht.

ANGELA D. FRIEDERICI: Ja, man kann nur sehen, dass es das macht. Man kann sehen, welche Gehirnareale aktiv sind. Man weiß, wie diese Hirnareale untereinander interagieren, aber wie das im Einzelnen funktioniert, das ist immer noch eine offene Frage, denn einzelne Neurone können wir im menschlichen Gehirn nicht messen.

MATTHIAS ECKOLDT: Aber wenn Sie sagen, dass man mit der Wörterbuchallegorie richtig liegt, dann müsste es doch so eine Kombinatorik geben. Wenn die und die Neuronen aktiv sind, dann heißt es ...

ANGELA D. FRIEDERICI: Da kann man Modelle bilden, und da gibt es auch Ansätze, die versuchen, *computational models* zu erstellen, um diese Prozesse nachzubilden. Dann hat man in einem solchen Modell vielleicht hundert Knoten oder »Neurone«, aber selbst das ist weit davon entfernt, was das Gehirn an Neuronen zu bieten hat.

MATTHIAS ECKOLDT: Insgesamt 10^{12}, das sind einige Nullen mehr.

ANGELA D. FRIEDERICI: Ja, das sind einige Nullen mehr. Und das macht es dann auch so schwierig, die Prozesse real nachzubilden.

MATTHIAS ECKOLDT: Aber wie weit ist man eigentlich noch vom Ziel entfernt? Nehmen wir mal die Computerallegorie: Wie ein Computer arbeitet, kann man Schritt für Schritt zurückführen, und am Ende steht da eine Kombination von Nullen und Einsen. Der Code, mit dem der Computer arbeitet. Was ist jetzt analog dazu der Code, mit dem das Gehirn arbeitet? Der muss ja analysierbar sein, wenn man von der prinzipiellen Repräsentierbarkeit ausgeht.

ANGELA D. FRIEDERICI: Mit einem Code von Nullen und Einsen arbeitet das Gehirn nicht. Wenn ich von Computermodellen rede, dann meine ich eine Ebene, die über dem Code von Nullen und Einsen liegt. Ich nehme mal das Beispiel der Sprachwahrnehmung. Man hat ja heute

Sprachcomputer, die sind relativ zuverlässig. Im Verstehen muss man sie natürlich trainieren. Auf die eigene Sprache, auf die Übergangswahrscheinlichkeiten, die man zwischen zwei Wörtern hat. Also, alles das basiert auf Wahrscheinlichkeit. Das ist sicherlich keine realistische Modellierung von Sprache. Ich hatte vor 20 Jahren mal eine Diskussion mit Forschern einer großen Computerfirma, die haben gesagt: »Wir gehen in der Modellierung über Wahrscheinlichkeiten! Weil, da kommen wir schneller zum Ziel, und unser Ziel ist mindestens 80 %.« Da sagte ich: »Ist euer Ziel nicht 100 %?« »Doch, schon, je größer die Computer werden, desto mehr Möglichkeiten kann man dann ja ausrechnen.« Die Sprachverstehenscomputer sind jetzt sehr viel besser geworden, aber letztendlich bilden sie noch lange nicht das ab, was das menschliche System leistet. Ich würde mir vorstellen, dass das Computersystem zweifach arbeiten sollte. Einmal sind es sicherlich Probabilitäten, also wie wahrscheinlich ist es, dass ich häufig das eine Wort zusammen mit dem anderen verwende? Aber es gibt auch eine Regelgeleitetheit. Ich hatte neulich eine Diskussion mit einem Doktoranden, den ich zusammen mit der Informatik betreue, der hat über solche probabilistischen Ansätze herausgefunden, dass der Artikel »der, die, das« sehr häufig mit einem Nomen zusammensteht.

MATTHIAS ECKOLDT: Hm. Hätte man wissen können.

ANGELA D. FRIEDERICI: Klar! In jedem Syntaxbuch der Welt steht, dass im Deutschen, im Englischen, im Französischen ein Nomen, wenn es im Satz kommt, vorher einen Artikel braucht. Man kann zwischen den Artikel und das Nomen noch ein Adjektiv setzen, aber sonst gibt es nicht so viele Variationen. Und das fand ich interessant. Da wurde eine hohe *computational power* benutzt, um diese Wahrscheinlichkeit auszurechnen, obwohl die Informatiker die Regeln der Linguistik als Vorannahmen mit in das Modell hätten einfließen lassen können.

MATTHIAS ECKOLDT: Und haben sie dann wenigstens eine sehr hohe Wahrscheinlichkeit ausrechnen können?

ANGELA D. FRIEDERICI: Sie haben eine ganz hohe Wahrscheinlichkeit ausrechnen können zwischen Artikel und Nomen. Sehr hoch.

MATTHIAS ECKOLDT: Erstaunlich.

ANGELA D. FRIEDERICI: Was so ein System vielleicht bräuchte, ist ein zweifacher Ansatz: Ich gebe die syntaktischen Regeln hinein, und dann brauche ich dazu noch Probabilistik oder semantische Plausibilität. Und diese beiden Rechensysteme müssen sich permanent abgleichen. Ich glaube, dass es das Gehirn so macht.

MATTHIAS ECKOLDT: Sie *glauben*!?

ANGELA D. FRIEDERICI: Ich kann es nicht beweisen.

MATTHIAS ECKOLDT: Aber es ist auch schwer, das nachzubauen, weil das Gehirn eben nicht wie ein Computer funktioniert, sondern über diese Netzwerkverbindungen funktioniert.

ANGELA D. FRIEDERICI: Genau. Eins haben wir in den letzten Jahren gelernt: Wir dürfen nicht mehr auf einzelne Hirnregionen schauen, sondern müssen die Region als Teil eines größeren Netzwerks interpretieren, und damit sind wir einen guten Schritt weiter gekommen in der Erklärung.

Wie sich Natur- und Geisteswissenschaft befruchten könnten

MATTHIAS ECKOLDT: Sie hatten das gerade angesprochen, von den Informatikern, die nicht erst einmal bei den Linguisten nachgucken, sondern mit ihren Berechnungen gleichsam bei null beginnen. Hat sich da Ihrer Erfahrung nach was getan an der Grenze zwischen Naturwissenschaft und Geisteswissenschaft? Sie sagen ja, dass Sie sehr viel in der Linguistik recherchiert haben. Also, ich könnte mir vorstellen, dass Chomsky nicht uninteressant ist, wenn es um die Frage geht: Welche Strukturen und Regeln gibt es, und was kann ich da rausholen?

ANGELA D. FRIEDERICI: Ja, wir haben in der Sprachforschung den Vorteil, dass Tausende von Linguisten seit Jahren über die Struktur von Sprache nachdenken. Wenn ich andere kognitive Domänen sehe, wie Aufmerksamkeit oder Gedächtnis, da gibt es nicht so viele detaillierte Theorien. Die Linguistik liefert uns testbare Hypothesen. Das ist ein unschätzbarer Vorteil. Wir haben die Möglichkeit, gerade in der Sprachforschung sehr viel theoriebasierter an Fragestellungen heranzugehen als Forscher in anderen Domänen.

MATTHIAS ECKOLDT: Und da gibt es weder Berührungsängste noch Übersetzungsprobleme?

ANGELA D. FRIEDERICI: Na ja, es kommt auf die Personen an. Mit Chomsky hab ich sie nicht. Aber Chomsky wird von vielen Linguisten und Psychologen oft als jemand gesehen, der nur in seinem Gedankengebäude unterwegs ist. Dabei wird häufig vergessen, dass Chomsky einer der Ersten war, der schon in den 1965ern gesagt hat: »Language is an organ.« Ein Organ. Ein biologisches Organ wie die Leber oder die Lunge. Die Sprache ist dem Menschen eigen. Chomsky hatte immer schon den biologischen Ansatz, und er hat auch versucht, mit seinen Theorien darauf hinzuwirken, dass, wenn wir uns Sprache anschauen, wir uns nicht die Einzelsprachen vornehmen. Wir müssen die Prinzipien finden, die allen Sprachen unterliegen. Weil, sonst sind wir mit der biologischen Annahme falsch. Gib ein Kind in diese oder in jene Kultur, es lernt jede Sprache. Also muss es etwas zugrunde Liegendes geben. Chomsky hat das dann »universal grammar« genannt. Was er damit meinte, war die Fähigkeit, Sprache zu erwerben.

MATTHIAS ECKOLDT: Also das, was Hirnforscher mit der Idee der erfahrungsabhängigen Neuroplastizität erklären können ...

ANGELA D. FRIEDERICI: Ja, das ist es im Grunde. Chomsky hat gesagt, es gibt Parameter, die sind als Grundgerüst vorhanden. Abhängig davon, welche Sprache ich lerne, werden die ganz bestimmten Parameter gesetzt, entweder a oder b oder c. Ich glaube, dass Chomsky häufig falsch verstanden wird. Tecumseh Fitch sagt in seinem Buch *The evolution of language* sogar, dass Chomsky von Anfang an mit Absicht missverstanden wurde, so hat er das formuliert.

MATTHIAS ECKOLDT: Vom Inner Circle der Linguisten, meinen Sie?

ANGELA D. FRIEDERICI: Ja, für viele Linguisten ist es ein rotes Tuch. Viele haben gesagt, er vereinfacht zu sehr, und er nimmt nicht wahr, was an empirischer Forschung läuft. Das stimmt aber nicht. Chomsky liest sehr viel, er ist sehr belesen auch außerhalb der theoretischen Linguistik. Aber er sagt, Empirie, das ist euer Part, darüber mache ich keine Theorie. Ich mache Theorien nur darüber, wovon ich was verstehe.

Fremdsprachen erlernen

MATTHIAS ECKOLDT: Wir haben über Muttersprache geredet. Warum ist es eigentlich schwer und wird mit zunehmendem Alter immer schwerer, eine andere Sprache zu lernen?

ANGELA D. FRIEDERICI: Es hängt wohl damit zusammen, dass wir alle, was die lokalen Vernetzungen im Gehirn angeht, hoch vernetzt zur Welt kommen. Und Lernen besteht darin, dass ich einzelne lokale Verbindungen stärke und andere nicht mehr verwende. Je nach Input. Was ich nicht verwende, wird auch nicht verstärkt. Andere Verbindungen werden dadurch, dass ich sie gebrauche, stärker. Wenn ich jetzt nur in einer Sprache unterwegs bin, dann habe ich ein ganz bestimmtes Netzwerk ausgebildet. Das ist prima für diese eine Sprache ausgerichtet, aber für die zweite schon nicht mehr. Wenn man jetzt früh zwei Sprachen lernt, dann hat man ein Netzwerk, welches insgesamt offener und weniger festgelegt ist, und dann ist es nachher auch einfacher, eine dritte und vierte Sprache zu lernen.

MATTHIAS ECKOLDT: Und warum liegt die Grenze, so sagt man, bei etwa fünf Jahren?

ANGELA D. FRIEDERICI: Da liegt das Netzwerk relativ fest.

MATTHIAS ECKOLDT: Dann ist es geprägt.

ANGELA D. FRIEDERICI: Ja, dann ist es geprägt. Das geht sehr früh los, das Prägen. Ich gebe mal wieder ein Beispiel: Im Deutschen ist es so, dass ich zweisilbige Wörter immer auf der ersten Silbe betone: »Mama, Papa, Hase, Vase«. Im Französischen »maman, papa,« da liegt die Betonung sowieso immer auf der letzten Silbe. Nun haben wir festgestellt, dass Kinder im Alter von vier Monaten schon spezifisch auf diese Betonungsaspekte reagieren. Französische Kinder finden Wörter, wo die Betonung auf der ersten Silbe liegt, eher abwegig, da sehen wir eine größere Hirnaktivierung, und bei den deutschen Kindern ist es genau umgekehrt. Für die Betonung auf der ersten Silbe haben sie weniger Aktivierung, und für die Betonung auf der zweiten Silbe, was für deutsche Kinder bei zweisilbigen Wörtern ungewöhnlich ist, dafür zeigen sie diese erhöhte Hirnaktivierung.

MATTHIAS ECKOLDT: Nach vier Monaten schon?

ANGELA D. FRIEDERICI: Ja. Wir sind sogar noch ein bisschen früher hingegangen und haben die frühkindlichen Schreie analysiert, da Schreie auch ganz bestimmten Intonationsmustern unterliegen. Wir haben zusammen mit Forschern der Universität Würzburg festgestellt, dass in den ersten zwei bis drei Wochen nach der Geburt die französischen Kinder anders schreien als die deutschen Kinder. Die deutschen Kinder schreien vorne hoch und hinten tief, während die französischen Kinder das andersherum machen. Also ganz so, wie die Wortbetonungsmuster in der jeweiligen Muttersprache sind.

MATTHIAS ECKOLDT: Wo man eigentlich versucht ist anzunehmen, so ein Babyschrei ist kreatürlich, gleichsam ganz Natur. Das heißt, selbst Schreien hat eine Prosodie?

ANGELA D. FRIEDERICI: Ja, die Prosodie ist ganz früh da. Meiner Ansicht nach ist das System da und wartet auf Input und orientiert sich dann schnell an genau dem Input, den es häufiger bekommt.

Die Plastizität des Hirns

MATTHIAS ECKOLDT: Nun ist dieses Stichwort der Plastizität ausgiebig durchs Feuilleton geistert. Es gibt aber auch Forscher, die aus dem Tatbestand der Plastizität kühne Schlussfolgerungen ziehen. Sie sagen beispielsweise, dass die Begeisterung wie eine neuronale Gießkanne wirkt und man noch immer alles lernen kann. In jedem Alter. Und dass man jeden Tag aufstehen und sein Leben ändern kann.

ANGELA D. FRIEDERICI: Man kann immer lernen, und man sollte auch immer dabeibleiben. Aber es gibt nun wirklich massive Unterschiede über die Lebensspanne hinweg.

MATTHIAS ECKOLDT: Wie verstehen Sie das neue Zauberwort »Plastizität«? Wer versucht, mit 50 eine Sprache zu lernen, wird schon ganz schön Mühe haben. Wie weit darf man wirklich Mut und Hoffnung machen?

ANGELA D. FRIEDERICI: Mut und Hoffnung sollte man immer machen. Lernen kostet im hohen Alter nur mehr Energie.

MATTHIAS ECKOLDT: Bewusstsein muss mehr eingeschaltet werden. Und Bewusstsein ist energieaufwendig.

ANGELA D. FRIEDERICI: Man hat ja schon eine Idee davon, was einzelne Hirnareale leisten. Und so gilt der ganze präfrontale Cortex eigentlich als ein Cortex, der eher kontrollierte Prozesse unterstützt. Bei Muttersprachlern sehen wir, wenn sie Sprache verarbeiten, vornehmlich kleine Aktivierungen im Temporalcortex, da, wo die Information primär verarbeitet wird. Den Frontalcortex, den sehe ich nur aktiv, wenn ich einem Probanden syntaktisch sehr komplexe Sätze vorspiele. Wenn ich mir hingegen den Zweitspracherwerbler angucke, da sehe ich zusätzlich zu der temporalen Aktivierung fast den gesamten präfrontalen Cortex aktiv. D. h., kontrollierte und gesteuerte Prozesse kommen da ins Spiel.

MATTHIAS ECKOLDT: Das braucht sehr viel Energie, weshalb man dann auch oft müde ist als aktiver Zweitsprachler.

ANGELA D. FRIEDERICI: Sie brauchen zusätzliche Ressourcen in Form von Energie, aber das heißt auch, zusätzliche Areale, die unterstützend mitwirken.

MATTHIAS ECKOLDT: Aber es ist ja nicht so wie bei anderen Organen des Menschen, dass es im Hirn Abnutzungsprozesse gäbe.

ANGELA D. FRIEDERICI: Das liegt daran, dass das System festgelegt ist. Ich hatte ja eben erwähnt, dass es anders ist, wenn Sie schon zwei Sprachen können und dann die dritte und vierte dazulernen. Dann müssen Sie nicht diese großen Ressourcen bereitstellen, weil das System in seiner Strukturbildung offener ist. Ich sage es mal vereinfacht: Wenn das Gehirn einige Verbindungen gekappt hat, dann kann es die nicht mehr gut aufbauen, das dauert ewig lang, und es muss erst mal versuchen, durch kompensatorische Prozesse über andere Hirnareale zu einer gleichen Leistung zu kommen.

MATTHIAS ECKOLDT: Also gilt auch da: »Use it or lose it.« Was man nicht benutzt, verschwindet.

ANGELA D. FRIEDERICI: Das ist im Prinzip so. Es gibt natürlich auch Forschungen zum *nerve growth*. Die zeigen dann auf einer ganz basalen Ebenen in vitro oder auch in vivo, dass neuronale Strukturen wiedergebildet werden können, aber das kostet Zeit. Und ob sie ebenso bildbar sind, wie es in der frühen Kindheit war, darüber gibt es keine klaren Befunde.

MATTHIAS ECKOLDT: Und wenn man so was macht wie Jonglieren lernen, Klavierspielen lernen, neue Sprache lernen, aktiviert das dann auch andere Bereiche, wird das Hirn als solches dann auch offener, also prägbarer? Man sagt ja immer, dass etwas Neues zu machen gut für die ganze Persönlichkeit ist. Oder ist das dann nur aufs Jonglieren, aufs Sprachenlernen, aufs Klavierspielen begrenzt?

ANGELA D. FRIEDERICI: Das ist eine gute Frage, das ist wenig untersucht. Ich kann dazu keine direkte Aussage machen. Ich würde aber glauben, dass es zunächst mal nur für diejenigen Hirnsysteme gilt, die involviert sind. Beim Jonglieren muss es jetzt nicht auf das Jonglieren selbst begrenzt sein, es könnte sein, dass, wenn es motorische Fähigkeiten sind, die auch etwas mit dem Gleichgewicht oder den Händen zu tun haben, es dann auf diese übertragbar ist. Inwieweit das für alle anderen motorische Fähigkeiten gilt oder inwieweit das auf das Sprachenlernen übertragbar ist, weiß man nicht.

Hirnkarten und Spiegelneurone

MATTHIAS ECKOLDT: Wenn man das Hirn als Netzwerkstruktur begreift und sieht, dass viele verschiedene Regionen zugleich in Erregung stehen, welchen Sinn haben dann aus Ihrer Sicht eigentlich noch diese Hirnkarten? Wo man sagt, Wernicke-Areal ist das sensorische Sprachzentrum, im Broca-Areal sitzt das motorische Sprachzentrum?

ANGELA D. FRIEDERICI: Also, wenn ich einen Tumor an irgendeiner Stelle hätte, der vielleicht nicht gerade in meinem Sprachareal liegt, würde ich doch gerne haben, dass der Neurochirurg um mein Sprachareal herumoperiert, damit ich nicht aus der Narkose aufwache und dann nicht mehr sprechen kann. Und diese Kartierung kann man heutzutage individuell für jede Person erstellen. Das Kartierungsverfahren wird heute leider noch nicht überall, aber doch mit zunehmender Häufigkeit in der Hirnchirurgie eingesetzt.

MATTHIAS ECKOLDT: Für invasive Methoden ist die Kartierung auf alle Fälle wichtig, aber für Sie als Hirnforscherin?

ANGELA D. FRIEDERICI: Ich mache das einmal an dem Broca-Areal fest, das ja immer hoch gehandelt wird als ein Areal der Sprachverarbeitung. Nun stellt man aber auch fest, dass das Areal in ganz bestimmte motorische Handlungsplanungen involviert ist. Das führte zu einer großen Debatte. Also was macht denn dieses Broca-Areal nun? Ich glaube, seine eigentliche Funktion erfährt das Areal in einem jeweiligen Netzwerk. Also für Sprache in einem Netzwerk, das ein Sprachnetzwerk ist. Zusammen mit dem Temporalcortex leistet es ganz bestimmte Funktionen: Sequenzierung und Hierarchisierung. Für Handlungsplanung ist das Broca-Areal Teil eines anderen Netzwerkes. Ich glaube, man muss vorsichtig sein, wenn man die Funktionsweise eines bestimmten Areals beschreibt. Ich würde nie sagen, das Broca-

Areal ist sprachspezifisch, sondern ich würde eher sagen, innerhalb des Sprachprozesses hat es eine spezifische Aufgabe. Und genau so würde ich das für andere Domänen sehen. Insofern ist es wichtig zu sehen, mit wem ein bestimmtes Areal zusammenarbeitet.

MATTHIAS ECKOLDT: Das ist ja interessant. Das würde in letzter Konsequenz das Hirnkartenmodell auflösen.

ANGELA D. FRIEDERICI: Ja, wenn es zu selektiv ist.

MATTHIAS ECKOLDT: Und das wäre ein Übergang in ein funktonales Modell. Ist es denn so, dass das Broca-Areal in einem anderen Kontext wieder eine ähnliche Funktion übernimmt?

ANGELA D. FRIEDERICI: Es gibt jetzt natürlich noch nicht so viele Studien, die versuchen, das direkt zu vergleichen. Wir sind gerade dabei, zusammen mit Forschern, die am *mirror neuron system* arbeiten, ein europäisches Projekt auf die Beine zu stellen, in dem wir genau diese Frage beantworten wollen. Ich glaube, wir müssen in funktionalen Netzwerken denken, und in diesen Netzwerken wäre es schön, wenn man für einzelne Areale das kleinste gemeinsame Vielfache definieren könnte. Und wenn es beim Broca-Areal um Sequenzierung und Hierarchisierung geht, könnte das für Handlungsplanung bedeuten, es bedingt, wie ich eine Sequenz in eine Hierarchie bringe. Dann könnte man sagen: Diese Funktion ist sowohl für Sprache notwendig als auch für Handlungsplanung.

MATTHIAS ECKOLDT: Das wäre ja faszinierend, wenn man das Hirn in Areale der Funktion entsprechend aufteilen könnte. Sie sprachen gerade von den Spiegelneuronen. Inwiefern interessiert Sie eigentlich diese Spezies der Hirnzellen? Es geht dabei ja um jenes Netzwerk, das aktiv ist, wenn man andere beobachtet.

ANGELA D. FRIEDERICI: Ich kenne die Literatur eigentlich ganz gut. Ich finde es eine gute Beschreibung für den Zusammenhang zwischen Wahrnehmen und Handeln. Wenn wir überhaupt jemanden wahrnehmen und verstehen wollen, dann muss es eine bestimmte Überlappung geben zwischen dem, was ich selber produziere, und dem, was ich an anderen wahrnehme, damit ich das überhaupt zusammenbringen kann. Die Spiegelneuronen sind da natürlich ein hervorragender Kandidat dafür.

MATTHIAS ECKOLDT: Die neurobiologische Grundlage der Empathie gewissermaßen ...

ANGELA D. FRIEDERICI: Ja, auch für Empathie.

MATTHIAS ECKOLDT: Also, dass ich weiß, dass mir überhaupt ein anderer Mensch gegenübersitzt und nicht ein Computer.

ANGELA D. FRIEDERICI: Beim Thema »Empathie« muss man natürlich noch schauen, welche anderen Systeme da noch involviert sind. Das sind sicherlich auch wieder subcortikale Strukturen, also Amygdala, Insula ...

MATTHIAS ECKOLDT: Aber die Spiegelneuronen sitzen in verschiedenen Bereichen, wenn ich das richtig verstanden habe.

ANGELA D. FRIEDERICI: Ja, aber Spiegelneurone in den subcortikalen Strukturen sind noch nicht gut untersucht. Wir wissen nicht einmal, ob wir da überhaupt welche haben.

MATTHIAS ECKOLDT: Also alles cortikal, auf der Bewusstseinsebene?

ANGELA D. FRIEDERICI: Was die Spiegelneurone angeht, ja. Bei Empathie ist die Frage, ob es mir reicht, jemand anders in einem emotionalen Zustand zu sehen, um mich darin selber zu erkennen und diesen emotionalen Aspekt in mir abbilden zu können, was dann die Amygdala mitaktivieren könnte, oder ob ich in der Amygdala selber diese Spiegelneurone brauche. Ich glaube, es würde reichen, dass ich auf einer Wahrnehmungsebene sage: »Ah, guck mal, das ist einer, der so reagiert, wie ich es schon einmal getan und gefühlt habe.« Und ich das dann intern mit Empathie oder Abneigung belege.

MATTHIAS ECKOLDT: Das müsste ausreichen als neuronal-soziales Modell.

ANGELA D. FRIEDERICI: Müsste ausreichen.

Das Manifest

MATTHIAS ECKOLDT: Sie haben an dem *Manifest* elf führender Hirnforscher über Gegenwart und Zukunft des Faches mitgeschrieben. Es datiert von 2004.

ANGELA D. FRIEDERICI: Ich hab es heute noch mal gelesen.

MATTHIAS ECKOLDT: Genau das war meine Frage: Wie lesen Sie das *Manifest* heute?

ANGELA D. FRIEDERICI: Ich glaube, das war gar nicht so falsch.

MATTHIAS ECKOLDT: Im *Manifest* ist ja von drei Untersuchungsebenen die Rede: »Die oberste erklärt die Funktion größerer Hirnareale, beispielsweise spezielle Aufgaben verschiedener Gebiete der Großhirnrinde, der Amygdala oder der Basalganglien. Die mittlere Ebene beschreibt das Geschehen innerhalb von Verbänden von Hunderten oder Tausenden Zellen. Und die unterste Ebene umfasst die Vorgänge auf dem Niveau einzelner Zellen und Moleküle. Bedeutende Fortschritte bei der Erforschung des Gehirns haben wir bislang nur auf der obersten und der untersten Ebene erzielen können, nicht aber auf der mittleren.«

ANGELA D. FRIEDERICI: Die oberste Ebene lässt sich mittlerweile ein bisschen besser darstellen, nämlich dadurch, dass man Netzwerke definiert. Und ich glaube, wir haben den ersten Schritt gemacht, die anderen Ebenen in Angriff zu nehmen. Es gibt inzwischen Ansätze, die unter anderem auch von Klaas Enno Stefan und Ray Dolan mitgetragen werden, die versuchen, neurophysiologische Informationen von der unteren Ebene zu nehmen, also beispielsweise die Erhöhung des Dopamin-Spiegels bei bestimmten Gedächtnisprozessen, und diese Information in ihre Modellierung von Gehirnprozessen mit einbringen, um dann diese Modelle real in funktionellen Gehirnstudien zu testen. Dieser Ansatz des *neuro computational modelling*, indem wir Informationen von der oberen Ebene und von der unteren Ebene zusammenbringen, könnte uns weiterbringen. Das ist zwar immer noch keine direkte Erklärung, aber damit hätten wir zumindest einen Link von der Neurotransmitterebene zur Verhaltensebene.

MATTHIAS ECKOLDT: Der fehlt bislang.

ANGELA D. FRIEDERICI: Der fehlt bisher. Aber ich glaube, wir sind auf einem guten Weg.

MATTHIAS ECKOLDT: Können Sie uns die Idee dabei noch ein bisschen klarer machen?

ANGELA D. FRIEDERICI: Man weiß, dass Arbeitsgedächtnisprozesse vom Dopamin-Level beeinflusst werden. Dopamine sind Neurotransmitter, die ganz bestimmte Prozesse auf Synapsenebene vermitteln. Ich kann jetzt versuchen, ein Modell zu bilden, indem ich die Information, die ich von der Neurotransmitterebene habe, in die Modellierung einbringe, und kann damit bestimmte Voraussagen über die Folgen der Erhöhung des Dopamin-Spiegels für Gedächtnisprozesse treffen. Als nächsten Schritt kann ich dann den realen Menschen in eine Situation bringen, in der er entweder eine zusätzliche Gabe von Dopamin bekommt oder nicht. Dann kann ich sehen, wie sich sein Verhalten ändert und ob das Modell die richtige Voraussage gemacht hat.

Matthias Eckoldt: Faszinierend.

Angela D. Friederici: Das ist wirklich faszinierend.

Matthias Eckoldt: Und da gibt es Indizien dafür, dass das klappen könnte?

Angela D. Friederici: Ja, die Arbeit von Moran und Kollegen zum Arbeitsgedächtnis ist ein erster Beweis dafür. Eventuell ist dieser Ansatz auch in anderen kognitiven Domänen erfolgreich, sofern wir genauere Informationen über die unterste Ebene haben. Wir hatten die Möglichkeit, uns in Zusammenarbeit mit Karl Zilles und Katrin Amunts die Neurotransmittersysteme in ganz bestimmten Hirnarealen, die mit Sprache zu tun haben, anzuschauen. Die Areale, die miteinander kommunizieren, sind in ihren Neurotransmittersystemen – sind tatsächlich ähnlicher als andere, die nicht Teil des Sprachnetzwerkes sind. Und wir haben jetzt erste Daten, die belegen, dass dem in der Tat so sein könnte.

Matthias Eckoldt: »Ähnlicher« heißt hier jetzt nicht morphologisch, sondern elektrophysiologisch?

Angela D. Friederici: Nein, das ist jetzt neurochemisch auf Neurotransmitterebene! Man kann jedoch momentan nur tote Gehirne analysieren und die Verteilung von bestimmten Neurotransmittern in bestimmten Hirnarealen feststellen. Wir sehen, dass jene beiden Hirnareale, die bei funktionellen Hirnaktivitätsstudien zur Sprachverarbeitung immer zusammen aktiv sind, ich sage mal vereinfacht Broca-Areal und Wernicke-Areal, in ihren Neurotransmittersystemen ähnlicher sind als z. B. Broca-Areal und der visuelle Cortex. Jetzt hätten wir vielleicht auch schon erste Möglichkeiten, diese Informationen in eine Modellierung aufzunehmen. Aber das sind die Schritte, die nun erst kommen müssen. Ich glaube, die Idee der Modellierung war schon lange da, die Methoden sind jetzt reif. Und man braucht jetzt Teams, die interdisziplinär zusammenarbeiten, da nicht jeder Forscher alles abdecken kann.

MATTHIAS ECKOLDT: Im *Manifest* steht ja noch: »In mancher Hinsicht sind wir auf dem Stand von Jägern und Sammlern«. Ist das so? Das klang ein bisschen sehr bescheiden! War das so ein Kompromiss?

ANGELA D. FRIEDERICI: Ja, wir wollten bescheiden sein. Und: Ja, die beteiligten Forscher mussten sich auf einen Kompromiss einigen.

MATTHIAS ECKOLDT: Das klang nämlich nicht nach Jägern und Sammlern, was Sie gerade an Modellierungsprozessen beschrieben haben.

ANGELA D. FRIEDERICI: Wir sind ein bisschen weiter als Jäger und Sammler. Die Neurowissenschaftler sind derzeit dabei, die bislang gesammelten Daten gut zu systematisieren und daraus neue Hypothesen zu generieren. So würde ich das vielleicht formulieren wollen. Es gibt gerade in letzter Zeit größere Review-Artikel auf allen Ebenen. Solche Review-Artikel, die alle vorhandenen Daten sichten und zusammenbringen, sind sehr aufwendig, aber sehr wichtig. Und es gibt zurzeit – ich kann das für die Sprachverarbeitung sehr gut überblicken – viele gute Artikel. Und wenn man die jetzt alle zusammennimmt, dann könnte man sagen: »Wir haben jetzt doch einigermaßen die Basics zusammen.«

MATTHIAS ECKOLDT: Und wenn sie jetzt die Basics zusammenhaben, braucht dann eigentlich die Neurowissenschaft als solche noch ein neues Paradigma oder neue Ideen?

ANGELA D. FRIEDERICI: Ja. Ich glaube, wir brauchen eine neue Idee. Letztes Jahr hatte ich Sabbatical am Center for Advanced Study in the Behavioral Sciences in Stanford und habe über drei Monate an einem Review-Artikel gearbeitet, von morgens bis abends nur gelesen und gelesen, neu sortiert und geschaut, wie die vorhandenen Daten am besten zusammenpassen. In einem Übersichtsartikel muss man sich natürlich zurückhalten, was die eigene Meinung angeht, aber aus so einer Übersicht entstehen natürlich neue Ideen. Und die Idee, die ich jetzt verfolge, ist diejenige, dass ich sage: Wir kennen die Hirnareale, wir kennen die strukturellen Verbindungen zwischen ihnen. Jetzt ist die offene Frage: Wie geht der *information flow* zwischen den

Arealen? Also, wie kommt die Information von A nach B, und wie wird sie zurückgekoppelt? Also, da ist für die Sprachverarbeitung im Moment zunächst nur eine Hypothese. Aber es gibt in einzelnen Journalen sogenannte *Opinion*-Artikel, in denen man eine Idee darstellen kann, die noch nicht bis ins Detail untersucht ist. Auch um der Forschungs-Community neue Ideen vorzustellen. Und das habe ich für die Sprachverarbeitung getan. Nun kann man hingehen und empirisch untersuchen, ob das richtig oder falsch ist!

MATTHIAS ECKOLDT: Und ist die Situation vielleicht vergleichbar mit der der Physik Anfang des 20. Jahrhunderts?

ANGELA D. FRIEDERICI: Das wissen Sie besser als ich.

MATTHIAS ECKOLDT: [Lacht] Meinen Sie?

ANGELA D. FRIEDERICI: Es braucht ab und zu mal eine neue Idee, und dann müssen eben viele Forscher loslaufen und gucken, ob diese Idee richtig ist oder falsch. Die Idee sollte natürlich nicht völlig aus der Luft gegriffen sein, aber sie sollte meiner Ansicht nach auch schon mal über die vorhandenen Daten hinausgehen dürfen.

MATTHIAS ECKOLDT: Aber man wartet jetzt nicht in der Scientific Community auf so einen Einstein, der alles noch mal ganz anders deutet und sagt, wir müssen unsere bisherige Perspektive mal völlig auf den Kopf stellen.

ANGELA D. FRIEDERICI: Tja ...

MATTHIAS ECKOLDT: Oder eine Komplementaritätsidee oder so etwas?

ANGELA D. FRIEDERICI: Ich bin nicht die Person für solche Spekulationen, weil ich immer sehr datenorientiert denke. Vielleicht zu wenig losgelöst von allem, was man bisher weiß. Das gelingt vielleicht eher jüngeren Menschen, die noch nicht so verhaftet sind in diesen Datenstrukturen. Das könnte ich mir schon vorstellen.

MATTHIAS ECKOLDT: Die gewissermaßen nicht in Ihrem System der Datensammlung wissenschaftlich sozialisiert wurden ...

ANGELA D. FRIEDERICI: So jemand, der jetzt kommt und sagt: »Ach, es ist alles so Klein-Klein, was Sie da zusammengetragen haben, lassen Sie uns doch mal anders rangehen.« Ja, das ginge, wenn es nicht ganz aus der Luft gegriffen ist. Ich meine, irgendwas mit der realen Welt müsste das Neue schon zu tun haben, das wäre schön.

Innen und außen

MATTHIAS ECKOLDT: Welche Erkenntnisse aus der Hirnforschung haben Sie selbst am meisten beeindruckt? Also aus Ihrer eigenen Praxis und der der Kollegen?

ANGELA D. FRIEDERICI: [Pause.]

MATTHIAS ECKOLDT: Vielleicht so ein Heureka-Erlebnis?

ANGELA D. FRIEDERICI: Ein Heureka-Erlebnis?

MATTHIAS ECKOLDT: Also, nur wenn es Ihnen jetzt einfällt ...

ANGELA D. FRIEDERICI: Also, die Idee ist ja, dass unser Hirn immer in Oszillationen ist – da ist ja schon viel drüber geredet worden. Nun hat man gefunden, dass ein Input besser wahrgenommen wird, wenn er in der gleichen Oszillation ankommt, als wenn die Oszillation des Inputs quer geht zu dem, was die momentane Oszillation des Gehirns ist. Was man beispielsweise versucht hat: Man schaut sich an, in welcher Oszillation das Hirn gerade schwingt, und dann gibt man einen auditorischen Stimulus als Input, der entweder in der gleichen Oszillation ist oder anders.

MATTHIAS ECKOLDT: Gleiche Oszillation heißt hier: gleiche Frequenz?

ANGELA D. FRIEDERICI: Ja, und die Stimuli, die in der gleichen Frequenz ankommen, werden besser verarbeitet. Also, als würden da innen und außen tatsächlich besser zusammenkommen. Wenn das wahr ist und sich das für andere Domänen auch herausstellt, halte ich das für spannend.

MATTHIAS ECKOLDT: Die gesamte Sensorik bildet doch eine Schnittstelle zwischen innen und außen. Was reinkommt an Stimuli, wird doch aber in die Eigenlogik des Systems umgewandelt? Also, wir hören und sehen und riechen und schmecken nicht zu den Bedingungen der Umwelt, sondern zu unseren eigenen Bedingungen.

ANGELA D. FRIEDERICI: Das sind dann die nächsten Fragen, die es zu untersuchen gilt.

Eine Begegnung mit Noam Chomsky

ANGELA D. FRIEDERICI: Aber wenn Sie nach etwas fragen, was mein Leben in der Wissenschaft verändert hat, also, dann war das sicherlich meine erste Begegnung mit Chomsky.

MATTHIAS ECKOLDT: Ach!

ANGELA D. FRIEDERICI: Ja.

MATTHIAS ECKOLDT: Sie machen mich neugierig!

ANGELA D. FRIEDERICI: Ich war auf einer Tagung. Das war 1979, und ich hatte gerade promoviert, und da fragt mich ein Mann, den ich nicht kannte: »Was haben Sie denn in Ihrer Dissertation gemacht?« Und ich erzählte ihm ganz stolz, dass ich was zum Lesen und Schreiben bei Aphasikern gemacht habe. Und er hört mir zu, und er fragt noch die eine oder andere Frage, und ich antworte ihm ganz begeistert von meiner Arbeit, und dann fragt er mich: »Why on earth do you think this is interesting?«

MATTHIAS ECKOLDT: [Lacht] Ohweh!

ANGELA D. FRIEDERICI: Und ich hab natürlich argumentiert, warum es »interesting« ist, und er hat nur gesagt: Aber Lesen und Schreiben ist »secondary«. »If you really want to learn something about language, do it auditorily.«

MATTHIAS ECKOLDT: Und dann?

ANGELA D. FRIEDERICI: Später kam ein Kollege zu mir und fragte mich: »Weißt du, mit wem du dich da gerade gestritten hast?« Und ich sagte: »Nein, aber du wirst es mir sicher gleich sagen.« Und er sagt: »Das war Chomsky!« Und ich: »Oh.« Von da an hab ich mich ganz auf Sprache als solche konzentriert und nichts mehr zu Lesen und Schreiben gemacht. Das hat also meinen gesamten zukünftigen Forschungsweg bestimmt.

MATTHIAS ECKOLDT: Das hört sich wirklich schön an. Ist es denn dabei geblieben, dass Sie nie mehr was zu Lesen und Schreiben gemacht haben?

ANGELA D. FRIEDERICI: Also, man soll ja nie nie sagen. Ich bin gerade involviert in ein Projekt zur Legasthenie. Aber da scheinen große Teile des Defizits in der auditorischen Domäne zu liegen, die sich dann aufs Lesen und Schreiben auswirken. Aber das ist eine andere Geschichte.

Der »Visible Scientist«

MATTHIAS ECKOLDT: Es gibt die Idee des »Visible Scientist« als neuen Typus des Wissenschaftlers, der in den Medien sichtbar wird und der auch über seinen konkreten angestammten Bereich, in dem er eigentlich forscht, hinauswirkt.

ANGELA D. FRIEDERICI: Also, ich hab da keine Berührungsängste.

MATTHIAS ECKOLDT: Wie sehen Sie das? Es ist ja nun deutlich, dass die Hirnforschung eine starke Medienaffinität hat und stark nachgefragt wird.

ANGELA D. FRIEDERICI: Man muss aufpassen, dass man da nicht überzieht. Weil, die Medien fragen immer interessante Fragen, für die es dann aber noch fünf weitere Jahre Forschung braucht, damit man sie ordentlich beantworten kann. Man muss unbedingt aufpassen, dass man sich nicht dazu hinreißen lässt, Antworten zu geben, obwohl man sie noch nicht hat.

MATTHIAS ECKOLDT: Das Sympathische bei Ihnen ist ja, dass Sie immer bei Ihren Sachen bleiben, mehr als andere Kollegen.

ANGELA D. FRIEDERICI: Man muss ziemlich resistent den Journalisten gegenüber sein, weil die natürlich immer wollen, dass man über seine Daten hinausgeht.

MATTHIAS ECKOLDT: Sie wollen ja ihre Story haben.

ANGELA D. FRIEDERICI: Sie wollen ihre Story haben, und ich glaube, dass manche Kollegen für den Beifall empfänglich sind, den sie in der Öffentlichkeit bekommen. Aber diesen Beifall brauche ich nicht und kann deshalb vielleicht eher bei dem bleiben, was ich weiß.

MATTHIAS ECKOLDT: Sag ich doch, sehr sympathisch.

Was ist Bewusstsein?

MATTHIAS ECKOLDT: Abschlussfrage noch: Die muss ich Ihnen stellen, weil ich sie allen stelle.

Angela D. Friederici: Die Bewusstseinsfrage.

Matthias Eckoldt: Was ist Bewusstsein?

Angela D. Friederici: Ja, da hab ich immer eine ganz einfache Rückfrage: Wenn Sie mir definieren, was Bewusstsein ist, sage ich Ihnen etwas dazu.

Matthias Eckoldt: Okay. Dann sage ich Ihnen, Bewusstsein ist eine 30- bis 40-Hertz-Synchronschwingung in den Nervenzellen.

Angela D. Friederici: Aha. Okay. Gut.

Matthias Eckoldt: Das hat Ihr Kollege Christoph Koch gesagt, habe ich gelesen.

Angela D. Friederici: Bewusstsein ist sicherlich etwas absolut Systemimmanentes. Viele haben das festgemacht an dem Begriffspaar »Ich« versus »Umwelt«. Ich glaube nicht, dass es das ist. Selbst wenn Sie Locked-in-Patienten nehmen, die haben ja auch schon ein Leben hinter sich, wo sie vielleicht diesen Unterschied mal erkannt haben. Ich könnte mir keine – ich bin ja Empirikerin –, ich könnte mir keine empirische Situation vorstellen, wie man das testen könnte. Und das ist mein Hauptproblem.

Matthias Eckoldt: Also eigentlich die Heuristik der Untersuchung.

Angela D. Friederici: Ja, ich weiß nicht, wie ich es untersuchen soll, und vor allem, was ich untersuchen soll.

Matthias Eckoldt: Spannend wäre ja schon, ob man wie beim Computer auf so einen Code kommen könnte. Das mit der Synchronschwingung ist eine Idee, sich von ganz außen anzunähern. Uns liegt es näher, sich philosophisch an die Frage anzunähern, aber das ist ja nicht die Frage der Hirnforschung.

Angela D. Friederici: Ja gut. Man kann jetzt einen ganz bestimmten Zustand nehmen, und man würde sagen: Diese Oszillationen, die sind es. Dann würde ich denjenigen fragen: Woher wissen Sie das? Also, wie bringt er diesen Fakt mit der Beschreibung oder dem Terminus »Bewusstsein« zusammen?

Matthias Eckoldt: Aber dass mentale Prozesse im allgemeineren Sinne immer biologische Korrelate haben, davon würden Sie schon ausgehen, oder?

ANGELA D. FRIEDERICI: Ja, ich muss davon ausgehen. Aber welche Korrelate könnten das sein? Oder fragen wir es andersherum: Hat jemand, der tief in Narkose ist, Bewusstsein?

MATTHIAS ECKOLDT: Ich denke mal, nicht.

ANGELA D. FRIEDERICI: Aber derjenige hat alle physiologischen Korrelate. Da oszilliert das Gehirn auch. Deshalb sage ich: Wir müssen sehr vorsichtig sein. Wir müssen erst genau definieren, was wir beschreiben wollen. Und das ist ein Hauptproblem. Und ich muss auch sagen, da ist die Philosophie leider nicht sehr hilfreich.

MATTHIAS ECKOLDT: Das ist dort das am hartnäckigsten ergrübelte Geheimnis.

ANGELA D. FRIEDERICI: Brauchen wir das überhaupt? Brauchen wir den Begriff »Bewusstsein«?

MATTHIAS ECKOLDT: Da wir ihn ja in der Sprache prozessieren, wird er schon irgendeine Bedeutung haben.

ANGELA D. FRIEDERICI: Wir haben viele Begriffe in der Sprache, die wir überhaupt nicht brauchen, um die Welt zu beschreiben.

MATTHIAS ECKOLDT: Na ja, wir haben ja schon ein Gebiet, in dem man denkt, in dem man reflektiert, in dem man seine eigenen Zustände befragen kann.

ANGELA D. FRIEDERICI: Wenn das Bewusstsein ist, dann findet es nicht statt, wenn man in Narkose liegt, aber alles sonst findet statt.

MATTHIAS ECKOLDT: Das heißt, es müsste nicht unbedingt biologische Korrelate haben?

ANGELA D. FRIEDERICI: Die Frage ist immer: Was ist Bewusstsein? Hat es etwas mit Wachheit zu tun?

MATTHIAS ECKOLDT: Hm.

ANGELA D. FRIEDERICI: Da muss man vorsichtig sein. Wir haben Experimente gemacht, bei denen wir Personen in verschiedenen – sagt man jetzt »Bewusstseinszuständen«? –, also in verschiedenen Wachheitszuständen in der Narkose auf ihre Sprachverarbeitung hin untersucht haben. Und Sie glauben gar nicht, wie lange noch der ganze Sprachcortex aktiv war, wenn wir gesprochene Sprache in das System hineingegeben haben. Also, Sprachverarbeitung funktioniert auch im Narkosezustand. Das kann man zusammenbringen mit Berichten, dass manche Leute aus der Narkose aufwachen und berichten können, was der Arzt während der Operation zu einem anderen gesagt hat.

MATTHIAS ECKOLDT: Wirklich? Das ist ja schauerlich.

ANGELA D. FRIEDERICI: Ich glaube einfach, es ist schwierig, Bewusstsein am Wachheitszustand festzumachen. Es stellt sich also die Frage: Ist Bewusstsein Selbstreflexion? Wenn es Selbstreflexion ist, braucht es den Wachheitszustand? Dann müssten wir sagen, alles, was diesen Wachheitszustand nicht hat, hat nichts mit Bewusstheit zu tun, das würde dann aber auch für alle Schlafzustände gelten. Und diese Diskussion vermisse ich ein bisschen in der Philosophie. Denn es sind doch einige empirische Daten vorhanden, die man sich mal anschauen könnte, um Ideen zu generieren, wie man Bewusstsein vielleicht genauer definieren könnte.

Das Problem des freien Willens

MATTHIAS ECKOLDT: War das vielleicht auch der Hintergrund der Debatte über den freien Willen?

ANGELA D. FRIEDERICI: Der freie Wille hat ja eher mit der Frage zu tun: Sind wir komplett deterministisch oder nicht? Und man kann es im Moment noch nicht beweisen, aber ich würde sagen, dass wir den freien Willen auf jeden Fall als Konzept behalten sollten, weil er eine gute soziale Konvention ist.

MATTHIAS ECKOLDT: Aber der freie Wille könnte genauso gut eine Illusion sein.

ANGELA D. FRIEDERICI: Ja, aber wir haben uns in dem sozialen Verbund darauf geeinigt, dass es so etwas wie den freien Willen gibt.

MATTHIAS ECKOLDT: Und auch im juristischen Kontext.

ANGELA D. FRIEDERICI: Genau. Dazu sollte man stehen. Es wird ja schon hier und da juristisch zum Teil außer Kraft gesetzt, wenn man nachweisen kann, dass jemand zum Tatzeitpunkt eines Verbrechens nicht im Vollbesitz seiner Kräfte war. Minderung des Strafmaßes wird gegeben, wenn jemand eine ganz schreckliche Kindheit hatte usw. Die Rechtsprechung betrachtet das ja schon in diesem Kontext. Aber ich würde sagen: Die Gesellschaft hat sich darauf geeinigt und hoffentlich weltweit – auch wenn es manchmal nicht so aussieht –, und da sollten wir dran festhalten.

MATTHIAS ECKOLDT: Aber Bewusstsein müsste dann auch irgendetwas mit dem Begriff vom »Ich« zu tun haben, oder? Ist ja schon von Freud her, Ich, Es und Über-Ich, sozusagen das, was ich mir für mich erklären kann und für meine Biografie auch erklären kann, wäre dann das, was Bewusstsein vermag.

ANGELA D. FRIEDERICI: Na ja, ich könnte mich selber ja auch als perfekt deterministisch erklären. Also ich weiß nicht, ob man den Ich-Erklärungsaspekt hier unbedingt braucht.

MATTHIAS ECKOLDT: Aber wenn Sie sich als voll deterministisch erklären würden, dann würde ja ein Rest bleiben, der das Ich ausmacht. Nämlich jene Instanz, die sich als deterministisch erklärt!

ANGELA D. FRIEDERICI: Ja, Sie sehen schon, das ist zirkulär. Also kommen wir nicht weiter. Es ist wirklich schwierig. Und ich glaube, es liegt vielleicht auch daran, dass verschiedene Bereiche, von Philosophie, Psychologie bis hin zur Hirnforschung, sich da schlecht auf einen Begriff einigen können.

MATTHIAS ECKOLDT: Aber das ist auch nicht weiter schlimm, es hindert die Hirnforschung nicht daran weiterzuarbeiten.

ANGELA D. FRIEDERICI: Ich glaube, es ist für beide Seiten nicht schlimm. Man muss sich nur darüber im Klaren sein. Und das hilft beim gegenseitigen respektvollen Zuhören.

»Wir haben weder eine Theorie vom Hirn noch eine Vorstellung davon, wie eine solche Theorie aussehen könnte«

Randolf Menzel über das Bewusstsein von Bienen, Gespräche über Gott bei einem Glas Bier und Kommandoneurone

Prof. Dr. Dr. h. c. Randolf Menzel, Jahrgang 1940, studierte Biologie in Frankfurt am Main und Tübingen. 1976 wurde er Professor an der Freien Universität Berlin und leitete das neu eingerichtete Institut für Neurobiologie. Er ist Mitglied u. a. in der Academia Europaea, der Berlin-Brandenburgischen Akademie der Wissenschaften und der Deutschen Akademie der Naturforscher Leopoldina. Sein Forschungsschwerpunkt liegt auf der neurowissenschaftlichen Erforschung des Gedächtnisses und der neuronalen Prinzipien bei der Honigbiene.

Die Erkundung des Bienengehirns

MATTHIAS ECKOLDT: Sie haben einen Großteil Ihres Forscherlebens den Bienen gewidmet. Inwiefern kann man mit Recht davon sprechen, dass Bienen ein Gedächtnis haben?

RANDOLF MENZEL: Das ist eine Frage, die mich von Anfang an beschäftigt hat. Wichtig ist in diesem Zusammenhang, dass die Art und Weise, wie Nervensysteme in ihren Netzwerkstrukturen arbeiten, zwischen sehr unterschiedlichen Tierarten vergleichbar ist. Der Grund dafür liegt in der evolutiven Geschichte, die sehr weit zurückreicht. Obwohl die Insekten und die Wirbeltiere sich vor vielen hundert Millionen Jahren aufgeteilt haben in die zwei ganz großen Stämme des Tierreichs, ist dennoch die Verwandtschaft sehr stark. Das liegt zum Teil an den ähnlichen Anpassungsleistungen, die aufgrund der gemeinsamen Umwelt immer wieder zu erbringen waren, zum anderen an den frühen evolutiven Entdeckungen, wie durch Erfahrung die Verschaltung im Nervensystem veränderbar gemacht wird. Das gemeinsame Erbe und die gemeinsamen Lösungsanforderungen führen dazu, dass es zwischen Insekten und Säugetieren vergleichbare Strukturen gibt. So findet man geeignete Insektenarten, an denen man Grundstrukturen der neuronalen Organisation erforschen kann. Mich hat die Frage nach Gedächtnis und den dazugehörigen Lernvorgängen fasziniert. Ich bin durch Zufall auf die Bienen gekommen und habe mir gedacht, so ein kleines Gehirn kann nicht sonderlich kompliziert sein. Man kann das bestimmt auch mit den eingeschränkten Methoden, die wir zurzeit haben, experimentell erschließen. Viele meiner Hoffnungen haben sich aber nicht erfüllt. So ist nun einmal die Realität. Das Bienengehirn ist sehr viel komplizierter, als ich mir je vorgestellt habe, aber das macht die Sache auch spannend.

MATTHIAS ECKOLDT: Immerhin eine Million Neurone. Die können schon einen hohen Komplexitätsgrad erzeugen.

RANDOLF MENZEL: Ja, die Bienen haben knapp eine Million Neurone. In unseren Forschungen beziehen wir uns allerdings nur auf einen Teil des zentralen Gehirns.

MATTHIAS ECKOLDT: Das wäre gewissermaßen der Cortex der Biene.

RANDOLF MENZEL: Wir bemühen uns tatsächlich darum, bestimmte Strukturen im Insektenhirn mit Regionen des menschlichen Gehirns zu vergleichen. Diese Vergleiche haben natürlich ihre Grenzen.

MATTHIAS ECKOLDT: Ich will noch einmal anders fragen. Sie haben sich Ihr Forscherleben lang mit dem Bienenhirn beschäftigt. Wie viel versteht man heute vom Bienenhirn, das ungleich weniger komplex ist als das unsrige, und welche Rückschlüsse ziehen Sie vom Stand Ihrer Forschung auf die prinzipielle Möglichkeit, das Hirn des Menschen zu verstehen?

RANDOLF MENZEL: Da stellt sich immer die alte Frage, ob es sich um ein halb volles oder ein halb leeres Glas handelt. In den letzten 40 Jahren ist eine ungeheure Fülle von Daten erarbeitet worden. Wir verstehen außerordentlich viel von der Anatomie. Wir können das Bienenhirn in einen dreidimensionalen virtuellen Atlas einbauen und es so visualisieren, dass wir das Gehirn um uns herum erleben können. An so etwas hätte man noch vor 30 Jahren nicht in den kühnsten Träumen gedacht. Die physiologischen Methoden sind so reichhaltig geworden, dass man die Zuständigkeit einzelner Neurone klären kann. Von diesen Erkenntnissen trägt schon einiges zum Verständnis komplexerer Hirne bei.

MATTHIAS ECKOLDT: Gibt es da einen systematischen Wissenstransfer?

RANDOLF MENZEL: Leider ein klares Nein. Die Kollegen, die an den großen Hirnen arbeiten, kümmern sich herzlich wenig um unsere Arbeit. Das mag auch an den Gewichtungen liegen. Circa 95 % aller Neurowissenschaftler arbeiten mit den großen Gehirnen. So eine große Gemeinschaft ist dann natürlich mit sich selbst beschäftigt. In meinem Verständnis ist es aber wichtig, dass wir solche Übertragungen auf das menschliche Gehirn machen können. Wir können das für das Belohnungssystem leisten, für bestimmte Prinzipien der synaptischen Plastizität und auch für das Lernverhalten.

MATTHIAS ECKOLDT: Sie ziehen also insgesamt ein positives Resümee, oder haben Sie nur die positiven Aspekte vorausgeschickt?

RANDOLF MENZEL: Letzteres. Es ist unterm Strich sehr enttäuschend, wie wenig wir noch wissen. Das Entscheidende ist, dass wir noch immer nicht über Methoden und noch nicht einmal über entsprechende Konzepte verfügen, mit denen wir in die Funktionsweise von Netzwerken eindringen können. Damit wissen wir im Prinzip nichts vom Gehirn, denn die Netzwerke stellen die Hauptleistungen des Nervensystems dar. Das ist unser blinder Fleck. Es gibt zwar einige Ansätze, aber im Prinzip stehen wir ganz am Anfang. Wir brauchen eine ganz neue Form von Datenauswertung, über die wir auch nicht verfügen.

MATTHIAS ECKOLDT: Polemisch gefragt: Wenn man das Bienengehirn schon nicht versteht, sollte man dann nicht die Finger von den großen Gehirnen lassen? Oder stockt man bei beiden Gehirnen letztlich nur auf derselben methodologischen Ebene?

RANDOLF MENZEL: Die Probleme beim Verständnis des Gehirns stellen sich bei allen Tieren in derselben Weise dar. Aber es gab in den Neurowissenschaften durchaus Bestrebungen, nur noch das Gehirn von ein oder zwei Tierarten zu untersuchen.

MATTHIAS ECKOLDT: Um die wissenschaftlichen Kräfte zu konzentrieren und dann Pars pro Toto die Erkenntnisse hochrechnen zu können?

RANDOLF MENZEL: Diese Vorstellung gibt es bei einigen einflussreichen Gutachtern, die im großen Stil über Geldmittel entscheiden, auch heute noch. Da gibt es z. B. die Meinung, außer der Fruchtfliege Drosophila und der Maus sollte nichts weiter bearbeitet werden, weil die evolutionsbiologische, vergleichend neurobiologische Forschung nur unnötig Geld kostet und zu lange dauert. In den USA hat man mittlerweile arge Probleme, Projekte jenseits der Drosophila-Forschung finanziert zu bekommen.

Das Belohnungssystem der Bienen

MATTHIAS ECKOLDT: Sie haben auch individuelle Neurone im Hirn gefunden. So soll ein einziges Neuron für die Belohnung verantwortlich sein. Wie muss man sich das vorstellen? Die Neurowissenschaft redet doch eigentlich heutzutage nur noch von Netzwerken.

RANDOLF MENZEL: Es gibt offensichtlich nicht nur die mehr oder minder diffusen Netzwerke, sondern tatsächlich einzelne Neurone mit ganz fundamentalen Zuständigkeiten. Kommandoneurone beispielsweise, die für genau definierte Verhaltensweisen zuständig sind. Solche Neurone können wir sehr präzise beschreiben. Die sind nicht nur Teil einer Gruppe, sondern leisten auch komplexe Steueraufgaben als individuelle Neurone. Bei den Bienen konnten wir ein Neuron nachweisen, das für die Belohnung beim Duftlernen zuständig ist. Dieses Neuron ist etwas Besonderes, weil es nicht als Kommandoneuron fungiert. Dieses Neuron sagt also nicht: »Flieg jetzt mal!« Es ist auch nicht dem sensorischen Eingang zuzuordnen. Es hat exklusiv die Aufgabe, im Belohnungslernen die Belohnung zu repräsentieren. Wenn man nur dieses eine Neuron intrazellulär stimuliert, lernt die ganze Biene.

MATTHIAS ECKOLDT: Beim Belohnungslernen der Biene geht es hauptsächlich um Duftlernen?

RANDOLF MENZEL: Ganz genau. Der Duft als der zu lernende Stimulus muss der Belohnung bzw. der Aktivität in diesem Neuron vorausgehen, damit das Tier den Duft lernt. Wenn man das umdreht, wenn also zuerst die Belohnung kommt und dann der Stimulus, dann erlernt das Tier nicht die Dufterkennung, sondern die Abwesenheit des Duftes.

MATTHIAS ECKOLDT: Das läuft also wie bei Pawlow ab: erst die Glocke als Hinweisreiz, dann die Belohnung.

RANDOLF MENZEL: So ist die zeitliche Abfolge. Die Belohnung muss natürlich eine Entsprechung im Nervensystem haben. In unserem Gehirn übernimmt das unter anderem eine bestimmte Gruppe von Dopamin-Neuronen im Basalganglienbereich. Bei der Biene reicht es aus, wenn nur dieses eine Neuron aktiviert wird.

MATTHIAS ECKOLDT: Die Identifizierung des Belohnungsneurons muss doch eine ganze Reihe von Experimenten ermöglichen, die uns mehr über die Rolle und Funktion des Belohnungssystems im Allgemeinen und über Lernvorgänge im Besonderen erfahren lassen.

RANDOLF MENZEL: Wir konnten zum Beispiel sehen, dass dieses Neuron selbst auch lernt. Dieses Neuron ändert sein Verhalten in Bezug auf den Stimulus, den es bereits bewertet hat. Das hat zur Folge, dass die Biene eine Belohnung empfindet, auch wenn der Reiz gar nicht da ist und nur sein Eintreffen erwartet wird. Das ist ein Lernen zweiter Ordnung. Das kennen wir auch: Wir lernen einen Duft kennen, beispielsweise den Kaffeeduft. Dann kann dieser gelernte Duft ausreichen, damit wir einen angenehmen Eindruck von einem Restaurant oder einem gedeckten Frühstückstisch haben, ohne dass der Kaffeeduft da sein muss. Das geht deshalb, weil der gelernte Stimulus über das Belohnungssystem die Eigenschaft übertragen kann. Das liegt nicht an der Natur des Stimulus, sondern an der Funktionsweise des Belohnungssystems, das selbst lernfähig ist. Beim Menschen und auch bei den Bienen. Eine weitere Geschichte, die sehr aufregend ist: Wenn eine Belohnung erwartet wird, reagiert das Belohnungsneuron nicht mehr. Nur plötzliche, unerwartete Belohnungen werden registriert. So schützt sich das System selbst vor Übersättigung. Das konnte man etwa zur selben Zeit für das Gehirn von Wirbeltieren und für das der Biene nachweisen. Ich erinnere mich, das war ein besonders eindrucksvoller Moment in der Geschichte der Neurowissenschaften, als mein damaliger Doktorand, Martin Hammer, und der Entdecker dieser Eigenschaften bei den Wirbeltieren, Wolfram Schulz, ihre Erkenntnisse in einem gemeinsamen Symposion dargestellt haben. Der eine konnte es durch extrazelluläre Ableitung im Affengehirn und der andere durch intrazelluläre Ableitung von einem einzelnen Neuron im Bienengehirn nachweisen.

MATTHIAS ECKOLDT: Eine Sternstunde der Neurowissenschaft. Wie ging die Geschichte dann weiter?

RANDOLF MENZEL: Leider nicht so gut. Das lag daran, dass Martin Hammer bei einem Verkehrsunfall ums Leben gekommen ist. Die intrazelluläre Ableitung ist so schwierig, dass ich mit weiteren Doktoranden in dieser Richtung nicht wirklich weitergekommen bin. Wir hätten gern noch viel mehr herausbekommen, weil diese Neurone auch an der Aufmerksamkeitssteuerung beteiligt sind und eine Fülle verschiedener Lernaufgaben übernehmen. Aber es ist uns nicht gelungen.

Verschiedene Arten des Lernens

MATTHIAS ECKOLDT: Was wissen Sie über die evolutionäre Rolle des Belohnungssystems? Ist es basal für alle Lernprozesse? Gilt die Formel, ohne Belohnungssystem kein Lernvorgang?

RANDOLF MENZEL: Das ist eine ganz spannende Frage, die auch an den Schnittpunkten von Neurowissenschaft und kognitiver Psychologie kontrovers diskutiert wird. Lernen begreifen wir ja erst mal als assoziativen Vorgang. Ein neutraler Reiz bekommt durch die Verknüpfung mit einem Belohnungsneuron eine Bedeutung. Aber es gibt auch eine Fülle von Lernformen, die auf den ersten Blick ohne Assoziationen auskommen. Das Navigationslernen beispielsweise. Wenn eine Biene das erste Mal in ihrem Leben einen Ausflug macht, wird sie den Sonnenkompass und die Anordnung der Landmarken lernen, um sicher nach Hause zurückzukommen. Nun spricht einiges dafür, dass auch diese Vorgänge zumindest versteckt assoziative Lernvorgänge sind. Das erfolgreiche Abwickeln einer solchen Verhaltensweise müsste dann auch das Belohnungssystem ansteuern, aber das wissen wir noch nicht.

MATTHIAS ECKOLDT: Dieser Vorgang würde dann nicht über die Rezeptoren gehen, sondern gewissermaßen eine Form der inneren Belohnung darstellen.

RANDOLF MENZEL: So ist es. Das Gehirn sagt: »Das ging aber gut! Jetzt machen wir gleich das Belohnungsneuron an.« Das signalisiert dann wiederum dem Gehirn, dass es sich die gerade abgelaufenen Prozesse einprägen soll. So entwickelt sich eine Gedächtnisspur. Das haben wir bei den Bienen auch gefunden. Ob wir solche Prozesse aber tatsächlich als assoziative Lernvorgänge bezeichnen können, ist nicht wirklich geklärt.

MATTHIAS ECKOLDT: Das müsste man doch aber eigentlich herausbekommen, indem man schaut, ob das Belohnungsneuron aktiv wird oder nicht.

RANDOLF MENZEL: Prinzipiell ja, aber uns ist da noch kein entsprechendes Experiment eingefallen. Dazu müsste man das Belohnungsneuron registrieren, während die Biene eine Navigationsaufgabe lernt. Das ist nicht so einfach.

MATTHIAS ECKOLDT: Wie würde man denn die andere Art des Lernens, also das nichtassoziative Lernen, bezeichnen?

RANDOLF MENZEL: Das wäre dann latentes Lernen. Latent in dem Sinne, dass der Strom der sensorischen Eingänge Spuren im Hirn hinterlässt. Es gibt einen sehr prominenten, aber von den Neurowissenschaften völlig ignorierten Psychologen, Randy Gallistel an der Rudgers University in den USA, der annimmt, dass alles Lernen nicht assoziativ strukturiert ist. Nach ihm ist alles Lernen sensorisches Lernen, und nur hin und wieder kommen Bewertungen hinzu, sie haben aber lediglich etwas mit Aufmerksamkeitssteuerung zu tun.

MATTHIAS ECKOLDT: Meines Erachtens kommt ja noch ein Aspekt dazu, nämlich das, was die Biene genetisch mit auf den Weg bekommt. Es ist ja in diesem Zusammenhang, glaube ich, nicht sinnvoll zu behaupten, dass da ein leeres Gefäß auf die Welt kommt, und alles, was die Biene kann, kann sie durch Erfahrungslernen. Vom Aufbau des Bienenstaates bis zum Honigsuchen. Wie stellt sich für Sie das Verhältnis von genetischer Ausstattung und erfahrungsgeleitetem Lernen dar?

RANDOLF MENZEL: Man würde ja annehmen, dass bei Bienen der Anteil genetisch geprägter Schaltkreise besonders hoch ist. Nicht umsonst bezeichnet man ja auch Insekten oft als kleine Roboter. In gewisser Weise stimmt das ja auch. Eine Fülle von vor allem über das Duftsystem gesteuerten Verhaltensweisen ist bei den Insekten stark genetisch geprägt. Mein Interesse aber gilt der Plastizität, also den erfahrungsabhängigen Veränderungen. Es gibt viele sensomotorische, reflexartige Verknüpfungen in einem Organismus. Aber auch da gibt es solche, die eher streng, und andere, die eher locker sind. Streng sind sie erstaunlicherweise im sozialen Kontext. Wenn man sich ein einzelnes Tier im

Bienenstock anschaut, kommt es einem stereotyp vor, als wenn es wie ein Zahnrad im sozialen Gefüge agiert. Daraus ergibt sich in meinem Verständnis ein Widerspruch. Die besondere Komplexität eines Bienenstaats besteht ja gerade darin, dass er so außerordentlich adaptiv ist und mit unterschiedlichen Umweltbedingungen gut umgehen kann. Trotzdem scheinen die Mechanismen auf Einzeltierebene besonders stereotyp zu sein. Erst über das Schwarmverhalten kommt dann die Anpassungsleistung zustande. Der andere Aspekt ist, dass eine große Zahl von Verhaltensweisen – insbesondere im Zusammenhang mit der Navigation – so sein muss, dass die Biene angeborenermaßen weiß, worauf sie achten muss. Den Zusammenhang zwischen Sonnenstand, innerer Uhr und dem Polarisationsmuster im Himmel muss es sofort verstehen. Das muss also angeboren sein. Aber es ist in einer Weise angeboren, dass es an die verschiedenen Umweltbedingungen angepasst werden kann. Denn die Sonnenzeit ist ja nördlich und südlich vom Äquator völlig verschieden, und Bienen haben kein Problem, sich unter den jeweiligen Bedingungen zu orientieren.

MATTHIAS ECKOLDT: Auch im Frühjahr und Herbst ist sie am selben Breitengrad verschieden.

RANDOLF MENZEL: Die Bienen müssen das Navigationssystem also je nach Umweltbedingungen anpassen. Sie lernen auf diese Weise nicht nur, den angeborenen Sonnenkompass zeitlich zu triggern, sondern ihn auch noch mit den jeweiligen Landmarken in Verbindung zu setzen. Das Netzwerk von angeborenen und erlernten Mechanismen ist letztlich sehr engmaschig verwoben.

MATTHIAS ECKOLDT: Kann man den Unterschied auf neuronaler Weise in irgendeiner Form nachvollziehen?

RANDOLF MENZEL: Das sind sehr spannende Fragen, wir haben auch in dieser Richtung einige Experimente laufen, aber es gibt da noch keine Antworten.

Der Wunderbrunnen Wissenschaft

MATTHIAS ECKOLDT: Sie können ja bereits auf eine lange Forscherlaufbahn zurückblicken. Kommt es Ihnen manchmal so vor, als ob jeder geklärte Sachverhalt einen neuen Problemhorizont aufreißt?

RANDOLF MENZEL: Das wäre eine grundsätzliche Beschreibung davon, wie Wissenschaft läuft. Das ist wie ein Wunderbrunnen: Je mehr man schöpft, desto tiefer wird er. Der berühmte Neurowissenschaftler Eric Kandel hat einmal gesagt: Eine gute Wissenschaft zeichnet sich dadurch aus, dass man alte Fragen präziser stellt und neue Fragen aufwirft. Das wirklich Faszinierende an Wissenschaft ist natürlich die neue Frage oder die Kehrtwendung innerhalb einer Fragestellung.

MATTHIAS ECKOLDT: Wie würden Sie diesen Sachverhalt auf die Neurowissenschaften herunterrechnen?

RANDOLF MENZEL: Die Neurowissenschaft ist einerseits durch die Methoden begrenzt, die wir zur Verfügung haben, andererseits aber vor allem dadurch, dass wir nicht einmal eine noch so lockere Theorie der Funktionsweise des Nervensystems haben. Wir sammeln noch und sind weit von einem roten Faden entfernt.

MATTHIAS ECKOLDT: Die Ansicht von Sir Karl Popper, nach der Wissenschaft einen asymptotischen Prozess der Annäherung an die Wahrheit beschreibt, können Sie dementsprechend nicht teilen.

RANDOLF MENZEL: Wenn ich über Wissenschaft als Wunderbrunnen und als Neuansatz für das Fragestellen sprach, dann beschreibt das gewissermaßen die ansteigende Flanke der popperschen Asymptote. Von dem flach zulaufenden oberen Teil sind wir noch sehr weit weg. Man kann meines Erachtens die Asymptote auch folgendermaßen deuten: Wenn man eine Theorie hat, stößt man irgendwann an die obere Grenze. Das wären dann die Erkenntnisgrenzen der Theorie. Die sind einmal durch die Einschränkungen der Empirie gegeben, andererseits sind sie auch durch den historisch geprägten Blickwinkel gesetzt. Das war in der Physik besonders deutlich. Man hat gedacht, mit der klassischen Physik hat man eine Asymptote erreicht, bis dann ein ganz neuer Blickwinkel das Fach wiederum an den Anfang der Asymptote, an die steil aufsteigende Kurve, versetzte. Das ist aber für so eine »schmutzige« Wissenschaft wie die Biologie noch in ganz weiter Ferne.

Zur Theorie des Hirns

MATTHIAS ECKOLDT: Steht denn in den Neurowissenschaften möglicherweise ein fundamentaler Paradigmenwechsel bevor, ähnlich wie in der

Physik zu Beginn des 20. Jahrhunderts? Ist es aus Ihrer Sicht so, dass man eine ganz neue Idee, eine völlig neue Perspektive braucht, um aus dem von Ihnen beschriebenen Zustand des Sammelns herauszukommen? Anders ausgedrückt: Hat die Neurowissenschaft derzeit nur Probleme beim Suchen nach Lösungen, oder weiß sie letztlich gar nicht, wonach sie eigentlich sucht?

RANDOLF MENZEL: Wir sind in dem Stadium, wo wir weder eine Theorie noch überhaupt eine Vorstellung davon haben, wie eine Theorie aussehen könnte. Erst wenn man die Idee für eine Theorie hätte, könnte man auch die entsprechende Perspektive entwickeln. Die Neurowissenschaft hatte ja gedacht, wenn man in der Lage wäre, die molekularen Elemente einer Nervenzelle zu verstehen, hätte man auch eine synthetische Form einer von unten herauf entwickelten Theorie des Gehirns. Diese Vorstellung haben auch nach wie vor viele Kollegen, aber das ist meines Erachtens ein Irrweg.

Wie funktioniert Gedächtnis?

MATTHIAS ECKOLDT: Beim Menschen kennt man zumindest sechs Gedächtnisformen: das prozedurale, das perzeptuelle, das sogenannte Priminggedächtnis, in dem Wiedererkennungswahrscheinlichkeiten gleicher Reizklassen verhandelt werden, das präsemantische Gedächtnis, das uns das Erkennen von Teilen von Familien ermöglicht, das Faktengedächtnis und das autobiografische Gedächtnis. Gibt es da Entsprechungen im Bienenreich?

RANDOLF MENZEL: Die Einteilung, die Sie jetzt angeführt haben, geht auf eine Kategorisierung der kognitiven Psychologie zurück. Mit Leichtigkeit könnte man aber auch 20 andere Gedächtnisse in der gleichen Weise konzeptionieren. In einem Buch, das ich herausgegeben habe, wurden 48 verschiedene Gedächtnisse dargestellt. Ich glaube aber letztlich nicht, dass man auf diese Weise sehr viel von dem abbilden kann, wie unser Gehirn funktioniert. Trotzdem bleibt natürlich die Frage, die Sie gestellt haben, interessant, wie sich das Ganze mit den Gedächtnisformen bei Insekten vergleichen lässt. Selbstverständlich verfügen Bienen über ein perzeptuelles Gedächtnis, denn sie können Kategorien bilden. Sie verfügen auch über ein autobiografisches Gedächtnis in dem Sinne, dass Bienen in Kommunikation mitteilen können, was sie selbst erlebt haben.

MATTHIAS ECKOLDT: Über den Schwänzeltanz.

RANDOLF MENZEL: Über den Schwänzeltanz können sich Bienen über Richtung und Entfernung austauschen. Das ist also im Prinzip keine Frage, dass man solche Brücken schlagen kann. Von der neurobiologischen Seite aus ist es besonders spannend, verschiedene Gedächtnisphasen zu unterscheiden. Ich unterscheide fünf verschiedene Gedächtnisphasen bei Bienen. Damit meine ich sensorisches Gedächtnis, Kurzzeitgedächtnis, Mittelzeitgedächtnis, frühes Langzeitgedächtnis, spätes Langzeitgedächtnis. Auch dort ergeben sich Parallelitäten zum menschlichen Gehirn. Interessant ist dabei die Bedeutung der verschiedenen Konsolidierungsphasen: Welche Moleküle sind jeweils beteiligt, unter welchen Umständen werden welche Gene aktiviert, wann treten Strukturveränderungen auf? Da gibt es zwischen Insekten und Wirbeltieren eine geradezu erschreckende Gleichartigkeit in den Mechanismen. Da fragt man sich manchmal, kann denn die Evolution in 500 Millionen Jahren nicht einmal etwas ganz Neues erfinden? Gerechterweise muss man sagen, dass der Evolution mit dem menschlichen Gehirn schon einiges Neue eingefallen ist. Aber bis dahin sind die Parallelitäten der Grundmechanismen schon sehr frappierend.

MATTHIAS ECKOLDT: Kann man sagen, was letztlich der Inhalt des Gedächtnisses ist?

RANDOLF MENZEL: Das ist eine hochinteressante, kontrovers diskutierte Frage. Die Neurowissenschaftler reden eigentlich nur über die Mechanismen und Strukturen des Gedächtnisses auf der molekularen Ebene, auf der Netzwerkebene und der Ausleseebene. Das alles lässt die entscheidende Frage nach dem Inhalt unberührt. Darüber haben die Psychologen intensiv nachgedacht. Eine These wäre, dass es überhaupt keinen Inhalt gibt, sondern der Inhalt erst im Moment des Abrufens entsteht. Wenn ich eine Vokabel oder eine mathematische Formel gelernt habe, dann finde ich die nirgendwo im Gehirn, weil sie erst in dem Moment entsteht, wenn ich mich daran erinnere.

MATTHIAS ECKOLDT: Demnach wäre der Inhalt des Gedächtnisses nicht der Inhalt, wie wir uns das landläufig in Allegorie zum Computer oder besser noch zur Bibliothek vorstellen, sondern der Inhalt wäre eigentlich die Summe meiner inneren Zustände, die den Suchmechanismus im Inneren auslösen.

RANDOLF MENZEL: Gut, dass Sie das sagen. Die Bibliotheksmetapher steht für die alternative Vorstellung. Da wäre in unserem Kopf etwas gespeichert, und man müsste dann jeweils ein bestimmtes Buch herausziehen, um an den gewünschten Inhalt zu kommen. Manchmal finde ich das Buch nicht, dann brauche ich etwas länger, aber es ist trotzdem noch da. Ich denke, die meisten Neurowissenschaftler haben – zumeist unausgesprochen – diese Bibliotheksvorstellung.

MATTHIAS ECKOLDT: Aber diese Vorstellung von Gedächtnis ist nicht beweisbar.

RANDOLF MENZEL: Nein, es gibt keine experimentellen Beweise dafür. Nehmen Sie die Kernspintomografie. Dem Probanden wird gesagt: »Stell dir vor, du bist in London und fährst zum Piccadilly Circus.« Da geht es ja nicht um die Speicherinhalte, sondern nur um das Abrufen. Damit aber untersucht man die ganze Zeit den Prozess des Abrufens, wobei im Hintergrund die Idee der Bibliothek herumspukt. Ich glaube, es gibt trotzdem einen Ausweg. Nämlich den Schlaf. Da beschäftigt sich das Gehirn ausschließlich mit seinen Gedächtnisinhalten, ohne irgendwelche sensorischen Anlässe von außen.

Das Manifest

MATTHIAS ECKOLDT: Sie haben an dem *Manifest* elf führender Hirnforscher über Gegenwart und Zukunft des Faches mitgeschrieben. Es datiert aus dem Jahr 2004. Wie lesen Sie das *Manifest* heute?

RANDOLF MENZEL: Der Text war ursprünglich in einer Art molekularbiologischer Euphorie angelegt. Erst im Laufe der Arbeit daran wurde er kritischer. Mir lag vor allem daran, unsere Probleme auf der mittleren Ebene zu betonen. Da der Text vom Tenor her jedoch einen deklarativen Promoting-Aspekt haben sollte, durften wir unser Licht auch nicht unter den Scheffel stellen. Ich bin der Meinung, dass es trotzdem hilfreich war, weil es der Öffentlichkeit gezeigt hat, welche Mentalität bei den Forschern existiert. Kontroversen sind darüber hinaus ein Zeichen dafür, dass wir es mit einem außerordentlich produktiven Forschungsgebiet zu tun haben. Das *Manifest* war in meinen Augen ein Aufruf der Hoffnung.

MATTHIAS ECKOLDT: Das habe ich anders gelesen. Mir fiel in dem *Manifest* eher die starke Ernüchterung auf, die sich auf die methodischen und apparativen Fragen bezog. Beispiel MRT, mit der man keine bioelektrischen Impulse messen kann, sondern nur sehr indirekt über die Änderungen in der Sauerstoffaufnahme des Blutes etwas über neuronale Aktivitäten herausbekommen kann. Was können Sie aus Ihrer Praxis dazu sagen: Wie weit kommen Sie mit den heutigen Methoden, wo stoßen Sie an prinzipielle Grenzen?

RANDOLF MENZEL: Wir glauben, dass es immer entscheidender wird, die neuronale Aktivität wirklich direkt zu messen. Wir müssen Messungen durchführen, die es möglich machen, das Geschehen in einem Netzwerk verschalteter Neurone darzustellen. Das bedeutet, man braucht räumliche Auflösungen im Bereich von Mikrometern und zeitliche Auflösungen, die bei wenigen Millisekunden liegen. Das gelingt bei Insekten schon, aber bislang nur in kleinen Bereichen. In diese Richtung wird die Forschung weiterlaufen. Auf der Grundlage solcher methodischen Möglichkeiten muss man gegenüber den herkömmlichen Untersuchungsmethoden skeptisch sein.

MATTHIAS ECKOLDT: Sie meinen EEG und MRT.

RANDOLF MENZEL: Die sind sowohl in der räumlichen als auch in der zeitlichen Auflösung so weit von den Netzwerkebenen entfernt, dass man damit über diese Strukturen nahezu gar nichts aussagen kann. Im menschlichen Gehirn kann ich jedoch keine invasiven Methoden anwenden. Insofern hat da jede Sorte von experimentellem Zugang bei Tieren guten Sinn. Man muss nur wissen, welche Frage man stellt. Wenn man sich fragt, wie Netzwerke funktionieren, die Gedächtnis oder Willen oder Aufmerksamkeit produzieren, dann erkennen wir mit den heutigen Methoden nicht so wahnsinnig viel. Für die Abwägung, ob man einen Tumor operieren sollte oder nicht, sind die heutigen Methoden jedoch gut zu verwenden.

MATTHIAS ECKOLDT: *Das Manifest* geht davon aus, dass das Gehirn im Einzelnen deterministisch funktioniert, zugleich aber wird konzediert, dass man das Gehirn aufgrund seiner Komplexität niemals vollständig beschreiben kann! Worauf stützt sich dann erkenntnistheoretisch die Annahme des Determinismus?

RANDOLF MENZEL: Der Determinismus ist eine notwendige Zugangsweise jeder Art von Naturwissenschaft.

MATTHIAS ECKOLDT: Also eine Setzung.

RANDOLF MENZEL: Ja. Wenn wir zugeben würden, dass die Geheimnisse letztlich in einer dualistischen Weise versteckt sind, würden wir unseren Forschungsgegenstand beschneiden. Außerdem bringe ich mich jenseits dessen auch noch als Mensch ein, der vielleicht annimmt, dass über allem noch etwas Geheimnisvolles schwebt, das man mit den physikalischen Methoden nicht messen kann. Mir ist noch kein Kollege begegnet – auch in den streng wissenschaftlichen Gesprächen beim Glas Bier nicht –, der letztlich doch (noch) dualistisch denkt.

Gespräche über Gott

MATTHIAS ECKOLDT: Ich kann mir, ehrlich gesagt, nicht vorstellen, dass es keine Neurowissenschaftler geben sollte, die auch an Gott glauben.

RANDOLF MENZEL: Es gibt Neurowissenschaftler, die an Gott glauben. Aber wenn man mit denen spricht, merkt man rasch, dass sie mit Gott etwas anderes meinen: Sie meinen damit eher eine kosmologische Perspektive, aber nicht die evolutive und nicht die menschliche. Es geht da letztlich um das Grundproblem des Anfangs und des Endes. Das liegt aber außerhalb jeder Form von Physik und ist eine offene Tür für den Glauben.

MATTHIAS ECKOLDT: Aber damit wäre dann doch die Vorstellung vom Geist ohne Substrat in der Welt.

RANDOLF MENZEL: Nein. Es ist die Vorstellung eines Geistes, der aus den Regeln der Physik im Urzustand entstanden ist und sich dann im Verlaufe der kosmologischen und biologischen Evolution ausgeprägt hat.

MATTHIAS ECKOLDT: Nur, wenn sich dieser Geist – wie immer man den auch benennt – ausgefaltet hat in der Entwicklung, warum kann man den dann auf der neuronalen Ebene plötzlich abziehen, warum läuft da dann alles materiell-deterministisch ab?

RANDOLF MENZEL: Weil diese Vorstellung davon ausgeht, dass es zwar unklar war, wie der Anfang war, aber danach gab es nur noch die Physik.

MATTHIAS ECKOLDT: Das wäre dann die auch von Leuten wie Voltaire vertretene Konzeption des Deismus, nach der Gott zwar irgendwann die Welt geschaffen hat, sich fürderhin aber vom Alltagsgeschäft fernhält.

RANDOLF MENZEL: Wenn die Welt im Ursprung so angelegt ist, dass sie sich nach den Gesetzen der Physik verhält, dann braucht es da keine andere Macht mehr. Das ist die Form der Religiosität jener Wissenschaftler, die an Gott glauben. Die meinen aber nicht, dass sich da irgendwo noch ein bisschen Gott zwischen den Neuronen befindet.

Wie Körper und Geist zusammenwirken

MATTHIAS ECKOLDT: Wie steht es Ihrer Erfahrung nach um das Verhältnis von Gehirn und Körper? Das Gehirn registriert als Wohlbefinden, wenn sich die Blutgefäße weiten, als Unwohlsein, wenn sich die glatte Muskulatur in den Gefäßen zusammenzieht. Die Fähigkeit, all dies in unserem Inneren wahrzunehmen, bezeichnet man als interozeptiven Sinn, der ungemein wichtig für alle Entscheidungsprozesse ist. Zwar ist das Gehirn ein operativ geschlossenes System, aber ohne den Körper und die Signale von dort wäre es schlicht nicht betriebsfähig. Leisten dazu die Bienenstudien etwas Erhellendes?

RANDOLF MENZEL: Da gibt es zwei Gesichtspunkte. Einmal geht es um das innere Tun, das Finden von Entscheidungen in Abhängigkeit von den inneren und äußeren Zuständen. Der andere Aspekt besteht in der Identifikation des Gehirns mit seinem Körper, also dem Ich-Erlebnis. Das sind ja durchaus philosophische, erkenntnistheoretische Problemstellungen. Mich interessiert die Frage, inwiefern beim Finden von Entscheidungen auf neuronaler Ebene die erwartbaren Optionen im Gehirn repräsentiert sind und abgewogen werden. Daraus folgt die Frage, in welcher Weise sich der Körper darauf einstellt. Erst mal würde man meinen, dass so eine Fragestellung für ein Bienengehirn irrelevant ist, da Bienen ja beispielsweise kein Gedächtnis für den Duft der Blüten haben müssen, wenn sie nicht bei den Blüten sind. Das kann sich aber auch ganz anders verhalten. Möglicherweise hat die Biene auch in dem Moment, wo sie den sozialen Akt des Schwänzeltanzes vollführt und einer anderen Biene mitteilt, wo sie hinfliegen soll, so etwas wie »Bewusstsein des Erwarteten«. Es ist nämlich möglich, dass sowohl Sender als auch Empfänger der Botschaft abwägen, ob es sinnvoll ist, zu der entsprechenden Blüte zu fliegen. Da würden wir gern mehr drüber wissen. Was spielt sich ab, wenn eine Biene eine solche Entscheidung trifft? Welche Rolle spielt dabei der erwartete Ausgang des eigenen Verhaltens? Und wie kommt in die Entscheidungsprozesse zwischen verschiedenen Optionen eine

Hierarchie hinein? Dazu haben wir aber noch keine Daten, die auf den neuronalen Mechanismus schließen lassen.

Matthias Eckoldt: Warum ist das so schwierig, solche Daten zu erheben? Sie können doch die Bienen verdrahten und auf neuronaler Ebene ableiten.

Randolf Menzel: Ja schon, aber wir können sie dabei nicht den Schwänzeltanz ausführen lassen.

Matthias Eckoldt: Warum nicht?

Randolf Menzel: Weil die Bienen immer noch an Drähten hängen. Wenn wir endlich in der Lage wären, die neuronalen Signale über Funk zu erheben, würden wir einen gewaltigen Schritt weiterkommen.

Matthias Eckoldt: Wenn man an Radio Frequency Identification – kurz RFID – denkt, dürfte das kein Problem sein.

Randolf Menzel: Rein elektronisch gibt es kein Problem, aber die Stromversorgung funktioniert nicht, die wäre zu groß und zu schwer. Das ist eine absolute methodische Begrenzung. Wir können zurzeit unsere Bienen mit den eingepflanzten Drähten fliegen lassen, aber wir können nichts registrieren.

Warnung vor Psychopharmaka

Matthias Eckoldt: Im bisherigen Gespräch wurde der enorme Komplexitätsgrad des Gehirns – sowohl der Biene, aber vor allem natürlich des Menschen – sichtbar. Wenn man zur Komplexität noch die Eigenlogiken hinzunimmt, denen die neuronalen Systeme folgen und die es letztlich so schwer machen, das Gehirn zu verstehen, würde sich für mich als logische Folge ableiten lassen, dass ein Neurowissenschaftler vor dem Einsatz von Psychopharmaka und Psychostimulanzien warnen müsste. Wie sehen Sie diesen Sachverhalt?

Randolf Menzel: Wir warnen ja ständig vor Psychopharmaka. Wenn ich in der Schule Vorträge halte, ist dieser Aspekt immer dabei. Das kann man auf der mechanistischen, auf der psychiatrischen und auf der Motivationsebene sehr anschaulich machen. Das Wichtige dabei ist, dass unser Gehirn seinen eigenen stofflichen Regeln folgt. Diese Regeln verstehen wir zum Teil schon recht gut. Deswegen kann man sie leider auch missbrauchen. Schon beim Rauchen kann man zeigen, welche Wirkung das Nikotin auf die entsprechenden Rezeptoren hat und wie sich das auf die Motivationsschaltkreise auswirkt. Wenn man beim Lernen raucht und später das Gelernte ohne Zigarette wiedergeben soll, hat man schlechte Karten, weil man sich in einem völlig anderen pharmakologischen Gehirnzustand befindet. Was nun die Gedächtnisdrogen betrifft, so ist es schon beeindruckend, dass über ein Drittel der Wissenschaftler und Studenten an US-amerikanischen Universitäten Psychostimulanzien nehmen. Das gibt einem schon zu denken. Denn man entwickelt Psychopharmaka, um Kranken zu helfen, aber sie können eben auch – wie alles – missbraucht werden. Inwieweit die Einnahme von Psychopharmaka zu langzeitigen Schäden führt, wissen wir noch nicht.

MATTHIAS ECKOLDT: Nehmen wir mal als Beispiel Ritalin®. Das funktioniert hervorragend als Konzentrationsdroge. Man ist völlig fokussiert, kann stundenlang ohne Unterbrechung lernen. Erste Untersuchungen haben aber nun ergeben, dass im Gegenzug das Interesse an sozialen Kontakten und an Sexualität geradezu zum Erliegen kommt. Diesen Punkt meine ich. Wenn man davon ausgeht, dass sich das Hirn selbst steuert, drängt sich doch der Gedankengang auf, dass es bei einer massiven Stimulation von außen nicht nur das Gewünschte, sondern noch ganz viele andere, primär unerwünschte Dinge tut.

RANDOLF MENZEL: Das ist richtig. Die jeweiligen Rezeptoren können gar keine ausschließliche Wirkung zeitigen, weil sie im Gehirn an den verschiedensten Stellen vorkommen. Das Gehirn ist kein Kasten aus Chemie mit verschiedenen Schubladen, sondern eine Struktur. Das ist ja der Grund, warum man jemanden, der an Schizophrenie leidet, nicht wirklich heilen kann. Wenn man ihm Lithium gibt, wirkt das wie ein Holzhammer. Das verwundert einen Neurowissenschaftler im Grunde nicht, aber er würde auch sagen: Vielleicht finden wir von der betreffenden Klasse von Rezeptoren Untergruppen, die man spezifischer ansteuern könnte. Darauf zielt die Hoffnung der Pharmakologie. Aber prinzipiell muss man sagen, dass solche Hoffnungen nicht auf die Chemie allein gerichtet werden können.

Metaphern der Hirnforschung

MATTHIAS ECKOLDT: Sie sprachen gerade vom Chemiebaukasten. Es gab ja zu verschiedenen Zeiten jeweils andere Bilder, die für die Beschreibung des Gehirns verwendet wurden. Im 18. Jahrhundert wurde das Gehirn als hydraulischer Apparat verstanden, im 19. Jahrhundert als Rechenmaschine, im 20. als Computer und im 21. als Netzwerk verteilter Intelligenz wie das Internet. Worin sehen Sie den Wert solcher Metaphern? Haben sie auch Relevanz für die Forschung selbst oder nur fürs Feuilleton?

RANDOLF MENZEL: Wir Wissenschaftler denken genauso wie andere Menschen auch in Bildern. Bilder bieten verschiedene Ebenen der Übertragung an. Man sieht dann die Kabel im Gehirn oder die netzwerkartigen Verbindungen. Wir haben durch die Historie der Metaphern die Möglichkeit, verschiedene Bilder zu verwenden. Wenn wir neuroanatomisch arbeiten, haben wir andere Bilder, als wenn wir funktionell forschen. Der Prozess der Metaphernbildung geht in beide Richtungen. Wenn man eine Struktur aufzeichnet und in einen Kasten ein Belohnungsneuron setzt und das man mit einem Strich mit einer anderen Struktur verbindet, dann ist diese Suggestion so stark, dass man verleitet ist, diesen Strich – als biologische Verbindung – tatsächlich finden zu wollen. Anderes Beispiel: Gerry Edelmann, Nobelpreisträger in den 70er-Jahren, vergleicht die Vorgänge im Gehirn mit Bildern der sozialen Organisation unserer Gesellschaft. Entscheidungsfindungen sind bei ihm dann demokratische Abstimmungen. Neurone stimmen ab und entwickeln sich, indem sie sich selektieren. Nun sucht man nach einem Vorgang, der im Gehirn die demokratische Abstimmung repräsentiert. Edelmann geht dann so weit, dass er die langreichweitigen cortikalen Verbindungen dafür verantwortlich macht. Das sind auch nur Bilder, aber die helfen uns zu denken.

MATTHIAS ECKOLDT: Aber behindern solche Metaphern nicht auch, denn sie geben ja – wie bei Ihren Beispielen schön zu sehen ist – den Möglichkeitsraum für Suchbewegungen vor? Besteht nicht auf diese Weise die Gefahr, dass sie den Blick des Experimentators im Vorhinein schon beschneiden?

RANDOLF MENZEL: Ob uns das als Wissenschaftlergemeinde, die wir ja auch in solchen Metaphern untereinander reden, behindert oder fördert, vermag ich nicht recht zu sagen. Die Physiker würden aus der Erfahrung der Entwicklungen in ihrem Fach sagen, dass es behindert. Erst wenn etwas mathematisch formuliert ist und man es in einer Formel aufschreiben kann, ist auch eine wissenschaftliche Aussage gemacht. Dann erst ist es von den Metaphern unabhängig, und die Logik beweist sich ausschließlich im Formalismus.

MATTHIAS ECKOLDT: So stellt man sich exakte Hard Science vor.

RANDOLF MENZEL: Richtig. Aber wir sind in den Neurowissenschaften noch so weit davon entfernt. Solange wir noch nicht einmal wissen, in welche Richtung die Entwicklung in unserem Fach gehen wird, sind alle Metaphern hilfreich. Das sind ja Arbeitshypothesen, das ist das Material, das uns in die Lage versetzt, die nächste Frage zu stellen.

MATTHIAS ECKOLDT: Mit den notwendigen Einschränkungen, die wohl gut in dem Aperçu des polnischen Sprachwissenschaftlers Alfred Korzybski zusammengefasst sind, der sagte: Die Landkarte ist nicht das Gebiet.

RANDOLF MENZEL: Genau!

Der »Visible Scientist«

MATTHIAS ECKOLDT: Es gibt die Theorie des »Visible Scientist« als einen neuen Typus von Wissenschaftler, der auch außerhalb der Wissenschaft sichtbar wird. Das gilt für Neurowissenschaftler in ganz besonderer Weise. Der Hirnforscher wird teilweise ja schon als Experte für das soziale Miteinander gesehen. Wie erklären Sie sich die hohe Medienaffinität der Hirnforschung?

RANDOLF MENZEL: Die hohe Medienattraktivität ist im Wesentlichen durch den Gegenstand geprägt. Wenn jemand über das Gehirn nachdenkt, dann wird von ihm erwartet, dass er Aussagen formulieren kann, die philosophische, soziale und unmittelbar menschliche Probleme betreffen. Es ist einfach fantastisch, wenn mir jemand erklären kann, warum ich eine farbinduzierte Fläche sehe oder Halluzinationen habe. Hinzu kommt noch, dass die Neurowissenschaften außerordentlich viel Output leisten. Daraus ergibt sich jedoch für den einzelnen Wissenschaftler ein Problem. Er wird als Experte herangezogen für etwas, wofür er letzten Endes gar kein Experte mehr ist. Das betrifft vor allem erkenntnistheoretische Probleme wie den freien Willen. Da kommt es sehr stark auf die Persönlichkeit des Wissenschaftlers an. Die *visibility* ist je nach Charakter eine andere. Da ist es dann sicherlich nicht hilfreich, dass von Verlagen in der *Zeit* Anzeigen geschaltet werden, in denen es heißt: »Der wichtigste deutsche Hirnforscher«. Das ist nicht unbedingt der, der die besten wissenschaftlichen Resultate erzielt, sondern der, der die meisten Bücher schreibt. Auf der anderen Seite ist es natürlich eine anerkennenswerte Leistung, wenn jemand in der Lage ist, über sein Fachwissen verständlich zu schreiben und damit andere Kollegen zu ärgern. Die Debatte über den freien Willen war ja außerordentlich fruchtbar, weil sie andere Fakultäten erreicht hat. Philosophen, Juristen, Psychologen.

MATTHIAS ECKOLDT: Wie stellt sich die öffentliche Verantwortung des Wissenschaftlers für Sie persönlich dar?

RANDOLF MENZEL: Ich bin ja mit meinem Forschungsgegenstand von den öffentlichen Debatten weit entfernt. Aber in den Akademien habe ich mehrere solcher öffentlichen Diskussionen mitgestaltet und auch geleitet. Daher weiß ich, dass es eine mühsame und anspruchsvolle Unternehmung ist.

Was ist Bewusstsein?

MATTHIAS ECKOLDT: Nun noch eine Frage, die ich allen Beteiligten stelle: Was ist Bewusstsein? Kommen wir noch einmal auf den Schwänzeltanz zurück. Setzt die Form der Kommunikation von Bienen nicht eigentlich so etwas wie Bewusstsein voraus?

RANDOLF MENZEL: Bienen haben natürlich kein menschliches Bewusstsein. Aber wenn Bienen ein Gedächtnis konsultieren und entsprechende Inhalte je nach Abfrage der eigenen Körperzustände anderen Bienen mitteilen können, müsste man von einem rudimentären Ich-Bewusstsein oder zumindest einem Eigenerlebnis sprechen. Es ist vielleicht nicht richtig, den Schwänzeltanz eine Sprache zu nennen, aber es ist ein Kommunikationsprozess, bei dem die Biene etwas leistet, was sonst nur noch der Mensch kann: auf einen anderen Ort symbolhaft hinweisen. Das läuft bei Bienen eben nicht so wie beim Affen, der auf den Ort der Aufmerksamkeit hindeutet oder einen Stein hinwirft. Das wäre nicht symbolhaft. Die Biene kann im dunklen Bienenstock, ohne einen Blick nach draußen zu tun, auf einen Ort jenseits des Bienenstockes hinweisen. Dazu müssen die Bezugssysteme wie der Sonnenkompass und die Entfernung abgeglichen werden. Diese Art der Kommunikation ist zudem noch kontextabhängig: Wenn das im Schwarm gemacht wird, hat es eine ganz andere Bedeutung, als wenn es im Stock gemacht wird. Insofern kann man sogar von einer Semantik in der Kommunikation sprechen. Seitdem wir das harmonische Radar haben und die Tiere einzeln im Gelände beobachten, können wir sehen, wie sie auch noch Entscheidungen treffen zwischen dem, was sie im Schwänzeltanz gelernt haben, und dem, was sie vorher wussten. Wenn man irgendwann mal verstehen könnte, wie das im Hirn funktioniert, das wäre eine großartige Sache. Schade, dass ich das nicht mehr erleben werde.

MATTHIAS ECKOLDT: Worin besteht eigentlich aus Ihrer Sicht das Problem bei der Erforschung des Bewusstseins?

RANDOLF MENZEL: Also, das Problem des Bewusstseins besteht zuerst einmal darin, dass wir es als eine Einheit erfahren, obwohl es keine Einheit ist. Wir empfinden auch einen Gegenstand als einheitliches Perzept, neuronal aber ist das keine Einheit, sondern diese Einheit muss erst durch einen Prozess erzeugt werden. Deswegen ist es zu kurz gedacht Bewusstsein bestimmten Gehirnregionen zuzuordnen. Das hängt meiner Ansicht nach vor allem damit zusammen, dass wir keine geeigneten Methoden haben. Vor dem Hintergrund, dass Bewusstsein nichts wesenhaft anderes ist als andere Hirnmechanismen, ist es problematisch, zu glauben, dass wir es da mit einer Einheit zu tun haben. Wenn man das berücksichtigt, kann man für die Subkategorien wiederum experimentelle Zugänge entwickeln.

MATTHIAS ECKOLDT: Dann stellt sich ja sicher noch die Frage, wie sich das Verhältnis zwischen Bewusstem und Nichtbewusstem gestaltet.

RANDOLF MENZEL: Nach allem, was wir über das Hirn wissen, sind die Prozesse, die uns nicht bewusst werden, um mehrere Dimensionen häufiger als die bewussten Prozesse. Wenn man sich nun anschaut, wie die nichtbewussten Prozesse, gemessen an den bewussten, zeitlich verlaufen, dann wird man sehen, dass die nichtbewussten viel schneller sind. Wenn ich stolpere, verhindern unbewusste Prozesse in meinem Hirn, dass ich mir das Bein breche, und erst im Nachhinein wird mir bewusst, dass ich mir nicht das Bein gebrochen habe, weil ich einen Ausfallschritt gemacht habe. Aber nun kommt noch die entscheidende Frage: Wenn ich etwas Bewusstes generiere, sagen wir, die Vorstellung eines roten Kreises, dann liegt die Zeitskala im Sekundenbereich. Das ist für neuronale Prozesse enorm lang. Wenn ich Introspektion betreibe und mich frage, warum ich jetzt »roter

Kreis« gesagt habe, wird mir klar, dass ich eigentlich Verschiedenes ausprobiert habe. Mir wird bewusst, dass ich eigentlich sagen wollte: »roter Klecks«. Das kam mir aber blöd vor. Dann wollte ich sagen: »ein gefüllter roter Kreis«, aber dafür habe ich keinen passenden Begriff gefunden. »Rote Fläche«, aber das enthält nicht Kreis. Also, diese ganzen Erwägungen haben sich zum großen Teil noch bewusst abgespielt. Zweifellos hat dabei aber ein Suchmechanismus unterhalb der Bewusstseinsebene Selektionen betrieben, die dann erst ins Bewusstsein getreten sind. Das meiste von dem, was wir bewusst erleben, ist längst auf nichtbewussten Ebenen erzeugt worden.

MATTHIAS ECKOLDT: Dann kommen wir zum Schluss doch noch zur Debatte über den freien Willen. Bei den Libet-Versuchen wurden 350 Millisekunden, bevor die Entscheidung ins Bewusstsein getreten ist, bereits Aktivitäten in nichtbewusstseinsfähigen Arealen nachgewiesen. Libets Ergebnisse wurden ja unter Ihren Kollegen sehr kontrovers diskutiert und führten dann im Diskurs mit Philosophen und Juristen zur Debatte über die Willensfreiheit.

RANDOLF MENZEL: Es geht dabei um die Identifizierung des Gehirns mit seinem Körper, also um die Verantwortung für Handlungen. Das ist im Kern eine juristische Frage. Gerhard Roth argumentiert meines Wissens: Alle Gehirnzustände werden gewissermaßen automatisch erzeugt. In diesem Sinne ist der Mensch nicht für seine Taten verantwortlich. Die Gerichte hätten dann dementsprechend nur die Aufgabe, die Gesellschaft vor besonders schweren Straftätern zu schützen, aber zu strafen steht ihnen nicht zu, weil kein Mensch wirklich frei entscheiden kann. Das stimmt nach meiner Vorstellung nicht ganz, weil die Verantwortung des Menschen ja nicht nur für diese eine Tat besteht, sondern die Verantwortung des Menschen besteht für sein gesamtes Leben. Jeder Mensch hat im Laufe seiner eigenen Lebensgeschichte Millionen von Entscheidungen getroffen und hat dabei eine Fülle sozialer Lernvorgänge absolviert. Insofern hatte er die Chance, seine eigene Sozialisation produktiv voranzutreiben. Wenn man sich diesen Entscheidungsketten sozialer Lernvorgänge entzieht, dann hat man schon lange vor der zu richtenden Tat die Verantwortung für sein Leben aufgegeben. Das ist letztlich ein ganz feines Netz zwischen Umständen, Zufälligkeiten, Persönlichkeitsstrukturen und Genetik. Von diesen Konstituenten kann der Mensch tatsächlich vieles nicht verantworten, aber seine Lebensdimension, die hat er zu großen Teilen in der Hand.

MATTHIAS ECKOLDT: Und für das, was Sie »Lebensdimension« nennen, steht man dann letztlich auch vor Gericht.

RANDOLF MENZEL: Allerdings haben mir das die Juristen bei den Diskussionen in der Akademie nicht abgenommen. Für die ist das keine ausreichende Bedingung. Die Juristen wollen ja in ihrem Gerechtigkeitsverständnis immer eine Vergleichbarkeit haben und sind um Urteile bemüht, die von der Persönlichkeit des Straftäters unbeeinflusst sind. Aber damit machen sie möglicherweise einen großen Fehler, da die Menschen nun einmal nicht gleich sind. Wenn juristisch relevante Einzelakte zum Tragen kommen, wird dann letztlich eben doch die Persönlichkeit beurteilt, bewertet und bestraft.

»Heute weiß ich weniger über das Gehirn, als ich vor 20 Jahren zu wissen glaubte«

Wolf Singer über die Suche nach dem Sitz des Bewusstseins, eine zufällige Entdeckung und die Aufklärung von Tierschützern

Prof. Dr. Dr. h. c. mult. Wolf Singer *studierte Medizin in München und Paris. Er ist Direktor em. am Max-Planck-Institut für Hirnforschung in Frankfurt am Main und Gründungsdirektor des Frankfurt Institute for Advanced Studies (FIAS) sowie des Ernst Strüngmann Instituts (ESI) for Neuroscience in Cooperation with Max Planck Society mit Sitz in Frankfurt am Main. Seine Forschung ist der Aufklärung der neuronalen Grundlagen kognitiver Funktionen gewidmet. Im Zentrum steht die Frage, wie die über viele Hirnareale verteilten Verarbeitungsprozesse zusammengebunden werden und wie kohärente Wahrnehmungen ermöglicht werden.*

Erkenntnistheoretische Probleme der Hirnforschung

MATTHIAS ECKOLDT: Lassen Sie uns gleich in die Erkenntnistheorie einsteigen. Wenn ein Hirn das Hirn untersucht, droht die Gefahr der Zirkularität. Kommt die Hirnforschung Ihrer Erfahrung nach in eine erkenntnistheoretische Problemstellung hinein, wenn sie sich eigentlich nur introspektiv zugänglichen Phänomenen zuwendet?

WOLF SINGER: Es gibt Probleme, wenn man versucht, Phänomene naturwissenschaftlich zu erklären, die man nur aus der Erste-Person-Perspektive kennt: Vorgänge des Bewusstseins, Emotionen, auch die Inhalte von Wahrnehmungen, die Qualia, die man nur aus eigener

Erfahrung kennt. Man kann dann nur extrapolieren, dass das bei anderen auch so sein wird. Da mache ich natürlich Vorannahmen, die zunächst auf meiner subjektiven Wahrnehmung beruhen müssen. Dann versuche ich, einen gemeinsamen Nenner zu finden für das, was sich operationalisieren lässt, und untersuche, welche neuronalen Prozesse dem zugrunde liegen. Bei diesem Vorgehen kommt man häufiger in Situationen, wo das, was Intuition einerseits und Dritte-Person-Beschreibung andererseits nahelegen, nicht zusammenpassen. Das ist ein Spezifikum der Hirnforschung.

MATTHIAS ECKOLDT: Ich könnte mir vorstellen, dass diese Problematik auf die Spitze getrieben wird, wenn es um das Ich-Bewusstsein geht. Inwiefern ist das Ich ein Problem für die Hirnforschung.

WOLF SINGER: Das Ich ist kein Problem für die Hirnforschung an sich. Man kann durchaus Phänomene, die man nur aus der Erste-Person-Perspektive kennt, wie ein Dritte-Person-Phänomen untersuchen. Es kommt aber manchmal zu Konflikten. Die Intuition legt beispielsweise nahe, dass es im Hirn ein Zentrum gibt, in dem alle Informationen zusammengefasst werden, wo Entscheidungen fallen, wo Bewusstsein entsteht und das agierende, bewertende, entscheidende Ich sich konstituiert. Wenn man aber in die Gehirne hineinschaut und die Organisationsprinzipien analysiert, findet man diesen Ort nicht. Man sieht stattdessen ein distributiv organisiertes System, in dem sehr viele Teilfunktionen in unterschiedlichen Regionen abgehandelt werden. Die einzelnen Prozessoren stehen dabei über massive reziproke Verbindungen miteinander in Kontakt. In diesen Netzwerken bilden sich hochkomplexe raumzeitliche Muster von neuronaler Aktivität aus, die das nicht weiter reduzierbare Substrat für Wahrnehmungen und Entscheidungen und letztlich auch für das Bewusstsein sind. Insofern gibt es da einen Widerspruch zwischen der Vorstellung, die man sich introspektiv über die Vorgänge im Gehirn macht, und dem, was man dann tatsächlich findet.

Wo sitzt das Bewusstsein?

MATTHIAS ECKOLDT: Eine Kartografierung des Ich-Bewusstseins wäre aus Ihrer Sicht gar nicht möglich? Ich frage deshalb, weil ein Kollege von Ihnen – Schihui Han von der Universität Peking – das Ich-Bewusstsein in der unteren Mitte des Stirnhirns ausfindig gemacht haben möchte. Darauf aufbauend, hat er MRT-Versuche gemacht, wo er sowohl Westler wie auch Chinesen in die Röhre geschoben hat und völlig differierende Ergebnisse in Bezug auf das Ich-Verständnis in den beiden unterschiedlichen Kulturen erhalten hat.

WOLF SINGER: Das kann gut sein, dass es da unterschiedliche Aktivierungen in unterschiedlichen Systemen gibt, aber meines Wissens hat bis jetzt niemand ein Areal im Gehirn gefunden, dem man zuschreiben könnte: Das sei der Sitz des Bewusstseins, oder das sei der Sitz für Entscheidungen im Allgemeinen. Es handelt sich immer um Netzwerke, an denen sehr viele Strukturen teilhaben, die in ihrer Gesamtheit aktiviert werden müssen, damit sie einen bestimmten Inhalt repräsentieren. Das gilt auch und gerade für das Bewusstsein. Es gibt kein Zentrum, dessen Zerstörung zum Zusammenbruch des Bewusstseins führen würde. Ausgenommen natürlich die großen modulierenden Systeme im Gehirn. Wenn sie zerstört werden, dann bricht auch das Bewusstsein zusammen. Das ist aber nicht gleichbedeutend mit der Aussage, ich habe ein Zentrum gefunden, in dem sich Bewusstsein konstituiert, sondern das heißt nur, ich habe ein Zentrum gefunden, dessen Zerstörung zum Zusammenbruch der Funktionen führt, die Bewusstsein ermöglichen.

MATTHIAS ECKOLDT: Man nimmt ja in der Hirnforschung ohnehin immer mehr Abstand von den lokalisationistischen Modellen der Hirnkarten und sieht die einzelnen Areale eher in Bezug auf ihre Funktionen als auf ihre Inhalte. So könnte man das Broca-Areal nicht mehr als Sitz der Sprache begreifen, sondern eher funktional als Bereich, in dem Sequenzierung und Hierarchisierung geleistet werden. Das wären Funktionen, die dann unter anderem bei Sprachleistungen eine Rolle spielen.

WOLF SINGER: Die von Broca und Wernicke beschriebenen Hirnrindenareale sind Teile eines Netzwerkes, das dafür benötigt wird, Sprache zu verstehen und zu produzieren. Diese Zentren haben sich auf bestimmte Teilleistungen spezialisiert. Die einen sind mehr für die Erkennung von Inhalten, die anderen mehr für die Programmierung von motorischen Aktionen zuständig, die erfolgen müssen, damit man Sprache produzieren kann. Die Sprachareale sind, soweit wir heute wissen, auch über beide Hirnhälften verteilt. Wir gehen also davon aus, dass es eine Fülle von Arealen gibt, die eine bestimmte funktionelle Differenzierung aufweisen, was vor allem daher rührt, dass sie unterschiedliche Eingangssignale zur Verfügung gestellt bekommen. Die Sehrinde bekommt ihre Informationen hauptsächlich von den Augen, steht aber in Wechselwirkung mit anderen Sinnessystemen, z. B. der Hörrinde. Das ist ganz einsichtig, denn Sie können Sprache als Geschriebenes mit dem visuellen System und als Gesprochenes mit dem Gehör dekodieren. Darüber hinaus brauchen Sie noch spezifische Areale, in denen das Lexikon gespeichert ist. Diese Regionen müssen dann alle miteinander verknüpft sein und kooperieren, damit das eine zum anderen kommt.

MATTHIAS ECKOLDT: Auf diese Weise könnte man meines Erachtens den Sprachvorgang auch mit dem Modell der Hirnkarten erklären. Nun hat man aber auch festgestellt, dass das Broca-Areal beispielsweise auch während der motorischen Handlungsplanung aktiviert wird, also nicht nur für Sprache zuständig ist.

WOLF SINGER: Richtig, Broca ist kein einheitliches Areal, sondern besteht aus Teilsystemen, die mit der Strukturierung von motorischen Sequenzen befasst sind. Das ist natürlich für die Produktion von Sprache besonders wichtig, weil eine Reihe von genau kontrollierten motorischen Aktionen ablaufen muss, damit ein Satz artikuliert werden kann.

Die Debatte über den freien Willen

MATTHIAS ECKOLDT: Infolge unter anderem Ihrer Veröffentlichungen brach ja eine Debatte über das Thema »freier Wille« los. Wie schauen Sie heute auf diese Debatte zurück?

WOLF SINGER: Unverändert! Die Debatte war geprägt von einer Fülle von Missverständnissen, die durch Vulgarisierung von Aussagen in den Medien entstanden sind. Es sind immer wieder unzulässige Verkürzungen gemacht worden. Beispielsweise: Wenn das, was ich im Augenblick tue, das ist, was ich tun musste, weil ich in dem Moment nicht anders handeln konnte, dann ist jemand nicht so frei, wie es im Sinne der juristischen Interpretation von Freiheit angenommen wird. Juristisch wird ja vorausgesetzt, dass ich zum Zeitpunkt der Handlung auch hätte anders entscheiden können. Daraus folgt aber natürlich nicht, was in der Verkürzung oft gefolgert wurde, dass jemand nicht mehr für das verantwortlich ist, was er tut, und deshalb nicht mehr belangt werden kann. Das ist natürlich Unsinn. Was zutrifft, ist, dass aufgrund der Art, wie Hirne funktionieren, man in dem Augenblick, indem man Entscheidung A getroffen hat, nicht in der Lage war, Entscheidung B zu treffen. Im Augenblick der Tat hat einer wirklich nicht anders gekonnt. Das hat vielfältige Ursachen. Davon unbetroffen bleibt, dass der Autor der Handlung für das, was er tut, verantwortlich ist. Da gibt es Handlungen, die von der Gesellschaft als hochmoralisch bewertet werden, und andere, die nicht hingenommen werden können. Erstere werden belohnt, Letztere mit Sanktionen geahndet. Wenn man genau hinschaut, spielt die subjektive Schuld dabei keine große Rolle.

MATTHIAS ECKOLDT: Wieso das nicht? Geht es nicht genau um das Prinzip von Schuld und Sühne?

WOLF SINGER: Nehmen wir folgendes Beispiel: Wenn Sie bei Rot über die Ampel fahren, es passiert nichts, aber Sie haben das Pech, dass Sie fotografiert worden sind, dann bekommen Sie Punkte in Flensburg und eine moderate Geldstrafe. Wenn aber dieselbe Nachlässigkeit, für die es neurobiologisch gute Begründungen gibt ...

MATTHIAS ECKOLDT: ... welche?

WOLF SINGER: Es gibt ein Wahrnehmungsphänomen, das man *attentional blink* nennt. Wenn Sie mit einer Wahrnehmungsaufgabe beschäftigt sind, die Ihre Aufmerksamkeit beansprucht, dann kommt es vor, dass Ihr Gehirn einige Hundert Millisekunden – eben einen Augenblick lang – nicht in der Lage ist, neue Signale zu verarbeiten. Das ist ein völlig normaler Vorgang. Wenn dieses »Übersehen«, das nachvollziehbar ist, zu einem Unfall führt mit Todes- und Invaliditätsfolgen, dann kann das zu einer Verurteilung wegen fahrlässiger Tötung führen. Das heißt also, in diesem Fall ist die Tatfolge entscheidend für die Bemessung der Strafe und nicht so sehr die subjektive Schuld. Dass man das Strafmaß an der subjektiven Schuld bemisst, ist ein Konstrukt, das zu Widersprüchen führt.

Der Libet-Versuch

MATTHIAS ECKOLDT: Im Rahmen der Debatte über die Willensfreiheit spielte der Libet-Versuch eine zentrale Rolle.

WOLF SINGER: Der Libet-Versuch hat meines Erachtens damit überhaupt nichts zu tun.

»Heute weiß ich weniger über das Gehirn, als ich vor 20 Jahren dachte«

MATTHIAS ECKOLDT: Der Libet-Versuch, bei dem Probanden gebeten werden, zu einem von ihnen selbst gewählten Zeitpunkt auf einen Knopf zu drücken, umfasst auch eigentlich nur das Wann, also den zeitlichen Kontext einer Handlung, aber nicht das Was und das Ob und das Warum. Letzteres führt ja erst zu einer konsistenten Definition einer Handlung im Kontext der Willensfreiheit. Der Proband drückt auf den Knopf, und kurz davor ist ein Erregungsmuster zu sehen.

WOLF SINGER: Man kann sich dem Problem noch viel grundsätzlicher nähern. Wenn man davon überzeugt ist, dass die Vorgänge im Gehirn den Naturgesetzen gehorchen, dann muss gelten, dass ein bestimmter Hirnzustand die notwendige Folge des unmittelbar vorausgegangenen Hirnzustands sein muss.

MATTHIAS ECKOLDT: Gilt das auch, obwohl wir ja wissen, dass das Hirn ein hochkomplexes System ist? Gilt dann trotzdem, auf A folgt B?

WOLF SINGER: Komplexe Systeme haben besondere Eigenschaften. Die Dynamik des Gehirns ist nichtlinear. Man kann das, da haben Sie recht, nicht mit einem Uhrwerk vergleichen, das sich völlig voraussagbar in der Zeit entwickelt. Wir haben es beim Gehirn mit einem nichtlinearen System zu tun, das aber deterministischen Gesetzen gehorcht: Jeder Zustand ist die Folge des unmittelbar vorausgehenden Zustands. Allerdings ist es bei nichtlinearen Systemen so, dass ihre Entwicklung über längere Zeitläufe nicht vorausgesagt werden kann. Man kann die Entwicklung immer erst im Nachhinein verstehen.

MATTHIAS ECKOLDT: Das gilt allgemein für nichtlineare Systeme wie das Wirtschaftssystem, das Wetter oder die Evolution ...

WOLF SINGER: So ist es. Alle Systeme, die aus vielen selbstaktiven, miteinander vernetzten Komponenten bestehen, entwickeln solche Dynamiken. Insofern sind die zwei folgenden Aussagen vereinbar: 1) Im Augenblick der Entscheidung hat ein Gehirn nicht anders entscheiden können. Und, 2), die Entwicklung eines Gehirns ist nicht langfristig festgelegt. Jemand, der zu einem bestimmten Zeitpunkt etwas Schreckliches getan hat, muss nicht notwendig das Gleiche in einer ähnlichen Situation noch einmal tun.

MATTHIAS ECKOLDT: Wie gucken Sie in diesem Zusammenhang auf den Libet-Versuch?

WOLF SINGER: Der Libet-Versuch sagt ja nur, was jeder Neurobiologe ohnehin annimmt: Bevor etwas ins Bewusstsein kommt, müssen neuronale Prozesse abgelaufen sein, die dafür sorgen, dass etwas ins Bewusstsein kommt. Inzwischen gibt es ja bessere Varianten des Libet-Versuchs, bei denen man Versuchspersonen frei entscheiden lässt, wann sie etwa mit der rechten oder der linken Hand eine Taste drücken. Vorher misst man die neuronalen Aktivitäten, die beim Bewegen der linken bzw. rechten Hand auftreten. In Kenntnis der jeweiligen neuronalen Aktivierungsmuster kann man dann mitunter schon zehn Sekunden, bevor die Entscheidung gefallen ist, vorhersagen, was der Proband tun wird. Man könnte im Prinzip dem Probanden schon vorher sagen, was er machen wird.

Das Ich als sprachliche Vereinbarung

MATTHIAS ECKOLDT: Aber das macht doch den Skandal eigentlich erst richtig deutlich. Wenn ich auf einen Knopf drücke, dann sage ich doch: Ich habe auf diesen Knopf gedrückt, weil ich das wollte. Ich schreibe mir die Handlung zu. Und dann kommen Sie und sagen, dass sie aufgrund der neuronalen Muster, die Sie in den nichtbewusstseinsfähigen Schichten sehen, schon früher als ich selbst wusste, was ich tun wollte?

WOLF SINGER: Die Neurobiologen erstaunt das nicht. Wir wissen, dass ständig sehr viele Prozesse im Gehirn ablaufen, ohne die Schwelle des Bewusstseins zu erreichen. Die meisten Prozesse, die uns durchs Leben bringen, laufen unbewusst ab. Das kann jeder an sich selbst feststellen. Beim Autofahren oder beim Spazierengehen verarbeiten wir ständig eine gewaltige Zahl von Variablen, um unsere Aktionen dem Verkehr bzw. dem Gelände anzupassen. Ab und zu wird uns dann mal etwas davon bewusst, und zwar dann, wenn wir unsere Aufmerksamkeit auf einen bestimmten Vorgang richten. Weil wir den Drang haben, unsere Handlungen zu begründen, erfinden wir plausible Begründungen oft im Nachhinein, wenn uns die eigentlichen Ursachen nicht bewusst waren. Diese Begründungen müssen dann nicht mit den tatsächlichen Beweggründen übereinstimmen. Man kann beispielsweise Handlungsanweisungen ins Gehirn einspielen, ohne dass sie bewusst wahrgenommen werden. Trotzdem werden sie vom Gehirn bis in die semantische Tiefe verarbeitet, und die entsprechende Handlung wird ausgeführt. Wenn man die Probanden hinterher fragt: »Warum haben Sie das gemacht?«, dann bekommen sie eine konsistente rationale Begründung im intentionalen Format: »Weil ich dies aus den und den Gründen tun wollte ...«

»Heute weiß ich weniger über das Gehirn, als ich vor 20 Jahren dachte«

MATTHIAS ECKOLDT: Das erinnert mich an eine Aussage des Bewusstseinsforschers Robert Anton Wilson, der in der drogenaffinen Zeit in Kalifornien das Hirn untersuchte. Wilson sagte: Im Gehirn gibt es einen Denker und einen Beweisführer. Was immer der Denker denkt und wahrnimmt, wird der Beweisführer beweisen. Können Sie diese Art neuronaler Apologetik nachvollziehen?

WOLF SINGER: Wir wissen, dass wir unterschiedliche Entscheidungsebenen haben. Auf einer Ebene werden die bewussten Entscheidungen getroffen. Naturgemäß lassen sich dort nur bewusstseinsfähige Variablen verhandeln. Diese rationalen Entscheidungen folgen bestimmten logischen Regeln und beruhen auf dem seriellen Abwägen einer begrenzten Zahl von Variablen – ein Prozess, der Zeit braucht, weil er seriell abgearbeitet werden muss. Diese Entscheidungsstrategie kann man sich leisten, wenn die Variablen gut definiert sind und ihre Zahl überschaubar ist. Aber wenn Sie sich entscheiden sollen, ob Sie sich mit einem Partner auf ein langfristiges Unternehmen einlassen sollen, dann ist dieser Mechanismus überfordert. Bei dieser Entscheidung gibt es eine Fülle von unterbestimmten Variablen, von denen ein Großteil zudem nicht bewusst wahrgenommen und in rationale Argumente gefasst werden kann. Solche Entscheidungen muss man den unbewussten Entscheidungsmechanismen anvertrauen, die gut mit vielen, unsicheren Variablen zurechtkommen, weil sie sich auf bewährte Heuristiken verlassen. Der Ausgang solcher Entscheidungen wird aber leider nur über Gefühltes und nicht über rationale Argumente mitgeteilt, wir fühlen das Ergebnis, weshalb wir auch von Bauchentscheidungen sprechen. Die beiden Entscheidungsmechanismen, die bewussten und die unbewussten, müssen nicht zum gleichen Schluss kommen. Weswegen wir auch sagen können: Ich habe jetzt unter Abwägung aller Argumente die vernünftigste Entscheidung getroffen, aber irgendetwas fühlt sich da nicht gut an.

MATTHIAS ECKOLDT: Ist das dann nicht letztlich einfach nur eine sprachliche Zurechnung, wenn man sagt: »Ich habe das so entschieden«?

WOLF SINGER: Das ist ja in jedem Fall richtig. In beiden Fällen war es das Gehirn, das die Entscheidung traf. In diese Prozesse gehen alle Variablen ein, die in dem Augenblick den Gesamtzustand des Gehirns beeinflussen. Zum einen ist das die spezifische Verschaltung, die funktionelle Architektur, des entscheidenden Gehirns, denn sie bestimmt die Abläufe, die zur Entscheidung führen. In dieser Verschaltung ist alles Wissen niedergelegt, über das ein Gehirn verfügt, einschließlich der Programme, nach denen dieses Wissen verarbeitet wird. Hinzu kommen dann die aktuellen Signale aus der Umwelt und dem Körper, kürzlich gehörte Argumente, zufällige Beobachtungen etc. Das alles geht ein in den Gesamtzustand des Gehirns, der zu einer Entscheidung konvergieren muss, wenn es ein konfliktträchtiger war, einer, der eine Entscheidung erfordert, damit das System wieder ins Gleichgewicht gebracht wird.

MATTHIAS ECKOLDT: Wie definieren Sie »konfliktträchtig«?

WOLF SINGER: Das ist ein Zustand, der keine konsistente Lösung darstellt. Sonst müssten Sie ja nichts entscheiden.

MATTHIAS ECKOLDT: Vielleicht ist ja auch die ganze Debatte über Entscheidungen und Willensfreiheit in dem antiaufklärerischen Sinne zu verstehen, dass wir unsere Entscheidungen nicht durchgängig rational fällen. Das ist zwar seit Freud bekannt, aber nun ist es auch neurowissenschaftlich nachweisbar und hat dadurch vielleicht eine größere Autorität?

WOLF SINGER: Wir wissen, dass wir unsere Entscheidungen nicht durchgängig rational fällen. Es gibt Fälle, wo wir nicht in der Lage sind, das bewusste, rationale Entscheidungssystem einzusetzen. Eine knifflige Situation auf der Autobahn beispielsweise. Da müssen gleichzeitig eine Vielfalt von Variablen miteinander verrechnet und Voraussagen gegeneinander abgewogen werden. In einer solchen Situation fehlt die Zeit dafür, die Geschwindigkeiten der einzelnen Fahrzeuge und die Hindernisse, die sich auftun, exakt zu berechnen und abzuwägen, was das Beste ist. Sie handeln blitzschnell, nachdem Sie eine Entscheidung getroffen haben, in die alles Vorwissen aus ähnlichen Situationen eingeht, aber nichts davon wird Ihnen bewusst. Was immer dann die Folgen Ihrer Handlung sein mögen, sie wird Ihnen zugerechnet werden, auch wenn Sie nicht bewusst entschieden haben, denn Sie waren es ja, der das Lenkrad herumgerissen hat.

MATTHIAS ECKOLDT: Das Ich wäre also dementsprechend für Sie gleichbedeutend mit der Gesamtpersönlichkeit. Sie würden das nicht wie Freud unterscheiden vom Über-Ich und vom Es?

WOLF SINGER: Das Ich ist ja nur eine sprachliche Fassung von etwas. Es versteht sich, wenn es sich beschreibt, als das bewusste, das rationale, das intentionale Ich. Aber wir wissen auch, dass dies nur ein Teil des Gesamtsystems ist, das an der Strukturierung von Handlungen beteiligt ist.

Wie der Körper ins Spiel kommt

MATTHIAS ECKOLDT: So viel zum Ich. Wie steht es Ihrer Erfahrung nach um das Verhältnis von Gehirn und Körper? Zwar ist das Gehirn ein operativ geschlossenes System, aber ohne Körper und die Signale von dort wäre es wohl nicht betriebsfähig. Die Fähigkeit, die inneren Zustände wahrzunehmen, bezeichnet man als interozeptiven Sinn. Wenn sich die Blutgefäße weiten, wird das vom Hirn als Wohlgefühl registriert, wenn sich die glatte Muskulatur in den Gefäßen zusammenzieht, als Unwohlsein.

WOLF SINGER: Gehirn/Körper ist ein Gesamtsystem. Wenn Sie den Körper aller Knochen und Muskeln und des Bindegewebes entkleideten und nur das Nervensystem hätten, würde ich Sie wahrscheinlich trotzdem wiedererkennen.

MATTHIAS ECKOLDT: Wie das?

WOLF SINGER: Einfach, weil jeder Kubikmillimeter des Körpers mit Nervenfasern durchsetzt ist. Sie würden als filigranes Gebilde vor mir stehen. Weiterhin sind Gehirn und Körper aufs Engste rückgekoppelt. Jedes Signal, das vom Gehirn in den Körper gesendet wird, bewirkt dort etwas, und dieser Effekt wird von Sinnessystemen an das Gehirn zurückgemeldet. Aus dem Körper kommt ständig eine Fülle von Informationen über den Zustand des Gesamtsystems. Ein Großteil davon ist wiederum nicht bewusstseinsfähig. Von der Tätigkeit des autonomen Nervensystems erfahren wir nur, wenn die Gedärme aktiv werden oder das Herz schneller schlägt. All diese Vorgänge wirken ständig auf sich selbst zurück und beeinflussen natürlich auch den Ausgang anstehender Entscheidungen. Wenn antizipierbar ist, dass eine Bewegung mit großen Schmerzen verbunden sein wird, dann wird die Entscheidung anders ausfallen, als wenn dem nicht so ist.

MATTHIAS ECKOLDT: Aber es gibt ja auch Wohlgefühle im Körper, die bei Entscheidungsfindungen auch mit abgefragt werden.

Inhalt und Struktur neuronaler Speicher

WOLF SINGER: Es muss im Gehirn ein System geben, das in der Lage ist, Gesamtzustände zu bewerten – als stimmig oder nicht stimmig. Wenn man nach einer Lösung sucht, weiß man meist schon, ob man die Fragestellung prinzipiell lösen kann.

MATTHIAS ECKOLDT: Sie meinen, wenn mich jemand nach einem entlegenen Asteroidenpaar oder Ähnlichem fragt, weiß ich sofort, dass ich es nicht weiß und mich gar nicht um eine Lösung bemühen muss.

WOLF SINGER: Genau. Sie können sofort sagen: Das weiß ich nicht. Wie das Gehirn das macht, ist völlig unklar. Es ist unmöglich, in wenigen hundert Millisekunden alle Speicher zu überprüfen. Die Suche muss also auf einem anderen Prinzip beruhen. Zudem ist es möglich, wenn eine Lösung gefunden wurde, anzugeben, wie verlässlich diese Lösung ist. Wenn Sie sich nun vorstellen, dass im Gehirn ständig Aktivitätsmuster entstehen, z. B. wenn es nach einer Lösung sucht, wenn es rechnet und Informationen verarbeitet, dann muss es ein Bewertungssystem im Gehirn geben, das unterscheiden kann, ob die jeweiligen Muster noch von einem Suchprozess herrühren oder schon eine Lösung anzeigen. Diese bewertende Instanz muss drei Funktionen erfüllen: Die Nachricht, dass eine Lösung gefunden wurde, muss an die Belohnungssysteme gehen, weil es ja guttut, wenn man eine Lösung hat und man nicht weitersuchen soll. Eine Kopie dieser Nachricht muss an die Systeme gehen, die Lernvorgänge ermöglichen, denn es dürfen natürlich nur Lösungszustände und nicht die möglicherweise ungeordneten Suchvorgänge zu Veränderungen der Hirnarchitektur führen. Drittens muss dafür gesorgt werden, dass das System aus dem lokalen Minimum eines Lösungszustandes wieder herauskommt. Das System muss aus seinem Verharrungszustand herausgebracht werden, damit es wieder neue Lösungen finden kann.

MATTHIAS ECKOLDT: Wie weit sind Sie bei der Erforschung dieser Zusammenhänge?

WOLF SINGER: Alles das, was ich gerade aufgezählt habe, verstehen wir auf der neuronalen Ebene noch nicht.

MATTHIAS ECKOLDT: Die Frage ist ja in einem prinzipiellen Sinn zu stellen. Wie kann man sich das mit den Speichern und mit den Gedächtnisinhalten überhaupt erklären? Die Bibliotheksmetapher greift doch da wohl zu kurz. Gegen die Annahme, dass fleißige Neurone in den Büchern unseres Lebens nach Inhalten suchen, die sie uns situationsadäquat zur Verfügung stellen, spricht ja schon die vergleichsweise geringe Rechenleistung des Gehirns.

WOLF SINGER: Eine serielle Abfrage von katalogisiertem Wissen, wie das im Computer passiert, kann das sicherlich nicht sein. Wir wissen immerhin, dass das Gehirn wie ein Assoziativspeicher strukturiert ist. Aber die Assoziativspeicher, die wir bislang in der künstlichen Intelligenz konfigurieren ...

MATTHIAS ECKOLDT: ... die sogenannten neuronalen Netze ...

WOLF SINGER: ... genau. Diese neuronalen Netze leisten dieses Informationsverarbeitungswunder auch nicht, weil sie zu wenig dynamisch sind. Das Gehirn wendet da eine andere Strategie an, die wir noch nicht richtig verstanden haben. Es könnte sein, dass wir es da mit einem sehr hochdimensionalen, nichtlinearen System zu tun haben. Es könnte auch sein, dass es sich um Attraktoren handelt, zu denen das gesamte System konvergiert. Aber die Attraktorsysteme, die wir kennen, sind auch zu langsam. Wir wissen das alles nicht. Da muss es noch unentdeckte Prinzipien geben, irgendwas Besonderes [lacht].

Biologische Korrelate mentaler Zustände

MATTHIAS ECKOLDT: Wenn man das alles in Rechnung stellt: Das Gehirn ist ein hochkomplexes System, seine Zustandsänderungen sind unvorhersagbar, die Art und Weise der Informationsspeicherung ist unbekannt, das Bewusstsein ist nicht lokalisierbar. Auf welcher Grundlage gehen Sie eigentlich davon aus, dass geistige Zustände biologische Korrelate haben? Ist das mehr als eine Setzung?

WOLF SINGER: Diese Annahme leitet sich her aus dem Vergleich unterschiedlicher Nervensysteme, aus der Geschichte der Evolution. Wir können das Nervensystem von einfachen Organismen komplett beschreiben.

MATTHIAS ECKOLDT: Paradebeispiele sind der Fadenwurm und die Fruchtfliege.

WOLF SINGER: Genau. Man hat bei diesen Systemen keine Schwierigkeiten, bestimmte neuronale Erregungsmuster mit bestimmten

Verhaltensmustern zu korrelieren. Das Fliegen der Fruchtfliege ist auf neuronaler Ebene nachvollziehbar. Wir sehen also, dass wir Teilfunktionen im Rahmen der gängigen Theorien vollständig beschreiben können. Nun sehen wir im Laufe der Evolution keine grundsätzlich neuen Prinzipien hinzukommen. Das letzte wirklich neue Prinzip ist mit der Großhirnrinde in die Welt gekommen. Aber auch dort scheint es mit rechten Dingen zuzugehen. Sie ist nur extrem komplex, stark vernetzt und positiv rückgekoppelt. Das kennt man in einfacheren Nervenzellsystemen weniger. Aber wir sehen auch in der Großhirnrinde keine Phänomene, die nicht prinzipiell über die Eigenschaften von Nervenzellen erklärbar wären.

MATTHIAS ECKOLDT: Gerade die enorme Komplexität der Großhirnrinde ist schon ein neues Phänomen. Aber auch das ist ja nicht exklusiv mit dem Menschen und seinen mentalen Zuständen verbunden.

WOLF SINGER: Es ist ein hochinteressantes Phänomen, dass die Großhirnrinde eine skalierbare Struktur darstellt. Man kann mehr vom Gleichen hinzufügen und bekommt dadurch neue Funktionen. Von den nichtmenschlichen Primaten unterscheidet uns lediglich ein Dutzend neuer Areale der Großhirnrinde, die in besonderer Weise vernetzt sind. Da muss offensichtlich mehr vom Gleichen den großen Unterschied gemacht haben.

MATTHIAS ECKOLDT: Aber da haben wir es mit einem Emergenzeffekt zu tun. Ein wenig mehr nur vom Gleichen bildet sprunghaft eine völlig neue Struktur aus! Diese Emergenz ist jedoch durch die Hirnforschung auch nicht erklärbar.

WOLF SINGER: Das stimmt, aber da ist nichts Wundersames dabei. Von der Komplexitätstheorie her weiß man, dass Komplexitätsvermehrung zu neuen Qualitäten führen kann.

MATTHIAS ECKOLDT: Insofern hegen Sie keinerlei Zweifel, dass mentale Zustände restlos biologisch zu korrelieren sind.

WOLF SINGER: Es gibt im Augenblick keine Hinweise darauf, dass wir etwas annehmen müssten, was nicht im Rahmen der inzwischen bekannten Naturgesetze beschreibbar wäre. Wobei natürlich auch informationstheoretische Ansätze eine große Rolle spielen und Gesetzmäßigkeiten der nichtlinearen Dynamik ins Spiel kommen, die zum Teil auch kontraintuitiv sind. Aber letztendlich spielt sich alles auf der Basis von Nervenzellen ab, die im Prinzip vollständig beschreibbar sind und auf eine Weise miteinander kommunizieren, die auch sehr gut verstanden ist. Dass darüber hinaus noch etwas ins Spiel kommt, muss man im Moment nicht postulieren, es sei denn, man glaubt, dass einige der parapsychologischen Phänomene, die immer wieder behauptet werden, real sind.

Zum Stand der Hirnforschung

MATTHIAS ECKOLDT: Sie kommen in der Hirnforschung mit der Annahme aus, dass alle mentalen Phänomene und Prozesse letztlich auf neuronalen Zuständen basieren. Meine Frage geht nun noch etwas mehr in die methodische Richtung. Glauben Sie, dass es in der Hirnforschung einen ähnlichen Sprung geben wird wie den von der klassischen Physik zur Quantenphysik? Muss man das ganze System »Hirn« vielleicht noch einmal in einem ganz grundsätzlichen Sinn anders beschreiben?

WOLF SINGER: Diese Fragestellung beschäftigt mich seit geraumer Zeit sehr intensiv. Ich verfolge das auch nicht nur spekulativ, sondern unter Zuhilfenahme von Erkenntnissen anderer Wissensfelder. Ich stelle mir oft die Frage, ob man nicht noch weitere Prinzipien betrachten müsste, die allerdings nicht über die Beschreibung der Naturphänomene hinausgehen. Denn das, was in der Quantenwelt stattfindet, gehorcht ja auch den Naturgesetzen.

MATTHIAS ECKOLDT: Aber die Zustände in der Quantenwelt sind kontraintuitiv und nicht mit den Gesetzen der klassischen Physik zu erklären.

WOLF SINGER: Man hat neue Prinzipien entdeckt, von denen man vorher nichts wusste. Gegeben hat es die natürlich immer schon. So etwas wird uns mit Sicherheit auch passieren. Gerade das Phänomen der extrem kurzen Zugriffszeiten auf die Speicher im Gehirn könnte auf Prozessen beruhen, deren Prinzip wir noch nicht erfasst haben. Ein Grund könnte sein, dass wir aufgrund methodischer Beschränkungen nicht in der Lage sind, die abenteuerlich komplizierte Dynamik in den Arealen der Großhirnrinde wirklich zu erfassen. Bis vor 20 Jahren haben wir uns vorwiegend immer nur mit einem Element, einem Neuron, beschäftigt und die Antworten dieses Elements auf bestimmte Reize untersucht.

MATTHIAS ECKOLDT: Also getreu dem behavioristischen Reiz-Reaktions-Paradigma, das kurz zusammengefasst lautet: Der Reiz bestimmt die Reaktion des Organismus.

WOLF SINGER: Ja, unser Bild war damals, dass das Gehirn eher ein passives, informationsverarbeitendes, reizabhängiges System ist. Eine Art Reiz-Reaktions-Maschine. Wir sind behavioristisch vorgegangen und haben uns von den Sinnesorganen in das Gehirn vorgearbeitet und verfolgt, wie die aus der Peripherie angelieferte Aktivität verarbeitet wird. Die Hoffnung war, dass wir verstehen, wie das ganze System funktioniert, wenn wir diesen Informationsverarbeitungsprozess vom Eingang bis hinein in den Heiligen Gral und dann wieder hinaus zu den Effektoren lückenlos verfolgen können. Dieser Ansatz hat zu vielen wertvollen Entdeckungen geführt, aber er ist hinsichtlich des großen Ziels gescheitert. Deshalb ist auch die Forschung zur künstlichen Intelligenz gescheitert, weil sie sich an diesem Paradigma orientiert hat. Jetzt erscheint uns das alles ganz anders. Ich bin heute der Überzeugung, weniger über das Gehirn zu wissen, als ich vor 20 Jahren zu wissen glaubte.

MATTHIAS ECKOLDT: Weil sich das Gehirn als ein System herausgestellt hat, das seiner Eigenlogik folgt?

WOLF SINGER: Das Gehirn, wie es sich uns heute darstellt, ist ein im hohen Maße selbstaktives System, das eine unglaublich komplexe Verschaltungsstrategie verfolgt. Es sieht so aus, dass es innerhalb kleiner Neuronennetzwerke, in denen die lokalen Prozesse ablaufen, eine Verbindungsmatrix gibt, die es erlaubt, mit einer minimalen Zahl von Umsteigestellen von einem Punkt zum anderen zu gelangen. Auch die Hirnrindenareale sind in dieser Weise verkoppelt, und dies meist reziprok. Das heißt, wir sind inzwischen weit abgekommen von der Vorstellung, dass es lineare Verarbeitungsströme in hierarchisch angeordneten Verarbeitungsebenen gibt.

MATTHIAS ECKOLDT: »Linear« hieße beispielsweise: von den Augen ins Sehsystem, dann weiter zu höheren Arealen und wieder raus zum Effektor?

WOLF SINGER: So funktioniert es offensichtlich nicht. Beim Sehsystem verteilt sich die Aktivität schon nach der primären Sehrinde parallel auf etwa 30 verschiedene Areale, die wiederum miteinander wechselwirken und ihre Ergebnisse an andere Areale weitergeben. Wer sich im

Gehirn gut auskennt, der kann von jedem beliebigen Ort zum anderen mit drei- bis viermal Umsteigen gelangen. Das Gehirn ist also ein selbstaktives System, das ständig komplexe raumzeitliche und hoch strukturierte Muster erzeugt, die von der Netzwerkarchitektur konturiert werden. Diese Netzwerkarchitekturen sind im Groben genetisch festgelegt, werden dann aber während der Hirnentwicklung durch epigenetische Prägung und während des gesamten Lebens durch Lernprozesse überformt, sodass jedes Gehirn durch ein ganz eigenes Verbindungsnetzwerk ausgezeichnet wird. Die sich in diesem Netzwerk entwickelnden raumzeitlichen Aktivitätsmuster drücken Wissen über die Welt, Erwartungen und Hypothesen aus. Nun trifft ein Signal über die Sinnessysteme ein und wird mit den gerade aktiven Mustern verglichen. Aus der Überlagerung entsteht dann wieder ein neues Muster, das dann das Substrat der jeweiligen Wahrnehmung darstellt.

MATTHIAS ECKOLDT: Hört sich tatsächlich sehr kompliziert an. Wenn der Verarbeitungsprozess auf diese Weise verläuft, wären die permanent aktiven Muster vielleicht eine Erklärung für die erstaunlich kurzen Reaktionszeiten, die man braucht. Wir nehmen ja zumindest unserer subjektiven Empfindung nach in Echtzeit wahr.

WOLF SINGER: Wenn Sie einen bellenden Hund vor sich haben, den Sie sehen und dessen Fell Sie betasten, sind alle sensorischen Systeme gleichzeitig aktiv. Die akustischen Areale dekodieren das Gebell. Die visuellen Areale analysieren die optischen Merkmale des Tieres, und die Areale des somato-sensorischen Systems bewerten die ertasteten Eigenschaften des Felles. All diese Merkmale werden in verschiedenen Subsystemen erfasst und analysiert. Der Hund als Ganzes ist an keiner bestimmten Stelle im Gehirn repräsentiert, sondern wird durch ein komplexes raumzeitliches Muster dargestellt, an dessen Ausbildung sich viele Areale mit Millionen von Neuronen beteiligen. Das limbische System fügt diesem dynamischen Gebilde dann noch emotionale Beiwerte hinzu ...

MATTHIAS ECKOLDT: ... Angst oder nicht Angst ...

WOLF SINGER: Genau. Wobei dafür wichtig ist, wie der Hund bellt, wie er steht, wie groß er ist und so weiter. Das alles zusammengenommen, macht dann das Perzept eines individuellen Hundes aus. Gleichzeitig passieren aber noch andere Dinge. Der Hund ist ja eingebettet in ein Umfeld. Es müssen sich auch noch irgendwelche Neuronengruppen darum kümmern, den Zaun zu repräsentieren, der einen von dem Hund trennt. Das ist auch wichtig für die Bewertung der Situation. Mit den klassischen Hirntheorien lässt sich das alles noch nicht befriedigend erfassen.

MATTHIAS ECKOLDT: Welche Parameter werden von den klassischen Theorien nicht erfasst?

WOLF SINGER: Erstens, dass das Gehirn selbst aktiv und initiativ ist. Zweitens, dass das Gehirn Hypothesen formuliert. Drittens, dass es im Gehirn kein Konvergenzzentrum gibt, in dem alle Informationen zusammengeführt werden, damit entschieden und bewertet werden kann. Das sind alles neue Vorstellungen, an die wir uns gewöhnen müssen.

Die Entdeckung der Synchronschwingung

MATTHIAS ECKOLDT: Das hört sich faszinierend an. Das müsste aber für die Hirnforschung geradezu umstürzende Folgen haben.

WOLF SINGER: Das hat natürlich Konsequenzen, und wir waren nicht unbeteiligt an diesem Paradigmenwechsel. Wir waren die Ersten, die an mehreren Stellen gleichzeitig Potenziale von mehreren Neuronen der Hirnrinde in Echtzeit abgeleitet haben. Das war 1985! Im Rahmen von Entwicklungsstudien registrierten wir Aktivitäten aus der Sehrinde, weil wir den Einfluss von Erfahrung auf die Ausreifung von Verbindungsarchitekturen erforschen wollten. Wir manipulierten die Informationsaufnahme, um zu erfahren, wie die erfahrungsabhängige Ausreifung der Verschaltungen in der Hirnrinde erfolgt – eine Optimierungsphase, die durchlaufen werden muss, damit man überhaupt sehen kann. Weil diese Versuchstiere so kostbar sind und wir Veränderungen messen mussten, die innerhalb weniger Stunden abliefen, haben wir viele Elektroden gleichzeitig implantiert, um möglichst viele Informationen von möglichst vielen Neuronen gleichzeitig zu bekommen. Wir waren, glaube ich, die Ersten, die so etwas ausgeführt haben. Eines Tages, da war ich ausnahmsweise alleine im Labor, entdeckte ich durch Zufall Synchronisationsphänomene zwischen verschiedenen Bereichen der Sehrinde. Eigentlich hatte ich einen Fehler gesucht, weil ich an diesem Vormittag keine Signale an den Drähten hatte. Da gab es zwei Möglichkeiten: Entweder waren die Elektroden nicht nahe genug an einzelnen Nervenzellen, oder aber sie waren abgebrochen, was natürlich besonders misslich gewesen wäre. Um das herauszubekommen, habe ich die niederfrequenten Signalfilter ausgeschaltet. Die niedrigen Frequenzen interessierten uns nämlich damals nicht. Wenn die Elektroden nicht gebrochen waren, hätten sich zumindest noch lokale Potenzialschwankungen messen lassen müssen. Zu meinem Erstaunen habe ich im Monitor plötzlich ziemlich regelmäßige Sinusschwingungen gesehen, und aus dem Lautsprecher kam ein dumpfes, rhythmisches Geräusch. Ich dachte zuerst, das sei nur ein Netzbrummen. Der erste Gedanke des Elektrophysiologen. Das war es aber nicht. Dann dachte ich, es wird das Gittermuster sein, das vor dem Kätzchen vorbeibewegt wurde, damit die Neuronen in der Sehrinde aktiviert würden. Das war es aber auch nicht. Also musste diese sehr regelmäßige Synchronschwingung aus dem Gehirn selber kommen. Ich habe dann schnell ein Polaroidfoto vom Monitor gemacht.

MATTHIAS ECKOLDT: Was hat diese Entdeckung eröffnet?

WOLF SINGER: Aus meiner Mitarbeit in den Sonderforschungsbereichen Kybernetik und später nichtlineare Dynamik wusste ich, dass es ein ungelöstes Problem gibt, das sogenannte Bindungsproblem. Wenn die Verarbeitung von Sinnessignalen im Gehirn an verschiedenen Stellen gleichzeitig geschieht ...

MATTHIAS ECKOLDT: ... wenn es also nicht die Großmutterneurone gibt, die immer dann aktiv werden, wenn die Oma in den Blick kommt ...

WOLF SINGER: Genau. Dieses alte Konzept, in dem Objekte am Ende einer Verarbeitungskette durch ein Neuron repräsentiert werden, ist aus verschiedenen Gründen unrealistisch. Wenn die Verarbeitung von Sinnessignalen also nicht seriell, sondern distributiv erfolgt, also an verschiedenen Orten des Hirns gleichzeitig, dann gibt es ein Problem. Es müssen ad hoc bestimmte Neuronenensembles konfiguriert werden, die dann in ihrer Gesamtheit so gekennzeichnet werden müssen, dass sie vom Gehirn als zusammengehörige Einheit erkannt werden können. Wenn ich beispielsweise einen Kopfhörer anschaue und kodieren will, muss ich Neuronen, die schwarze Farbe signalisieren, mit Neuronen verbinden, die Rundungen kodieren. Für den Moment, wo ich den Kopfhörer repräsentiert haben möchte, muss ich diese Neuronen miteinander zu einem Ensemble binden. Im nächsten Moment schaue ich vielleicht meine Kaffeemaschine an, und dann brauche ich wieder Neuronen, die für Schwarzes und für Kurven zuständig sind, aber nun in einer vollkommen anderen Konstellation. Also muss ich ein neues Ensemble bilden. Da stellt sich die Frage, wie sich dies realisieren lässt. Man kann ja nicht für jeden möglichen Gegenstand auf dieser Welt vorgefertigte Neuronenensembles vorrätig halten.

MATTHIAS ECKOLDT: Das wäre wie eine riesige Fotodatei.

WOLF SINGER: Das kann so nicht funktionieren. Also muss man es dynamisch machen, das heißt, die gleichen Neuronen kontextabhängig in immer wieder neuen Konstellationen zusammenbinden. Dazu bedarf es aber einer Signatur, die dem Rest des Gehirns erkennbar macht, was jeweils zusammengehört. Damals dachte ich, das ist es! Weil ich im Monitor gesehen habe, dass die Neurone an verschiedenen Orten synchron geschwungen sind, wenn sie durch das gleiche Objekt erregt wurden, lag die Vermutung nahe, dass die synchronen Schwingungen die Signatur für die Zusammengehörigkeit von Ensembles sein könnten und dass das Bindungsproblem durch die Synchronisierung neuronaler Aktivitäten gelöst werden könnte. Dann haben wir eine Fülle von Voraussagen getestet. In den meisten Fällen haben diese Versuche unsere Hypothese bestätigt, aber sie haben auch neue Daten generiert, die nahelegen, dass sich hinter den synchronen Oszillationen noch weitaus komplexere Prozesse verbergen, die wir bislang nur im Ansatz verstehen.

MATTHIAS ECKOLDT: Eine spannende Geschichte. Wie geht die weiter?

WOLF SINGER: Das ging über Jahrzehnte hin und her. Die europäischen Kollegen interessierten sich recht bald für die neuen Befunde und begannen selber, ihre Implikationen zu untersuchen. Jenseits des Atlantiks war die Skepsis sehr viel ausgeprägter. Zunächst wurden die Befunde angezweifelt und dann, als die Ergebnisse reproduziert worden waren, als Epiphänomen abgetan, das nicht weiter beachtet werden muss. Bald darauf spalteten sich die Lager. Die einen befanden, dass es sich um einen bedeutsamen Mechanismus der Informationskodierung handeln könnte, der bei einer Vielzahl von kognitiven und exekutiven Funktionen zum Tragen kommt. Die anderen hielten dagegen, mit dem Argument, Synchronizität sei schlecht für die Informationsübertragung oder könne von Nervenzellen nicht bewertet werden.

MATTHIAS ECKOLDT: Und wie ist der Stand heute?

»Heute weiß ich weniger über das Gehirn, als ich vor 20 Jahren dachte«

WOLF SINGER: In den Schulen, die sich mit dynamischen Prozessen wie der Verarbeitung von Reizsequenzen, der Erzeugung von Bewegungsmustern und Lernvorgängen beschäftigen, ist es inzwischen Konsens, dass oszillatorische Prozesse und die Synchronisation neuronaler Aktivität wichtige Kodierungsräume eröffnen, wie zum Beispiel den Phasenraum. Aber interessanterweise haben wir im visuellen System Schwierigkeiten – obwohl wir es ja dort entdeckt haben –, da in diesen Schulen immer noch eher statische Vorstellungen davon herrschen, wie Muster verarbeitet werden. In diesem Bereich gehen viele Kollegen immer noch davon aus, dass das stationäre Bild auf der Retina durch serielle Filterung in ein »Hirnbild« übersetzt wird und Beziehungen zwischen Merkmalen nicht durch zeitliche Koordination, sondern durch Konvergenz anatomischer Verbindungen hergestellt werden. Nun bewegen wir etwa viermal pro Sekunde die Augen, was darauf hinweist, dass das Gehirn aktiv die Außenwelt abtastet und jedes Mal andere raumzeitliche Muster generieren muss, um die entsprechenden Erwartungen zu formulieren, dass also Sehen auch ein sehr dynamischer Prozess ist und die Verarbeitung von Sequenzen erfordert.

MATTHIAS ECKOLDT: Aus Ihrer Sicht wäre die Synchronschwingung jedoch so etwas wie eine Grundmatrix, die im gesamten Hirn wirkt und erkennbar macht, welche Neuronenverbände gerade miteinander zu tun haben.

WOLF SINGER: Die Synchronisation ermöglicht die Einbindung von Neuronen, die weit voneinander entfernt liegen, in ein Ensemble, das eine bestimmte Aufgabe übernimmt. Diese Schwingungen sind offensichtlich eine universale Eigenschaft neuronaler Netzwerke. Mittlerweile wissen wir, dass Neuronenverbände nicht nur im 40-Hertz-Bereich synchronisieren, sondern in vielen unterschiedlichen Frequenzbändern. Die Netzwerke im Hippocampus schwingen bevorzugt im Bereich von 7 Hertz. Dazu gibt es eine überlagerte 40-Hertz-Schwingung. In der Großhirnrinde finden sich die Deltawellen (< 2 Hz), die Alphawellen (~ 10 Hz), die Betaoszillationen (15–30 Hz) und schließlich die Gammaoszillationen (> 40 Hz).

Das Manifest

MATTHIAS ECKOLDT: Sie haben an dem *Manifest* elf führender Hirnforscher über Gegenwart und Zukunft des Faches mitgeschrieben. Es datiert von 2004. Wie lesen Sie das Manifest heute?

WOLF SINGER: Das war ja gar kein *Manifest*.

MATTHIAS ECKOLDT: Es hieß aber so.

WOLF SINGER: Die Zeitschrift *Gehirn und Geist* hat das eingefordert. Die Redaktion hatte verschiedene Neurobiologen um ihre Meinung gebeten, und als wir bemerkten, dass es um eine Umfrage geht, haben wir die Herausgeber gebeten, noch weitere Kollegen zu berücksichtigen, damit das Ganze auch repräsentativ wird. Dann suchten wir den kleinsten gemeinsamen Nenner dessen, was die verschiedenen Kollegen für wichtig hielten, und einigten uns auf einen Text. Die Redaktion hat daraus dann das *Manifest* gemacht. Das ging also nicht von uns aus. Was da geschrieben steht, stimmt aber trotzdem.

MATTHIAS ECKOLDT: Besonders diese mittlere Ebene, in der das Geschehen innerhalb von Verbänden von Hunderten bis Tausenden Neuronen beschrieben wird, wurde im *Manifest* als die noch am wenigsten erforschte bezeichnet.

WOLF SINGER: Da fehlen uns nach wie vor umfassende Konzepte.

MATTHIAS ECKOLDT: Die Vorgänge, die Sie gerade im Zusammenhang mit der Synchronschwingung erläutert haben, spielen ja genau auf dieser Ebene.

WOLF SINGER: Eben. Wir wissen sehr viel darüber, wie einzelne Neurone funktionieren und wie sie miteinander kommunizieren. Im Prinzip haben wir das verstanden. Es gibt auch sehr viele Erkenntnisse über Verhaltensleistungen, die wir aufgrund der bildgebenden Verfahren immer besser bestimmten Netzwerken zuordnen können. Wir wissen schon in etwa, was wo passiert. Allerdings darf man sich nicht verführen lassen, in strikte Lokalisationstheorien zurückzufallen. Denn wir arbeiten ja mit Subtraktionsverfahren. Das heißt, wir stellen die Aufgabe A, etwa die Erkennung von Gesichtern, und finden ein entsprechendes kompliziertes Muster verteilter neuronaler Aktivität. Dann stellen wir die Aufgabe B, etwa die Erkennung von Landschaften, die mit einem anderen Aktivitätsmuster verbunden ist. Dann subtrahieren wir die beiden Muster voneinander und bekommen die Muster, die den Unterschied von A und B reflektieren. Zusätzlich definieren wir Schwellenwerte, um die Hintergrundaktivität des Gehirns auszublenden. Dies erlaubt uns schließlich die Aussage: »In dieser Gegend werden bevorzugt Gesichter verarbeitet und an einer anderen

Stelle bevorzugt Landschaften.« Wir wissen jedoch, dass es im Gehirn zu jeder Zeit eine Fülle von Aktivitäten gibt und dass auch spezielle Funktionen von ausgedehnten neuronalen Netzwerken erbracht werden. Wir sind längst von der Überzeugung weggekommen, dass es irgendwo in der Großhirnrinde ein Areal gibt, das ausschließlich für eine Aufgabe zuständig ist. Damit sind wir auf der mittleren Ebene. Wir denken in Netzwerken, die wir aber nicht richtig erfassen können, weil wir noch nicht in der Lage sind, von Tausenden Neuronen gleichzeitig abzuleiten.

Die Grenzen der Untersuchungsmethoden der Hirnforschung

MATTHIAS ECKOLDT: Da geht es um die grundsätzlichen Probleme der Messverfahren. Also bildgebende Verfahren, MRT, EEG.

WOLF SINGER: Die bildgebenden Verfahren haben entweder eine zu schlechte zeitliche oder eine zu schlechte räumliche Auflösung. EEG kann zwar in Echtzeit messen, hat aber nur sehr große Populationen von Neuronen im Blick. Die funktionelle Magnet-Resonanz-Tomografie ist, wenn man es kritisch betrachtet, eine sehr indirekte Methode mit völlig ungenügender zeitlicher Auflösung, da man ja nur ein Durchblutungssignal misst, das aufgrund lokaler Erregungsschwankungen entsteht. Wir haben da ein methodisches Problem, und deshalb wird intensiv nach Verfahren gesucht, die paralleles Ableiten von neuronaler Aktivität mit hoher räumlicher und zeitlicher Auflösung ermöglichen. Das stellt enorme Anforderungen nicht nur an die Mikrotechnologie, sondern auch an die Auswertung von Daten. Es müssen neue Algorithmen zur Analyse hochdimensionaler, nichtstationärer Zeitreihen entwickelt werden.

MATTHIAS ECKOLDT: Wurde denn Ihre aktive Beschäftigung mit Meditation auch von dem Erkenntnisinteresse getragen, mehr über das Bewusstsein herauszubekommen?

WOLF SINGER: Überhaupt nicht! Ich wollte zur Ruhe kommen, eine Woche lang nicht reden müssen und bin durch Zufall in ein ganz striktes Zen-Regime hineingekommen, das verlangte, zwei Wochen lang acht Stunden am Tag vor der weißen Wand zu sitzen. Wir mussten schweigen und durften keinen Blickkontakt haben. Das war hochinteressant, das macht was mit einem.

Der »Visible Scientist«

MATTHIAS ECKOLDT: Zum Schluss noch zum »Visible Scientist«. Die Idee des sichtbaren Wissenschaftlers gilt für die Hirnforschung in besonderem Maße. Wie stellt sich für Sie die enorme Affinität der Massenmedien zur Hirnforschung dar? Warum, denken Sie, gibt es diese Affinität, und wie ist das für Sie persönlich?

WOLF SINGER: Ich habe mich stark für die Öffentlichkeitsarbeit engagiert, weil ich sehr von Tierschützern angegriffen wurde wegen meiner Tierversuche. Ich bemerkte dabei, wie wenig diese Menschen darüber wissen, was wir wirklich tun. Deswegen habe ich angefangen, aufklärerisch zu wirken. Mit Zeitungsartikeln und Vorträgen. Dabei merkte ich, wie groß das Bedürfnis der Menschen ist, über Hirnforschung mehr zu erfahren. Jeder besitzt ein Gehirn und will wissen, wie es funktioniert.

Durch diese Arbeit habe ich immer mehr Respekt davor bekommen, wie kritisch Laien Informationen aus Wissenschaftsbereichen aufnehmen. Ich fand die Diskussionen nach solchen Vorträgen oft spannender und grundlegender als jene, die ich mit meinen Fachkollegen führe. Da weiß man meist, welche Fragen kommen. Dagegen sind die unverbildeten Fragen oft die interessanteren. Ich habe mich auch in der Öffentlichkeitsarbeit engagiert, weil ich das Wort von unserem Altkanzler Schmidt im Ohr hatte, das da lautete: Die Wissenschaft hat eine Bringschuld. Ihr verbraucht Steuergelder und befriedigt eure Neugier und werdet geschützt vom Grundgesetz, also müsst ihr auch etwas zurückgeben an die Gesellschaft. Das große öffentliche Interesse an der Hirnforschung mag zum Teil natürlich auch an der Art und Wiese liegen, wie die Propagandamaschine funktioniert. Wenn nur wir Hirnforscher zu Wort kämen, die wir die methodischen Beschränkungen und die Grenzen unseres Wissens kennen und deshalb immer wieder dazusagen müssen, wenn wir etwas erklären: Das wissen wir nicht, und das kennen wir auch noch nicht, und da haben wir noch nicht einmal eine Idee davon, und hier gibt es noch Rätsel – dann würde die Öffentlichkeit wahrscheinlich nicht mehr so stark danach gieren. Aber in der Medienwelt wird ja mittlerweile fast alles mit dem Präfix »Neuro-« versehen, als ob die Neurowissenschaften die großen Heils- und Glücksbringer wären. Das ist natürlich alles maßlos übertrieben. Ich bekomme Anrufe von den Medien und werde gefragt,

>»Heute weiß ich weniger über das Gehirn, als ich vor 20 Jahren dachte«

was Glück ist oder glücklich macht. Was ich dazu sagen könnte, weiß ich allenfalls aus meiner Lebenserfahrung, nicht weil ich am Gehirn forsche.

MATTHIAS ECKOLDT: Man ist ja zwischendurch auch Mensch.

WOLF SINGER: ... und macht so seine Erfahrung. Forschung ist meist weit von der Lebenswelt entfernt, aber Hirnforschung ist faszinierend, weil das Gehirn einen der letzten großen weißen Flecken auf der Karte des Erforschten darstellt, wie die Kosmologie und Quantenphysik auch. Hier kommen wir auch an die Grenzen des Vorstellbaren, aber *da* liegen sie draußen – in der Hirnforschung geht es um die Erklärung des unerklärten Universums *in mir selbst.*

»Jeder Lernvorgang verändert Struktur und Funktion des Gehirns«

Frank Rösler über das elementare Verschaltungsprinzip im Nervensystem, Computer, die nicht aus dem Fenster springen, und die Probleme bei Messungen im Hirn

Prof. Dr. Frank Rösler, geb. 1945, studierte Psychologie in Hamburg. Von 1986 bis 2010 war er Professor für Allgemeine und Biologische Psychologie an der Philipps-Universität Marburg, seit 2010 ist er Seniorprofessor für Allgemeine und Biologische Psychologie an der Universität Potsdam. Seine Forschungsschwerpunkte sind biologische Grundlagen des Gedächtnisses und der Sprache, neuronale Plastizität und experimentelle Untersuchungen mit bildgebenden Verfahren. Er ist Mitglied der Berlin-Brandenburgischen Akademie der Wissenschaften (BBAW) und der Nationalen Akademie der Wissenschaften Leopoldina. Seit 2011 ist er Mitglied des Präsidiums der Nationalen Akademie der Wissenschaften. Er publizierte ca. 160 vorwiegend englischsprachige Arbeiten in wissenschaftlichen Zeitschriften und Büchern. Von ihm stammt das Lehrbuch Psychophysiologie der Kognition – Eine Einführung in die kognitive Neurowissenschaft.

Die Beschreibung mentaler Prozesse

MATTHIAS ECKOLDT: Ich würde gern mit dem amerikanischen Kybernetiker Heinz von Foerster beginnen, der im Umfeld der Macie-Konferenzen den Forschern, die sich mit künstlicher Intelligenz beschäftigten, die Frage stellte: »Was braucht man eigentlich, um ein Gehirn zu verstehen?« Er beantwortete seine Frage selbst: »Man braucht ein Gehirn!« Damit aber rutscht die ganze Erkenntnissituation in eine eigentümliche Zirkularität. Inwiefern findet sich diese Form der Zirkularität in ihrer Forschung wieder?

FRANK RÖSLER: Das ist eine alte philosophische Frage: Inwieweit sind wir in der Lage, mit unserem Werkzeug das zu verstehen, was dieses Werkzeug wiederum leistet? Dahinter steht natürlich noch eine andere Frage, nämlich die uralte und bisher nicht gelöste Frage nach der Interaktion von Leib und Seele. Auf der einen Seite können wir mit objektiven physikalischen Methoden die Aktivität des Gehirns beobachten, aber auf der anderen Seite haben wir bisher überhaupt keine Idee, wie in dieser objektiven Betrachtung unsere subjektive Welt repräsentiert ist. Also das Problem der Abbildung der Innensicht – dessen, was ich jetzt hier erlebe, wahrnehme und denke – in der objektiven Beschreibung der Hirnaktivität. Natürlich müssen unsere Erlebniszustände irgendwelchen Erregungszuständen im Gehirn zuzuordnen sein, davon bin ich felsenfest überzeugt, aber wir kennen die Regeln nicht, und wir machen da wahrscheinlich sogar einen ganz grundsätzlichen Fehler.

MATTHIAS ECKOLDT: Welchen?

FRANK RÖSLER: Wenn Sie jemanden fragen: »Wer bist du?«, dann definiert er sich, ebenso wie Sie oder ich, aus dem heraus, was wir bewusst wahrnehmen, also aus dem, worüber ich Ihnen oder Sie mir jetzt berichten können. Aber unser Gehirn macht in diesem Augenblick natürlich viel, viel mehr. Ich würde schätzen, 90 % dessen, was in unserem Gehirn passiert, ist nicht bewusst und ist auch dem Bewusstsein prinzipiell nicht zugänglich. Das heißt aber, »ich« als Person definiere mich völlig unvollständig nur aus diesen 10 % bewusster Repräsentationen und Aktivitäten. Nun wissen wir allerdings auch nicht, wo und wie diese 10 % zu verorten sind. Also, dazu haben wir bisher überhaupt keine Idee.

MATTHIAS ECKOLDT: Auf welcher Grundlage gehen Sie dann eigentlich davon aus, dass mentale Prozesse biologische Korrelate haben?

FRANK RÖSLER: Na ja, wir haben wohl keine sehr plausible Alternative. Man kann sich die Frage stellen, ob es etwas Geistiges ohne eine biologische Grundlage geben kann. Und dafür fehlt bisher jegliche Evidenz. Wenn Sie an das Gedächtnis denken, ich wüsste nicht, wie so etwas fassbar sein sollte, wenn nicht mit den Bausteinen der Biologie, die wir bereits kennen. Unsere Kenntnisse mögen noch unvollständig sein, aber es gibt keine Evidenz, dass Gedächtnisbildung in einem biologischen System ohne eine materielle Grundlage möglich ist. Jetzt können Sie die Frage umkehren: »Gibt es biologische Systeme ohne all das, was wir mentale Zustände nennen?« Und da würde ich sagen, nein, die gibt es ebenso wenig wie mentale Zustände ohne biologische Grundlage.

MATTHIAS ECKOLDT: So weit würden Sie gehen? Ein Regenwurm mit mentalen Zuständen?

FRANK RÖSLER: Natürlich! Wobei es darauf ankommt, wie man »mental« definiert. In dem Moment, wo Organismen zwischen verschiedenen Reizen diskriminieren, in dem Moment, wo sie etwas lernen, liegt all das »Kognitive« vor, das sich in wesentlich differenzierterer Form auch bei den Primaten findet. Zielgerichtetes Verhalten impliziert Wahrnehmungen, Entscheidungen und Lernen, lauter Konstrukte der Kognition, ob bei der Ameise, der Biene oder beim Menschen. Wir haben eine Beschreibungsebene, die durch das Verhalten definiert ist, und dafür haben wir bestimmte Begriffe geschaffen, die nicht unmittelbar mit unserer physikalischen Begriffswelt übereinstimmen. Bei uns Menschen kommt noch die Schwierigkeit dazu, dass wir nicht nur die objektive Verhaltensebene, sondern auch noch die subjektive Perspektive der Innensicht, des Erlebens, haben. Auch dafür gibt es eine eigene Begriffswelt, die nicht vollständig mit der Begriffswelt des objektiven Verhaltens übereinstimmt. Dennoch denke ich, dass es letztlich möglich sein muss, die Zustände, Zustandsänderungen und Begriffe aller drei Beobachtungsebenen einander zuzuordnen. Man kann natürlich auch sagen, das sei nur eine Arbeitshypothese, morgen kann einer kommen und uns etwas anderes beweisen. Aber bisher, würde ich sagen, ist es die plausibelste Annahme, davon auszugehen, dass wir eine ontologische Identität haben und unterschiedliche methodische Zugänge.

MATTHIAS ECKOLDT: Wo liegt dabei das Problem?

FRANK RÖSLER: Für mich ist das ein Abbildungsproblem. Wir beobachten ein bestimmtes Verhalten, wir können parallel dazu Biosignale registrieren, das muss einander zuzuordnen sein. Nun stellen wir allerdings mittlerweile in vielen Arbeiten fest, dass das so, wie man sich das vorstellt, nicht geht. Denn die gleichen Hirnareale sind bei ganz

»Jeder Lernvorgang verändert Struktur und Funktion des Gehirns«

unterschiedlichen Aufgaben immer wieder aktiv, beziehungsweise die gleichen Neurone feuern bei ganz unterschiedlichen Aufgaben und Verhaltensweisen. Da offenbart sich ein wesentlicher Punkt, in dem wir dieses System Gehirn und seine Arbeitsweise noch nicht verstehen. Wir wissen nicht, wie ein bestimmtes Verhalten, ein bestimmter Zustand, der zu einem Verhalten führt, auf der biologischen Seite überhaupt repräsentiert ist. Wie sieht das Erregungsmuster aus, das einem bestimmten Zustand zugeordnet werden kann? Ist es zum Beispiel in einer Situation, in der ein Tier seinen Blick ändert, für diese Verhaltensänderung wichtig (hinreichend und notwendig), dass auch irgendwelche Areale im Stammhirn aktiv sind, oder ist es für diese Verhaltensänderung nur wichtig, was in den frontalen Augenfeldern (FAF) passiert – bzw. umgekehrt: Ist die Stammhirnaktivität essenziell und die Aktivität in den FAF entbehrlich? Ich denke, es wird beides wichtig sein, aber wir wissen im Moment nicht, wie solche Systemteile miteinander interagieren. Wir können vermuten, dass da ein sehr komplexes Zusammenspiel vieler Gebiete gegeben ist. Wahrscheinlich ist aber die lokalisationistische Perspektive, die Funktionen und Funktionsänderungen mit eng umschriebenen Orten des Gehirns und ihrer Aktivität in Verbindung bringen möchte, grundfalsch.

MATTHIAS ECKOLDT: Lokalisationistisch heißt, das Gehirn ist wie ein Programm organisiert, sodass sich bestimmte Eigenschaften immer an ganz bestimmten Orten finden lassen. Davon gehen viele Lehrbücher nach wie vor aus. Was ist an dieser Annahme grundfalsch?

FRANK RÖSLER: Sicherlich, wir haben bestimmte Areale, die sind spezialisiert. Wir haben z. B. eine Sehrinde, und da gibt es wiederum Unterareale, die für die Verarbeitung von Farben, von Konturen, von Bewegungen zuständig sind usw. Aber wenn wir jetzt eine visuelle Diskriminationsaufgabe lösen, dann sind nicht nur diese Areale aktiv, sondern noch viele andere auch. Wir brauchen zur Lösung der Aufgabe wahrscheinlich das gesamte Gehirn. Daher halte ich die Idee, dass man Funktionen eng umschrieben verorten kann, für falsch. Früher habe ich auch daran geglaubt, aber durch viele Kernspinuntersuchungen ist mir klar geworden, dass dieselben Areale in ganz unterschiedliche Aufgaben eingebunden sind, dass also nicht der einzelne Ort einer Erregung zählt, sondern das gesamte Muster. Die unterschiedlichen Konfigurationen von Erregungen scheinen entscheidend zu sein, nicht eine bestimmte Stelle im Gehirn.

Frank Rösler

Die Lösung des Leib-Seele-Problems

MATTHIAS ECKOLDT: Gehen wir noch einmal zurück zu den mentalen Zuständen. Von der Philosophie aus stellt sich ja die Grundfrage des Geist-Materie-Problems so dar: Wenn man von der kausalen Geschlossenheit der Welt ausgeht, ist es nicht erklärbar, wie etwas Nichtmaterielles, Nichträumliches – nämlich die mentalen Prozesse – auf etwas Materielles wirken soll. Wie also kann die Idee, meinen Arm zu heben, das Anheben meines Armes verursachen? Für Sie, wenn ich das richtig sehe, für Sie wäre das eher das Wechseln einer Beschreibungsebene?

FRANK RÖSLER: Ich sehe da nicht das Problem. Jeder Gedanke, den ich habe, jedes Wort, das ich spreche, hat eine biologische Entsprechung: Wenn ich jetzt den Gedanken habe, ich möchte meinen Arm bewegen, gibt es vielleicht 100.000 oder mehr neuronale Aktivitäten, und es ist nur meine innere Sichtweise, die mir den Eindruck vermittelt, da sei etwas Nichtmaterielles. Ich habe symbolische Repräsentationen, mit denen ich operieren kann. Die empfinde ich als etwas Nichtmaterielles. Deswegen haben sie aber trotzdem eine materielle Grundlage.

MATTHIAS ECKOLDT: Das heißt, mentale Prozesse sind für Sie letztendlich auch materielle Prozesse?

FRANK RÖSLER: Ja. Ich sehe nur *eine* ontologische Realität, allerdings sehe ich auch ganz unterschiedliche Zugänge zu dieser Realität.

MATTHIAS ECKOLDT: Aber dann gäbe es für Sie in dem Sinne keine geistige Welt. Sir Karl Popper stellte ja die Idee der drei Welten auf. Demnach gibt es die physische Welt, dann die Welt des individuellen Bewusstseins und schließlich die Welt der vom individuellen Bewusstsein unabhängigen geistigen Kulturschätze, wie sie sich etwa in Theorien und Bibliotheken finden.

FRANK RÖSLER: Das will ich ja gar nicht abstreiten. Aber diese Texte, die in den Bibliotheken stehen, die erschließen sich nur durch Gehirne. Die erschließen sich nicht, wenn sie da stehen. Und das Produkt eines biologischen Systems, eine Sprachäußerung, ein Kunstwerk oder was auch immer, können Sie als etwas Geistiges bezeichnen, aber letztlich ist das doch nichts anderes, als wenn der Affe die Kokosnuss nach unten wirft. In jedem Fall ist es eine vom Gehirn ausgehende Handlung, die hat im Gehirn eine materielle Grundlage i. S. eines Erregungsmusters, und sie hinterlässt materielle Spuren in der Welt. Diese wiederum können von anderen Individuen wahrgenommen und auf der Basis ihres Wissens interpretiert werden. Die Interpretation hat dann wieder eine materielle Grundlage als Hirnaktivität.

MATTHIAS ECKOLDT: Von mentalen Prozessen zu reden ist also nur eine Sprachregelung?

FRANK RÖSLER: Ich glaube, schon.

Probleme bei MRT-Untersuchungen

MATTHIAS ECKOLDT: Nun ist es aber auch so, dass Sie in der Hirnforschung keine mentalen Zustände, also keine Gedanken, messen können. In der Regel messen Sie ja nicht einmal elektrische Signale von Neuronen, sondern – beispielsweise bei MRT oder Kernspin – nur Änderungen in der Sauerstoffversorgung in verschiedenen Hirnregionen.

FRANK RÖSLER: Da haben Sie recht. Auf lange Sicht habe ich auch Zweifel, ob wir damit wirklich weiterkommen. Wenn Sie Experimente zur Objektwahrnehmung oder zum Kurzzeitgedächtnis durchführen, dann passiert sehr viel innerhalb von ein paar Hundert Millisekunden. Mit dem Elektroenzephalogramm (EEG) kann ich solche Änderungen mit der gleichen zeitlichen Auflösung beobachten. Mit dem EEG habe ich praktisch eine Onlinemessung. Mit dem Kernspin habe ich das nicht. Im Kernspin gibt es immer eine Latenz von 1 bis 2 Sekunden, bis überhaupt ein sogenanntes BOLD-Signal registriert werden kann. Dieses Signal ist zudem sehr unspezifisch. Ich messe – wie Sie richtig sagen – eine Veränderung der Sauerstoffaufnahme, die mir sagt, da ist jetzt mehr Aktivität. Aber dieses Signal sagt mir nicht, ob die beteiligten Neurone gehemmt oder erregt werden, und sie sagt auch nicht einmal sehr präzise, wie groß die beteiligten Zellverbände sind. Ich glaube nicht, dass man auf diese Weise sehr viel über die »Mechanik« kognitiver Prozesse und ihre biologischen Grundlagen herausbekommen kann.

MATTHIAS ECKOLDT: Hinzu kommt ja noch, dass die Differenzen im Aktivitätsniveau der Neurone in jedem Fall geringer sind, als es die Einfärbungen in den bunten Bildern suggerieren.

FRANK RÖSLER: Gemessen an dem, was auf der neuronalen Ebene passiert, ist das eine ganz grobe Geschichte. Wenn wir wissen, dass z. B. ein einziges Molekül eines Neuropeptids die synaptischen Eigenschaften verändern kann. Ein einziges Molekül kann die synaptischen Eigenschaften verändern! So etwas kann man mit der MRT natürlich überhaupt nicht sehen.

MATTHIAS ECKOLDT: Zeigen Ihnen denn Kernspinuntersuchungen überhaupt etwas?

FRANK RÖSLER: Doch, durchaus. Wir können beispielsweise bei Extremfällen wie bei Erblindeten oder bei Ertaubten sichtbar machen, dass bei einer bestimmten Aufgabe andere neuronale Konfigurationen beteiligt sind als bei normal Sehenden und Hörenden. Wir können auch zeigen, dass solche Konfiguration, die für eine bestimmte Leistung erforderlich sind, bei verschiedenen Menschen, zum Beispiel Alten und Jungen, unterschiedlich sind. Auf einer elementaren Ebene ist damit allerdings nichts zu erreichen. Nehmen Sie unser jetziges Gespräch. Dem liegen in unseren beiden Gehirnen unglaublich komplizierte Prozesse zugrunde. Sie wissen ja, dass bisher kein Computer solche Gesprächsprozesse annähernd simulieren kann. Sprachverstehen ist wie vieles andere auch – z. B. Objekterkennung – ein ganz schwieriges Kapitel. Programme, zum Beispiel, die man kommerziell kaufen kann und die angeblich von einer Sprache in eine andere übersetzen, machen, wenn sie nicht gerade auf ein ganz restriktives Vokabular zugeschnitten sind, gravierende Fehler.

MATTHIAS ECKOLDT: Selbst wenn diese Programme perfekt wären und keine Fehler machen würden, so würden sie trotzdem nicht verstehen, was wir sagen. Die Computer verfügen definitiv nicht über mentale Prozesse.

FRANK RÖSLER: Bei den mentalen Prozessen stellt sich nur die Frage der Gedächtniseinbindung. So würde ich das beschreiben.

MATTHIAS ECKOLDT: Gut, aber selbst wenn ein Computer den Turing-Test bestehen würde und uns täuschend echt vormachen könnte, dass er sich mit uns unterhalten kann, dann versteht er uns trotzdem nicht.

FRANK RÖSLER: Also, ich würde sagen, der Computer versteht uns dann, wenn er das, was ich ihm sage, in eine Handlung umsetzt. Nehmen wir mal an, die Tür steht auf, Sie kommen rein, und ich sage:»Es zieht!«

Dann würden Sie, wenn wir uns ein bisschen kennen, meine Aussage interpretieren und denken, okay, ich habe gerade die Tür aufgelassen, und der Kerl will, dass ich die Türe zumache. Sie gehen zurück und machen die Tür zu, obwohl es gar keine explizite Anweisung gab, lediglich den indirekten Hinweis. Das ist eine unglaublich komplizierte Leistung. Das ist meines Erachtens ein Beispiel für Verstehen. Das gelingt uns, weil wir nicht nur ein grammatisches Wissen und einen Wortschatz haben, sondern auch sogenanntes Weltwissen, wir haben situatives Wissen. Wenn ich einen Computer damit ausrüsten könnte, würde er das genauso machen.

MATTHIAS ECKOLDT: Die Frage wäre dann aber immer noch, inwiefern da letztlich doch ein Rest bleibt.

FRANK RÖSLER: Das weiß ich nicht.

MATTHIAS ECKOLDT: Es gibt ja viele Visionen von Cyber-Wesen, die ganze KI-Forschung hat sich ja damit beschäftigt. Meine Frage ist, ob dann – bei Lösung aller technischen Schwierigkeiten – tatsächlich ein vernunftbegabtes Wesen rauskommt.

FRANK RÖSLER: Das ist wiederum eine andere Ebene. Wenn Sie sagen »vernunftbegabt«, dann haben Sie ja ganz bestimmte Kriterien. Was ist vernünftig, was ist nicht vernünftig? Also, es ist nicht vernünftig, aus dem Fenster zu springen. Aber ich sehe da auch kein grundsätzliches Problem, wenn ich dem Computer das gesamte Weltwissen eintrichtere, u. a., dass man, wenn man aus dem 4. Stock runterfällt, kaputt geht. Das gegeben und eine richtige Situationsanalyse müssten reichen, damit der Computer eine Anweisung – »Spring aus dem Fenster!« – nicht Folge leistet. Der Computer würde sich dann nach Ihren Kriterien auch vernünftig verhalten.

MATTHIAS ECKOLDT: Gut, dann springt der Computer eben nicht aus dem Fenster. Aber gibt es denn für Sie nicht so etwas wie einen metaphysischen Schauer hinter all den ableitbaren Prozessen?

FRANK RÖSLER: Was ich Ihnen jetzt erzählt habe, ist ja alles nur reine Spekulation. Das ist eine Extrapolation von Wissensprinzipien, die wir heute haben. Wenn ich sage, so oder so wird es wahrscheinlich funktionieren, dann heißt das nicht, dass ich es beweisen kann. Da kommen wir jetzt wieder zurück zum Kernspin. Also, ich glaube nicht, dass wir mit dem Kernspin analysieren können, wie ein System wirklich

Sprache versteht. Wir brauchen dazu einerseits eine ganz klare Experimentalpsychologie, um überhaupt die Phänomenologie auf der Ebene der sprachlichen Kommunikation verstehen zu können. Wenn ich das dann auf die Mikroprozesse runterbrechen will, also, was passiert da im Gehirn an bestimmten Stellen, da reicht es nicht aus, die bunten Flecke anzusehen. Vielmehr müsste man dynamische Prozesse der Interaktion von Neuronenverbänden untersuchen können. Und das geht nicht mit dem Kernspin.

MATTHIAS ECKOLDT: Weil der Kernspin immer etwas hinterherhinkt ...

FRANK RÖSLER: Genau, der nimmt etwas auf, wenn eigentlich schon alles passiert ist. Also, wenn ich Ihnen hier einen Satz sage, ist der in einer Sekunde erledigt. In dieser einen Sekunde haben Sie die Wörter verstanden, Sie haben die grammatische Struktur aufgelöst, Sie haben ihr Weltwissen eingebunden, und dann, erst etwa eine weitere Sekunde später, haben Sie im Kernspin ein Signal. Was erzählt uns das?

MATTHIAS ECKOLDT: Nicht furchtbar viel.

FRANK RÖSLER: Genau!

Probleme bei EEG-Untersuchungen

MATTHIAS ECKOLDT: In diesem Fall müssten Sie mit anderen Instrumenten an das Hirn herangehen. Beispielsweise mit dem EEG. Da können Sie gleichsam in Echtzeit aufzeichnen.

FRANK RÖSLER: Das Problem beim EEG ist, dass der Signalrauschabstand sehr klein ist, das heißt, Sie müssen komplizierte Prozeduren einsetzen, um überhaupt ein Signal aus dem Rauschen herauszufischen. Das schränkt die ganze Geschichte dann wiederum ein.

MATTHIAS ECKOLDT: Und Sie kommen mit dem EEG nicht in die Tiefe des Hirns hinein.

FRANK RÖSLER: Ja, Sie kratzen nur an der Oberfläche. Trotzdem glaube ich, dass wir mit diesen Methoden einiges mehr über die Funktionsweise erfahren können als mit dem Kernspin. Es gibt ein paar Belege dafür, nehmen wir mal den Bereich der selektiven Aufmerksamkeitsforschung. Das ist ein großes Gebiet in der Experimentalpsychologie. Zunächst mal, was ist überhaupt Aufmerksamkeit? Aufmerksamkeit ermöglicht die Auswahl von Reizen der Umwelt, aber auch von Repräsentationen im Gedächtnis. Wir fokussieren unsere Aufmerksamkeit in dem Sinne, dass wir bestimmte Informationen unserer Umwelt selektieren und andere wegdrücken. Das können wir im visuellen Bereich, das können wir genauso gut im auditiven. Wir können uns mehr auf das Auditive konzentrieren oder auf das Visuelle. Und dazu gab es bis in die 70er-Jahre nur Verhaltensuntersuchungen. Mein Kollege Steven Hillyard in San Diego war einer der Ersten, die hirnelektrische Potenziale, die man im EEG sehen kann, eingesetzt haben, um Aufmerksamkeitsprozesse zu untersuchen. Er hat mit wirklich cleveren Versuchsanordnungen unglaublich viel über die Dynamik der visuellen und auditiven Aufmerksamkeit herausbekommen – wie also Reize zurückgewiesen werden und welche Reize im System weiterverarbeitet werden. Hillyard und seine Kollegen haben dabei Selektionsprozesse nachweisen können, ohne dass Probanden explizit reagieren mussten. Im Prinzip kann man mit seinen Methoden nachweisen, ob jemand im Sinfoniekonzert gerade auf die Violine achtet und ihre Melodieführung verfolgt oder die Kontrabässe, ohne dass er oder sie uns das sagt.

MATTHIAS ECKOLDT: Na ja, aber wenn Sie mit dem EEG nicht tief reingucken können?

FRANK RÖSLER: Da haben wir das nächste Problem, da wird's dann wirklich ganz haarig. Denn nicht nur das EEG, auch die Mikrozellableitung wird uns nichts endgültig bringen. Die Mikrozellableitung kann uns beispielsweise Neurone zeigen, die besonders sensitiv für Kanten auf Farben sind, also für einzelne Merkmale. Aber wir wissen mittlerweile, dass das Gehirn ein dynamisches, interaktives, rückgekoppeltes System ist, wo etwas, das im frontalen Cortex passiert, wieder eine Rückwirkung auf das hat, was im Sehcortex passiert. Und was als nächster Schritt im Sehcortex passiert, hat wieder eine Auswirkung auf das, was frontal passiert. Um wirklich über diese Prozesse etwas aussagen zu können, müsste man eigentlich alle Aktivität parallel beobachten können. Aber dazu sehe ich mit den momentanen Messverfahren gar keine Möglichkeit.

Das Konzept der lateralen Inhibition

MATTHIAS ECKOLDT: Und trotzdem gibt es ja, habe ich in einem Aufsatz von Ihnen gelesen, ein elementares Verschaltungsprinzip im Nervensystem, die sogenannte laterale Inhibition. Die Idee dabei ist, dass starke Reize verstärkt und schwache abgeschwächt werden. Das ist eine Sache, die viel in puncto Aufmerksamkeit erklären könnte.

FRANK RÖSLER: Denke ich auch. Es gibt ein paar grundsätzliche Verschaltungsprinzipien im Nervensystem, und ich glaube, dieses Prinzip der lateralen Inhibition wurde bereits ganz früh in der Evolution angelegt. Wenn ich einen bestimmten Bereich aktiviere, wird das, was drum herum ist, gehemmt. Auf diese Art und Weise kriegt das System so was wie eine Kontrastverstärkung hin. Und meine Idee ist nun, dass dieses Prinzip fortgeschrieben wird im Nervensystem, und zwar nicht nur auf so einer lokalen Ebene, dass benachbarte Neurone entsprechend miteinander verschaltet sind, sondern dass eben auch solche komplexeren Aufmerksamkeitsleistungen genauso geregelt werden. Wir hätten dann bestimmte Areale im Gehirn, sehr wahrscheinlich im frontalen Cortex, die die Aktivierungszustände anderer Gebiete »auswerten«. Also nehmen wir mal an, es gibt gleichzeitig auditive und visuelle Informationen. Jetzt gibt es einen Systemteil im Gehirn, der bekommt die Information, dass da etwas im auditiven Cortex und im visuellen Cortex »los« ist. Dieses System erfährt aber nicht, *was* da los ist, es regelt nur in Abhängigkeit davon, wer lauter »schreit«, welches der beiden Eingangssysteme dominant wird und die Aufmerksamkeit bindet. Und dieses Prinzip ist generalisierbar. Zum Beispiel ist mein Verständnis des Broca-Areals, dass es nicht, wie oft angenommen, spezifisch für die Verarbeitung grammatischer Strukturen zuständig ist. Vielmehr denke ich, es ist eine Schaltstelle, die die relative Aktivität von Reizrepräsentationen, die in anderen posterioren Hirnarealen aktiviert werden, reguliert.

MATTHIAS ECKOLDT: Sie haben das jetzt vom Reiz her definiert. Also, wer am lautesten schreit, wird gehört. Aber introspektiv scheint das anders zu funktionieren. Denn ich kann mich ja in einer lauten Bar auf ein Gespräch konzentrieren und dem auch folgen, obwohl drum herum andere – teilweise eben auch lautere – Geräuschquellen sind.

FRANK RÖSLER: Wir als Menschen haben nicht nur eine Abhängigkeit von solchen externen Reizen, sondern wir haben auch Gedächtnisspuren. Diese Gedächtnisspuren sind ebenso in ein solches Regelsystem eingebunden. Der Kontext unseres Gespräches bahnt gewisse Erwartungen. Was wird mein Gesprächspartner als Nächstes sagen? Da kann sich hier neben uns jemand über was ganz anderes unterhalten, das passt alles nicht in das momentane Erwartungsschema, und damit wird dieses nicht Passende alles herausgefiltert. Nur wenn der Nachbar etwas sagt, das auch in das Erwartungsschema passt, dann kommen Sie unter Umständen aus dem Tritt.

MATTHIAS ECKOLDT: Also ist das trotzdem mit dem Prinzip der lateralen Inhibition zu erklären?

FRANK RÖSLER: Das ist ein anderes Problem, das wir noch nicht gelöst haben. Nämlich, wie wirken unsere Gedächtnisspuren als Aktivierungsmuster in unserem Gehirn? Ich stelle Ihnen eine Aufgabe: »Nennen Sie mir alle Hauptstädte Europas.« Da fangen Sie an zu überlegen, es kommt Ihnen alles Mögliche in den Sinn, einiges passt, und einiges passt nicht. Das, was nicht passt, müssen Sie unterdrücken. Das muss Ihr System irgendwo regeln. Meines Erachtens ist es immer das gleiche Prinzip. Vielleicht sehe ich die Welt zu einfach.

Wie das Hirn Entscheidungen fällt

MATTHIAS ECKOLDT: Aber was geschieht dann bei der lateralen Inhibition? Wenn wir beispielsweise innerlich einen Konflikt erleben, also nicht wissen, wie wir uns in einer bestimmten Situation verhalten sollen, einen Konflikt, der mehrere Wochen bis zur Lösung braucht. Wie würden Sie das wissenschaftlich beschreiben?

FRANK RÖSLER: Auf der biologischen Ebene würde ich das so beschreiben, dass zwei Repräsentationen fast gleich stark aktiv sind. Und wir wissen inzwischen, dass es Areale gibt, die solche Konfliktkonstellationen regulieren. Beispielsweise das anteriore Cingulum. Das feuert ganz stark, wenn ein sehr großer Konflikt vorhanden ist. Ein schönes Experimentalbeispiel ist der Stroop-Test. Sie sehen Farbwörter in einer anderen Farbe gedruckt. Also, das Wort »Rot« ist in Gelb gedruckt, das Wort »Grün« ist in Blau gedruckt und so weiter. Die Probanden sollen jetzt nicht das Wort lesen, sondern sie sollen die Farbe benennen. Subjektiv resultiert ein spürbarer Konflikt daraus, und wir wissen, dass in dieser Situation das anteriore Cingulum ganz stark aktiv ist. Durch die Interaktion mit anderen Hirnarealen regelt diese Aktivität die relative Dominanz der Repräsentationen. Das motorische Programm des gedruckten Wortes wird gehemmt, und das Programm des Farbnamens wird freigegeben. Jetzt zu Ihrem Konflikt. Sie haben beispielsweise zwei attraktive Frauen, welche wollen Sie denn nun heiraten?

MATTHIAS ECKOLDT: Ich habe nur eine einzige, die ich heiraten will, und die ist wunderschön!

FRANK RÖSLER: Gut, nehmen wir die Arbeit. Sie müssen sich entscheiden, nehmen Sie diesen Job oder jenen? Wenn der Konflikt andauert, dann gibt es möglicherweise Kopfschmerzen.

MATTHIAS ECKOLDT: Sicherlich. Aber wie kommt es dann zur Entscheidung? Wilhelm Genazino hat in einem Roman ein aufschlussreiches Beispiel gegeben. Er beschreibt dort einen freien Architekten. Der ist mit seinem Leben alles in allem zufrieden. Dann bekommt er ein Stellenangebot mit geregelten Arbeitszeiten und allem Drum und Dran. Nun spricht alles dagegen, dieses Angebot anzunehmen, aber entgegen jeder spieltheoretischen Gewinnmaximierung nimmt er das Angebot dann doch an. Wo kommt dann plötzlich diese Anregung her, dass man letztlich kontraintuitiv Entscheidungen trifft?

FRANK RÖSLER: Das wissen wir natürlich auch nicht im Detail. Also, auf der Ebene der Hirnaktivität haben wir das bislang nicht verstanden, aber vielleicht eher in der Psychologie. Es gibt inzwischen in der Entscheidungsforschung wirklich interessante Befunde. Daniel Kahnemann hat als Psychologe den Wirtschaftsnobelpreis für seine Beschäftigung mit Entscheidungsverhalten bekommen. Er berichtet, dass viele experimentelle Befunde zeigen, dass das rationale Entscheiden oft gar nicht stattfindet, sondern dass wir »aus dem Bauch heraus« entscheiden. Das ist zweifellos richtig, es gibt viele Entscheidungen, die wir gefühlsmäßig treffen. Aber was ist das Gefühlsmäßige, frage ich als Kognitionspsychologe? Wir haben alle möglichen Repräsentationen im Gehirn, und nur ein ganz kleiner Teil ist uns bewusst. Aber die, die nicht bewusst sind, sind nicht ohne Einfluss. Das kann ich auch in experimentellen Untersuchungen nachweisen. Ich kann Ihnen Reize auf dem Bildschirm zeigen, in denen andere Signale versteckt sind, die Sie nicht bewusst wahrnehmen. Und diese Reize beeinflussen dennoch Ihr Verhalten: Nehmen wir an, Sie sehen einen Pfeil, der nach rechts zeigt, und Sie sollen dann auf die rechte Taste drücken. Wenn der Pfeil nach links zeigt, sollen Sie mit der linken Hand reagieren. Kurz bevor dieser Reiz kommt, wird unterhalb der bewussten Wahrnehmungsschwelle ein anderer Reiz gezeigt, der in die gleiche oder in die Gegenrichtung zeigt. Diesen Reiz registriert Ihr visuelles System, aber bewusst nehmen sie den nicht wahr.

MATTHIAS ECKOLDT: Das liegt also unterhalb der Wahrnehmungsschwelle.

FRANK RÖSLER: Genau, unterhalb der Wahrnehmungsschwelle. Dennoch beeinflusst dieser Reiz Ihre Reaktionszeit. Zeigt er in die gleiche Richtung wie der bewusst wahrgenommene Reiz, so sind Sie schneller, zeigt er in die Gegenrichtung, so sind Sie langsamer.

MATTHIAS ECKOLDT: Also Entscheidungen sind die Summe sehr vieler komplexer Einflussfaktoren. Und es gibt da letztendlich keinen Entscheidungsfinder, den man ein bisschen bei Laune halten sollte?

FRANK RÖSLER: Das wäre ja eine Homunkulustheorie, da würden Sie ja sagen, okay, da gibt es eine Instanz im Gehirn, und die macht die Entscheidungen. Da frage ich: Wie macht die das denn? So kommen Sie in einen Regress ad infinitum – da sitzt dann wieder ein Homunkulus im Homunkulus. Nein, wir müssen mit den Bausteinen und ihren Interaktionen, die im Gehirn existieren, erklären, wie solche Entscheidungen zustande kommen.

MATTHIAS ECKOLDT: Und das ist nicht einfach. Denn die Experimente, die Sie beschreiben, stellen ja nicht jene Situationen dar, die uns im Alltag schwerfallen.

FRANK RÖSLER: Das stimmt schon, aber wir können möglicherweise damit Prinzipien verstehen, wie das System funktioniert. Auch wenn wir im Labor nicht solche komplexen Entscheidungen realisieren können, wie Sie Ihnen bei Ihren Fragen vorschweben, wir können dennoch mit den Modelluntersuchungen die grundsätzliche Arbeitsweise verstehen.

Gibt es einen Unterschied zwischen Gehirn und Ich?

MATTHIAS ECKOLDT: Prominent wurde ja die Idee, dass bei Entscheidungsfindungen viele Prozesse jenseits des Bewusstseins laufen, durch Benjamin Libet. Ist sein Experiment, bei dem er nachwies, das bereits 350 Millisekunden vor dem bewussten Entschluss zu einer Handlung in den unbewussten Schichten des Hirns ein Aktionspotenzial nachzuweisen ist, eigentlich nur durchs Feuilleton so prominent geworden, oder ist das wirklich ein Meilenstein in der Hirnforschungsgeschichte?

Frank Rösler: Also, seine Idee war schon grandios. Es gibt inzwischen auch weitere Experimente in dieser Richtung, sodass sicherlich inzwischen kein Zweifel mehr daran besteht, dass weit vor dem Moment, wo uns eine Entscheidung bewusst wird, bestimmte Prozesse im Gehirn stattfinden, die bereits eine Vorhersage zulassen, wie eine Entscheidung ausgehen wird. Ich denke, das Problem bei Libet und auch bei dem, was daraus im Feuilleton gemacht wurde, ist die Interpretation, die da lautet: Das *Gehirn* entscheidet, bevor *ich* entschieden habe. Also damit kann ich überhaupt nichts anfangen. Ich kann doch das Gehirn nicht von meinem »Ich« trennen. Das ist wirklich der descartessche Irrtum, also diese ontologische Trennung, die in den Köpfen ganz weit verbreitet ist. In der modernen Form wird das weiterkolportiert mit Hard- und Software. Es wird also gesagt, das Nervensystem ist die Hardware, und darauf läuft eine Software. Das ist eine falsche Metapher für das Gehirn.

Matthias Eckoldt: Warum?

Frank Rösler: Sie können Struktur und Funktion im Gehirn nicht trennen. Wenn Sie diese Hardware-Software-Idee vertreten, dann würden Sie sagen, ich habe wie im Computer einen Chipsatz, also Neurone, und jetzt spiele ich dort eine bestimmte Information auf. Das passiert aber im Gehirn nicht. Im Gehirn schalten sich synaptische Verbindungen. Und zwar durch Lernen. Durch jeden Lernvorgang verändert sich die Struktur des Gehirns. Also jede funktionale Änderung geht einher mit einer strukturellen Änderung.

Matthias Eckoldt: Das hieße, in dem Moment, wo ich die Software abspiele, müsste sich der Computer auch verändern.

Frank Rösler: Genau. Im Gehirn ist es so. Wir haben Neurone, die sind miteinander verbunden, und durch jede Interaktion mit der Umwelt und durch jede eigene Aktivität verändert sich die Konnektivität. Wenn Sie hier rausgehen, ist Ihr Gehirn ein anderes – meines auch.

Matthias Eckoldt: Die Frage, die sich da immer im Anschluss stellt, ist ja die des freien Willens und der Schuldfähigkeit von Straffälligen. Da aber die Experimente wirklich nur auf der Ebene von Armheben und Knopfdrücken ablaufen, ist eine Verallgemeinerung schwierig. Dass Prozesse erst bewusst werden, wenn die Handlung schon eingeleitet ist, kann man meines Erachtens sogar intuitiv nachvollziehen, wenn man manchmal Sachen macht, über die man sich im Nachhinein wundert. Aber das juristisch straffähige Subjekt wird ja eher mit dem Bewusstsein gleichgesetzt.

FRANK RÖSLER: Da, denke ich, muss man verschiedene Aspekte betrachten. Also auf der rein neurobiologischen Ebene sehe ich für den freien Willen im Sinne eines unbewegten Bewegers überhaupt keinen Platz. Wir haben eine Geschichte in uns. Wir sind geboren worden, wir haben alle möglichen Lernerfahrungen in uns akkumuliert. All das beeinflusst unser Gehirn und Verhalten. Viele der Reize, die auf uns einströmen, werden uns gar nicht bewusst, haben aber trotzdem einen Einfluss auf unser Verhalten. Das heißt, auf dieser reinen naturwissenschaftlichen Ebene ist das Konzept »freier Wille« fragwürdig. Das andere sind die gesellschaftlichen und juristischen Aspekte. In unserem Alltag sehen wir ja nicht diese ganze Kette von bedingten Abhängigkeiten, die bei unserer Geburt angefangen hat. Manche »Linke« in den 60er-Jahren haben das auch gesehen, die haben dann immer die Umwelt und die Kindheit verantwortlich gemacht. Das ist eigentlich nichts anderes, nur haben die das nicht auf das Gehirn projiziert. Mittlerweile sagen wir: Alles hinterlässt seine Spuren im Gehirn. Insofern ist das eigentlich gar kein großer Unterschied.

Komponenten des Lernens

MATTHIAS ECKOLDT: Es reicht also nicht, wie die Achtundsechziger zu sagen: Macht kaputt, was euch kaputt macht. Aber wenn jede Erfahrung ihre Spuren hinterlässt, kommen Sie ja bei jedem Begründungsversuch automatisch in einen infiniten Regress.

FRANK RÖSLER: Im Prinzip ja, aber Sie können natürlich in unserem sozialen Gefüge nicht ernsthaft sagen: Der macht das jetzt, weil vor 15 Jahren das und das passiert ist. Wir haben ein anderes Rechtsverständnis. Die Frage, die sich für mich dann stellt, lautet: Was hat das für Konsequenzen? Meines Erachtens hat es Konsequenzen für die *Begründung* von Sanktionen. Eine klassische biblische Vorstellung ist ja »Auge um Auge, Zahn um Zahn«. Der hat was Böses getan, jetzt muss er dafür bestraft werden. Wenn ich eine Perspektive einnehme, die vielleicht mehr neurowissenschaftlich begründet ist, dann muss ich sagen, der hat jetzt etwas getan, weil in dieser Situation aufgrund seiner Lerngeschichte sein Gehirn nicht mit allen möglichen Informationen so ausgestattet war, dass er hätte anders handeln können. Also muss ich ihm die Möglichkeit bieten, diese Defizite zu kompensieren, das heißt, ich muss ihn letztlich Sachen lernen lassen, die er noch nicht gelernt hat.

MATTHIAS ECKOLDT: Psychotherapien für Schwerverbrecher sind Ihrer Meinung nach Erfolg versprechend?

FRANK RÖSLER: Ich glaube, dass es, wenn sich in der frühkindlichen Phase nicht bestimmte Standards etablieret haben, schwierig wird. Je weiter die Sozialisation fortschreitet, desto immer aussichtsloser wird das leider. Denn es gibt sensible und kritische Phasen in der Entwicklung, in denen bestimmte Prägungen bevorzugt stattfinden (können). Wurde da etwas versäumt, so bleibt einem tatsächlich nichts anderes übrig, als die Leute, die schwere Verbrechen begangen haben – z. B. aus sexuellen Motiven Kinder umgebracht haben –, in Sicherungsverwahrung zu nehmen.

MATTHIAS ECKOLDT: Es gibt ja diese Trias für die Entscheidungsfindung. Genetische Ursachen, Lerngeschichte und Reizangebot. Das ist aber in Ihrem Modell meines Erachtens nicht gleich gewichtet.

FRANK RÖSLER: Diese drei Einflussfaktoren kriegen Sie letztlich gar nicht auseinander, denn die genetische Komponente, die bestimmt ja mit, was wir überhaupt für Lernerfahrungen machen können. Die Umwelt, in die Sie hineingeboren werden, hat natürlich auch einen Einfluss. Wenn Sie eine »gute« genetische Ausstattung haben, dann können sie viel mehr aufnehmen. Dann können Sie viel mehr speichern, Sie können viel schneller reagieren, und Sie können sich in dieser Umwelt ganz anders bewegen. Aber wenn Sie das Angebot nicht bekommen, nützte Ihnen auch die beste genetische Ausstattung nichts.

MATTHIAS ECKOLDT: Trotzdem aber gibt es immer wieder ermutigende Berichte von Hirnforschern, die sagen, dass man auch im späteren Leben noch Netzwerke aktivieren kann. Man kann immer noch wachsen, immer noch einmal etwas anderes anfangen, man kann sein Schicksal in gewissem Maße verändern.

FRANK RÖSLER: In gewissen Grenzen, ja. Ich denke schon, dass wir bis zu unserem Tod lernen können. Und solange wir lernen können, verändert sich etwas. Andererseits sollten wir das auch nicht überschätzen, denn es gibt kritische Phasen, in denen wir bestimmte Sachen lernen müssen, und wenn wir sie in den kritischen Phasen nicht lernen, dann lernen wir sie auch später nicht. Bestes Beispiel Sprache: Wenn Sie bis zu Ihrem fünften Lebensjahr eine Sprache nicht gelernt haben, dann werden Sie die nie so sprechen wie ein Muttersprachler. Man hat beispielsweise in den USA chinesische Einwandererkinder untersucht, die zu unterschiedlichen Zeiten mit ihren Eltern nach Amerika gekommen sind. Die frühesten mit drei Jahren, die letzten kamen so mit 16. Dann hat man sie im Erwachsenenalter getestet. Alle waren der Meinung, sie seien perfekt im Englischen – sie hatten auch studiert und so weiter. Selbst bei denen, die im Alter von fünf Jahren in die USA gekommen waren, fand man im Erwachsenenalter jedoch noch Auffälligkeiten beim Verstehen komplizierter grammatischer Strukturen, sowohl im Verhalten als auch in objektiven Indikatoren des EEG.

MATTHIAS ECKOLDT: Das ist nicht nur eine phonetische Sache?

FRANK RÖSLER: Nein, es ist die Grammatik, z. B. ob sie ein komplexes Relativsatzgefüge verstehen. Das heißt nicht, dass wir, wenn wir in der Schule Englisch lernen, nicht auch komplizierte grammatische Strukturen erlernen können, aber wenn wir Nichtmuttersprachler untersuchen, stellen wir fest, dass ihr Gehirn auf solche grammatischen Strukturen anders reagiert als das Gehirn eines Muttersprachlers. Das heißt, beim Spracherwerb gibt es kritische Phasen, die müssen bedient werden, und wenn sie nicht bedient werden, kann das Gehirn zwar noch damit umgehen, aber es wird nie die Perfektion erreichen wie beim Native Speaker.

Zur Wechselwirkung von Gehirn und Umwelt

MATTHIAS ECKOLDT: Kommen wir zum Verhältnis von Gehirn und Umwelt. Ich fand Untersuchungen interessant zum posttraumatischen Belastungssyndrom. Man konnte zeigen, dass sich die Hirnorganisation von Patienten, die an diesem Symptom litten, irreversibel verändern. Dabei wird wohl der vordere Teil der sprachdominanten Hemisphäre vom Rest des Gehirns abgekoppelt. Zugleich bläht sich das Furchtnetzwerk auf. Die Folge ist nun, dass die Patienten keinen bewussten Zugang mehr zu den Ereignissen haben, die ihre Angstzustände verursachen. Die Träger solcher Gehirne sind nun wiederum prädestiniert dafür, eine Kultur des Terrors zu begünstigen. Das heißt doch, dass es nicht nur eine enge Wechselwirkung zwischen Umwelt und Gehirn, sondern auch zwischen Gehirn und Umwelt gibt.

FRANK RÖSLER: Ja natürlich, das ist richtig. Jede Hirnaktivität, die sich im Verhalten äußert, hat wieder eine Wirkung auf die Umwelt. Und natürlich, wenn sich dann eine größere Gruppe Menschen immer in einer bestimmten Weise verhält, wird das wieder ihre Interaktion beeinflussen. Unsere Umwelt ist ja nicht nur die physikalisch tote Umwelt, sondern es sind die Mitmenschen, die uns beeinflussen. Also ist das ein sehr, sehr kompliziertes interaktives Geschehen. Wir verändern unsere kulturelle Umwelt mit unserem Handeln, und diese Veränderungen wirken dann gleich oder auch erst 100 Jahre später auf Individuen zurück.

MATTHIAS ECKOLDT: Heißt das dann andersherum, dass sich die Hirnforschung den Geisteswissenschaften öffnen müsste?

FRANK RÖSLER: Na ja, man kann ja nun nicht alles machen.

MATTHIAS ECKOLDT: Es gibt ja auch Modelle interdisziplinärer Zusammenarbeit.

FRANK RÖSLER: Nehmen Sie jetzt das Beispiel der Sprachforschung. Da gab es neurobiologische Sprachforschung, man hat Läsionen untersucht, und dann gab es ein ganz anderes davon unabhängiges Feld, das der Linguisten, Chomsky beispielsweise. Die haben sich mit Sprachstrukturen beschäftigt. Mittlerweile ist eine sehr enge Zusammenarbeit zwischen Linguisten und Hirnforschern entstanden. Da kommen diese Wissensbereiche sehr eng zusammen.

Metaphern der Hirnforschung

MATTHIAS ECKOLDT: Sie hatten vorhin von den Metaphern geredet, die wir bei Erklärungsversuchen von Hirnmodellen verwenden. Kann das sein, dass die mit der jeweils bestimmenden Technologie zu tun haben? Also, im 18. Jahrhundert wurde das Gehirn als hydraulischer Apparat gesehen, im 19. Jahrhundert als mechanisches System, dann im 20. Jahrhundert natürlich als Computer und jetzt – im Zeitalter des Internets – als Netzwerk verteilter Intelligenz. Welchen Wert haben in Ihren Augen solche Metaphern?

FRANK RÖSLER: Natürlich sind wir immer Kinder der jeweiligen Zeit. Aber etwas anderes finde ich noch viel entscheidender. Das sind die messmethodischen Möglichkeiten. Wir haben viele Tools, die sehr etabliert sind. Also Mikrozellableitung, wir haben Kernspin, wir haben EEG. Ich denke, insgesamt wird uns das noch eine Menge über die Funktionsweise erzählen, denn bisher war es ja nur möglich, post mortem zu untersuchen, wie die Verbindungen im Gehirn sind. Aber jetzt ist es mit Techniken möglich, in vivo Faserverbindungen sichtbar zu machen. Ich habe neulich in einem Vortrag von Frau Friederici gehört, dass man nachgewiesen hat, wann sich bestimmte für die Sprachverarbeitung wichtige Verbindungen im Gehirn herausbilden. Und diese biologische Entwicklungsphase korrespondiert dann mit einer Entwicklung auf der Verhaltensebene, der Beherrschung bestimmter grammatischer Strukturen. Ganz spannende Sache, so etwas hätte man früher nie nachweisen können. Bei Kindern hat man sowieso kaum im Detail geforscht. Mittlerweile wird das sehr intensiv betrieben. Also von der Methodologie hängt ganz viel ab. Und da haben wir bislang noch gar nicht die Fantasie, zu erkennen, was überhaupt alles möglich ist.

MATTHIAS ECKOLDT: Ein Riesenbereich, der noch ungeklärt ist. Gibt es da eine Parallele zur modernen Physik Anfang des letzten Jahrhunderts? Dass also die Hirnforschung eine ganz andere Idee braucht, eine ganz neue Untersuchungshypothese, die – so wie Einstein, Bohr und Heisenberg damals – die Wissensrichtung auf den Kopf stellt?

FRANK RÖSLER: Also, ich glaube, wir haben in der ganzen Hirnforschung bisher keinen Einstein. Wir haben noch nicht mal einen Newton. Was wir bisher haben, sind ganz viele Beobachtungen, die unverbunden nebeneinanderstehen. Was uns eigentlich fehlt, meine ich, sind theoretische Durchbrüche hinsichtlich bestimmter Fragen, die wir haben.

MATTHIAS ECKOLDT: Welche wären das?

FRANK RÖSLER: Das eine ist die Frage nach der grundsätzlichen Prozessarchitektur im Gehirn. Wir haben, wie schon mehrfach in diesem Gespräch angemerkt, nicht verstanden, wie Informationen im Gehirn wirklich repräsentiert sind. Wir registrieren bestimmte Neurone, wir bestimmen Aktionspotenziale, Erregungsmuster, und wir können das vielleicht auch für Hunderte Neurone gleichzeitig machen, aber das

Wort »Kuh«, das ich jetzt sage oder auch nur denke – wie ist das in meinem Gehirn repräsentiert? Das weiß bisher keiner.

Das Manifest

MATTHIAS ECKOLDT: Sie haben an dem *Manifest* elf führender Hirnforscher über Gegenwart und Zukunft des Faches mitgeschrieben. Es datiert von 2004. Wie lesen Sie das *Manifest* heute?

FRANK RÖSLER: Die Fragen, die wir da formuliert haben, sind nach wie vor ungelöst.

MATTHIAS ECKOLDT: Die Hirnforschung ist also noch nicht viel weiter, sie hatten ja seinerzeit sogar geschrieben, in bestimmter Hinsicht auf dem Stand von Jägern und Sammlern zu sein.

FRANK RÖSLER: Ja, das sind wir auch. Wir sammeln Phänomene. Ich meine, ich bin trotzdem sehr beeindruckt, wie sich meine Vorstellungen von der Funktionsweise unseres Gehirns im Laufe von 40 Jahren verändert haben. Das ist schon erstaunlich, wenn man sich mal anguckt, was man als Student in Büchern nachlesen konnte und was wir heute wissen. Aber wir wissen auch, dass wir einige Grundprinzipien nicht verstanden haben. Gerade der Übergang aus der objektiven in die subjektive Perspektive ist nach wie vor ein ungelöstes Rätsel.

Wie sich Hirnstrukturen verändern

MATTHIAS ECKOLDT: Was ist für Sie die beeindruckendste Erkenntnis Ihres Fachs? Die Plastizität des Gehirns? Der Umstand also, dass sich das Gehirn tatsächlich seiner Benutzung gemäß ausbildet?

FRANK RÖSLER: Das ist sicherlich ein ganz wichtiger Punkt. Als meine Generation studierte, hieß es ja, das Gehirn bildet sich heraus, dann sind die Neurone gesetzt, und dann stirbt nachher alles ab. Und vor 20 Jahren setzte sich die Erkenntnis durch, dass es neuronale Plastizität gibt. Die Befunde dazu sind sehr beeindruckend. Die Hirnstruktur verändert sich ständig, und wenn Sie sich bestimmte Areale auf einer synaptischen Ebene ansehen, dann scheint es sogar so zu sein, dass sich in einem zunächst mal von der Umwelt und von den Lernerfahrungen her definierten Zustand die synaptischen Verbindungen fortlaufend weiterverändern. Das heißt, die gleiche Leistung wird durch ständig sich modifizierende neuronale Strukturen erreicht.

MATTHIAS ECKOLDT: Das heißt, obwohl diese Veränderung von außen gesehen gar nicht notwendig wäre.

FRANK RÖSLER: Ja. Und was wir natürlich auch inzwischen wissen, hat noch vor ein paar Jahren gar keiner glauben wollen: Es gibt Neurogenese, im Hippocampus zum Beispiel, also in einer für die Gedächtnisbildung wichtigen Struktur. Noch bis vor ein paar Jahren hat man geglaubt, dass sich Nervenzellen im Erwachsenenalter nicht neu bilden. Inzwischen wissen wir, dass sich sehr wohl neue Nervenzellen bilden, und die sind offenbar auch notwendig, damit wir so effektiv speichern können. Wenn ich so zurückdenke, wie ich in dieser Wissenschaft sozialisiert worden bin und was ich jetzt weiß, dann ist dieser dynamische Prozessaspekt eine ganz wichtige neue Erkenntnis. Auch das verstehen wir noch nicht im Detail, aber wir können sagen, wie wir vielleicht weiterkommen, auch vielleicht mit mathematischen Werkzeugen aus der nichtlinearen Dynamik. Denn das sind möglicherweise die Werkzeuge, die wir brauchen, um solche komplexen Systeme beschreiben zu können.

MATTHIAS ECKOLDT: Oh weh, Nichtlinearität – da ist man ja immer rasch bei nicht mehr ausrechenbaren Gleichungen angelangt.

FRANK RÖSLER: Das ist es ja! Beim Hummer gibt es ein Maganglion, das steht in Verbindung mit ca. 30 anderen Neuronen. Das Netzwerk dieser Neurone ist vollkommen beschrieben, man weiß, wer mit wem kommuniziert, und trotzdem ist es auch nach jahrelanger Forschung nicht möglich, exakt vorherzusagen, wann dieses Neuron feuert und was jenes Neuron dann tut. Weil es ein rückgekoppelter Prozess ist! Da sind Kausalitätsaussagen nicht einfach, denn da können Sie nicht sagen, das war zuerst, und dann kam das. Da wird immer ständig interagiert, da wissen Sie nicht mehr, wer Henne und wer Ei war.

MATTHIAS ECKOLDT: Aber es geht dann letztendlich dabei um die Ausführung einer Handlung. Und selbst da ist nicht klar, welcher Algorithmus angewendet wird.

FRANK RÖSLER: Darum haben wir viele Freiheitsgrade. Ich kann zum Beispiel hierhin greifen auf ganz unterschiedliche Art und Weise. Die Motorik ist ein faszinierendes Gebiet. Wenn Sie sich jetzt klarmachen, ich will dahin greifen, dann passiert das bewusst, aber wie ihre Finger gesteuert werden, davon haben sie kein Bewusstsein. Auch keine

Kontrolle, das regelt sich vollkommen adaptiv. Wenn der Gegenstand größer ist, wenn er leichter ist, stellt sich die Hand drauf ein. Das läuft alles unterhalb der Bewusstseinsebene ab.

MATTHIAS ECKOLDT: Das Bewusstsein lagert möglichst viel aus und tritt nur beim Erlernen neuer Sachen als Akteur auf. Das kann man ja sehr gut beim Autofahrenlernen studieren.

FRANK RÖSLER: Wenn Sie sich klarmachen, was wir jede Sekunde leisten, wenn wir sprechen, wenn wir Sprachen lernen, wenn wir Objekte erkennen, wenn wir uns im Raum bewegen, das ist faszinierend. Sie haben vorhin gefragt, ob es irgendwo einen metaphysischen Rest gibt. Eigentlich ist es das, was ich so unglaublich finde, was in jeder Sekunde in unserem Gehirn-Geist-System passiert.

Das Hirn ist langsam

MATTHIAS ECKOLDT: Dass man es nicht wirklich verstehen kann, oder?

FRANK RÖSLER: Man kann bestimmte Prinzipien verstehen, und man weiß, es funktioniert. Man kann Details verstehen, aber wenn man das jetzt abbilden würde auf Rechenleistungen, wie bei einem Computer, das ist eine so ungeheure Leistung, die eigentlich jenseits jeder Simulationsmöglichkeit liegt.

MATTHIAS ECKOLDT: Trotzdem ist der Prozessor im Hirn extrem langsam.

FRANK RÖSLER: Das Gehirn ist im Vergleich zu unseren Computern sehr langsam.

MATTHIAS ECKOLDT: Das ist ja auf den ersten Blick sehr merkwürdig.

FRANK RÖSLER: Das Gehirn hat sich herausgebildet in einer bestimmten Umwelt, wo sich ein Organismus mit einer bestimmten Geschwindigkeit bewegt und wo sich andere Organismen auch mit einer bestimmten Geschwindigkeit bewegen. Darauf ist das abgestimmt. Was langsamer war, ist ausgestorben, und was schneller war, war zu energieaufwendig. Das ist ein ganz wichtiger Punkt, unser Gehirn funktioniert anders als klassische Computer, weil es ständig Hochrechnungen macht. Dass wir so schnell reagieren, liegt nur daran, dass wir unglaublich intensiv extrapolieren können. Eigentlich macht unser Gehirn-Geist-System nichts anderes als hochrechnen und abgleichen: Stimmt das mit unseren Erwartungen überein, was da jetzt kommt, oder nicht? Nur wenn das nicht übereinstimmt, müssen wir was anders machen. Die Extrapolation ist ein ganz wichtiger Punkt, ebenso die parallele Verarbeitung. Sie haben im Hirn vielleicht 10^{16} synaptische Kontakte, und das ist alles aktiv, in jedem Moment.

Der »Visible Scientist«

MATTHIAS ECKOLDT: Eine ganz andere Frage habe ich noch: 1977 beschrieb Rae Goodell den »Visible Scientist«. Eine neue Form von Wissenschaftler, nämlich ein Wissenschaftler, der auch außerhalb seiner Wissenschaft sichtbar wird. Und das gilt für Hirnforscher im extremen Maße. Es ist teilweise sogar so, dass Hirnforscher als Experten für das soziale Miteinander gelten. Wie geht es ihnen damit, mit dieser öffentlichen Rolle, die man zum Teil eben auch spielt und die manche ihrer Kollegen geradezu suchen?

FRANK RÖSLER: Manche suchen ihn, manche suchen ihn weniger. Also zunächst mal meine ich, dass wir als Wissenschaftler immer aufgefordert sind, unsere Erkenntnisse nicht nur den Fachkollegen, sondern auch einer breiten Öffentlichkeit zu erklären. Das kann auf unterschiedliche Art und Weise passieren. Wenn ich eine Vorlesung für Bachelor-Studenten halte, dann würde ich sagen, ist das auch schon eher allgemein verständlich und nicht nur das Fachchinesisch, das ich dann auf dem Kongress präsentiere. Darin sehe ich auch eine Verpflichtung. Der Wissenschaftler, der nur im Elfenbeinturm sitzt, das kann ich mir nicht mehr vorstellen. Was ich manchmal hier im Bereich der Hirnforschung sehe, ist, dass einige meiner Kollegen zu weit vorpreschen und Erwartungen wecken, die nicht eingelöst werden können. Oder auch, dass sie bestimmte Sachen präsentieren, die so nicht haltbar sind. Nehmen wir das Beispiel »Neuro-Education«. Das ist ein Schlagwort, und dann werden da irgendwelche Sachen in die Welt gesetzt. Aber um Kinder vernünftig erziehen zu können, brauche ich ein gutes Curriculum, und dann muss man auch das Curriculum vernünftig evaluieren. Ob ich dazu noch Hirnforschung mache oder nicht, ist völlig egal. Das ist dann so ein Label, das uns nicht immer gut tut. Anderer Punkt. Wenn jetzt zum Beispiel jemand sagt: Ja, die Hirnforschung kann über kurz oder lang vorhersagen, ob jemand zum Verbrecher wird oder nicht. Dann würde ich sagen: Vorsicht! Denn wenn wir uns die Daten ansehen, die wir dazu im Moment haben, dann sind wir weit davon entfernt. Wir haben natürlich bestimmte Laboruntersuchungen, wo einsitzende Verbrecher mit Kontrollprobanden, die nicht delinquent geworden sind, verglichen wurden. Da gibt es einen überzufälligen Zusammenhang zwischen bestimmten hirnfunktionellen Maßen und Straffälligkeit. Wenn Sie sich jetzt überlegen, wie man das diagnostisch nutzen kann, dann sehen Sie sofort, dass sie viele falsche Signale haben werden. Das heißt, sie können zwar statistische Zusammenhänge aufdecken, die können ihnen sogar ein bisschen helfen, Entscheidungen zu beeinflussen, aber sie können nicht auf der individuellen Ebene sagen, derjenige, der diese oder jene neuronale Struktur oder Funktionsauffälligkeit hat, der wird garantiert nicht zum Verbrecher. Dazu sind diese biologischen Zeichen derzeit noch viel zu unspezifisch und unzuverlässig. Das haben wir noch längst nicht verstanden, und dann sollten wir auch ehrlich genug sein und zugeben, dass wir das nicht sagen können.

MATTHIAS ECKOLDT: Das ist dann eher eine Beschreibung a posteriori. In dem Moment, wo jemand straffällig geworden ist, zu sagen, warum er so gehandelt hat. Aber vorhersagen kann man das nicht.

FRANK RÖSLER: Sie können statistische Vorhersagen treffen, aber es ist ein Riesenunterschied, ob Sie eine Vorhersage auf einer statistischen Ebene machen, also für eine Gruppe von Personen oder eine Population, oder auf der individuellen Ebene. Das ist das Gleiche wie mit dem Lügendetektor. Die Diskussion hatten wir ja vor Jahren, und das Bundesverfassungsgericht hat diese Tests mit guten Gründen abgelehnt. Jetzt baut man Brain-Lie-Detectors. Das Grundproblem ist nach wie vor dasselbe, und wir sollten ehrlich genug sein und sagen: Okay, wir können solche Zusammenhänge nachweisen, und es gibt inzwischen ganz tolle Untersuchungen, die treffsicher aus der Hirnaktivität ableiten können, ob jemand eher an einen Schuh denkt oder an ein Haus. Aber das hilft mir immer noch nicht vorherzusagen, ob ein bestimmtes Individuum ein Verbrechen begehen wird oder ob eine bestimmte Person Tatwissen besitzt, das sie nicht preisgibt. Das ist eine ganz andere Fragestellung, da muss man auf der individuellen Ebene entscheiden, ob diese eine konkrete Person genau diese eine Tatwaffe wiedererkannt hat oder nicht. Und das leisten unsere Methoden im Moment keineswegs.

MATTHIAS ECKOLDT: Aber die Massenmedien sind ja eher dran interessiert – in diesem Zusammenhang liest man dann immer: »Amerikanische Forscher haben herausgefunden ...« –, den Skandalkern herauszufinden und nicht die Reflexion der wissenschaftlichen Methoden zu begleiten.

FRANK RÖSLER: Das eine sind Journalisten, und die müssen ihre Zeitung verkaufen, und Sensation verkauft sich gut. Aber reservierte und überlegte Äußerungen verkaufen sich vielleicht nicht so gut. Und dann gibt es natürlich auch unter meinen Kollegen Temperamentsunterschiede, und die einen suchen eher diese sensationelle Öffentlichkeit, und andere sind vielleicht ein bisschen bedächtiger, reflektierter oder wie man das nennen will.

Was ist Bewusstsein?

MATTHIAS ECKOLDT: Meine Abschlussfrage soll sein: Was ist Bewusstsein? Letztens habe ich gelesen, eine 30- bis 40-Hertz-Synchronschwingung der Nervenzellenverknüpfung des Hirns. Wie würden Sie das beschreiben?

FRANK RÖSLER: Das ist eine weitere der nicht gelösten harten Fragen, die wir haben. Bewusstsein ist uns ja nur introspektiv zugängig. Wir können nur durch Analogieschluss vermuten, dass der andere auch Bewusstsein hat, aber ich kann das natürlich letztlich nicht »sehen« i. S. einer objektivierbaren Beobachtung. Ich kann ganz viele Elektroden anschließen, und ich kann das immer noch nicht sehen, weil wir nicht wissen, was die neuronalen Randbedingungen für Bewusstsein sind. Christoph Koch ist ja der Meinung, man könne das in einer gewissen Weise eingrenzen. Entsprechend ist er auf der Suche nach den neuronalen Korrelaten des Bewusstseins. Vielleicht gelingt es uns eines Tages, die neuronalen Strukturen einzugrenzen. Ich denke, wie schon gesagt, es ist ein Abbildungsproblem. Wir haben symbolische Repräsentationen, und wir haben offensichtlich, und das ist ein ganz wichtiger Gesichtspunkt, verschiedene Ebenen der symbolischen Repräsentationen. Wir können also mit Repräsentationen wieder auf andere Repräsentationen verweisen. Und das scheint eine wichtige Grundlage für das zu sein, was wir Bewusstsein nennen. Aber ich kann ihnen keine Antwort geben, was Bewusstsein ist. Das würde ich zu gerne wissen.

Sach- und Namensregister

A

Ableitung 175 ff.
ADHS 55 ff., 87
Agenten, neuronale 99 f.
Aktionspotenzial 84, 149, 237
Aktivierungsschwelle 149
Aktivitätsniveau 44, 223
Algorithmus 34, 104, 215
Alkoholiker 86
Allende, Isabel 27
Alphawellen 213
Alzheimer 18, 31, 61, 74
Amnesie, dissoziative 26 ff.
Amunts, Katrin 161
Amygdala 27, 76, 121, 134 ff., 159 f.
Anerkennung 137
Angsterkrankung 121
Assoziationsspeicher 205
attentional blink 198
Attraktor 205
Aufmerksamkeit 57, 72, 102, 115, 123 ff., 148, 152, 176 f., 183, 190, 198, 226 ff.
Außenwelt 41 f., 118, 128, 213
Autopoiesis 59

B

Basalganglien 125, 160, 175
Behaviorismus 19, 33, 118, 208
Belohnungssytem 62, 69 ff., 86, 105, 173 ff., 188
Betablocker 29
Bewusstes 64, 84, 114, 126 ff., 132 ff., 147 f., 191, 202 f., 230 ff.
Bewusstsein 23, 33 ff., 67 f., 83, 88 ff., 114 f., 122 ff.
Botenstoffe 53, 100
Bohr, Nils 237
Boltzmann, Ludwig 103

Border-Collie 89 f.
Broca-Areal 19, 33, 157 ff., 196 f., 228
Bundesverfassungsgericht 242

C

Cerebellum 125
Chomsky, Noam 142, 152 ff., 165, 236
Cierpka, Manfred 138
Cingulum, anteriores 229
Club of Rome 48
Code 17, 35, 112, 123 f., 150, 167
Cortex 50, 69 f., 72, 74, 85, 121, 125 ff., 133, 146, 155 ff., 161, 168, 172, 188, 227 f.

D

Darwin, Charles 30
Deadlock 107
Deismus 184
Deltawellen 213
Depression 121 f., 137
Determinismus 23, 37 ff., 80, 169 f., 183 f., 199
DFG 44
Dilthey, Wilhelm 24
Ding an sich 82
Diogenes von Sinope 36
Dolan, Ray 160
Dopamin 56, 74 f., 86 f., 121, 160 f., 175
Dualismus 82, 125, 131, 184
Duftlernen 174 ff., 185

E

Edelmann, Gerry 188
EEG (Elektroenzephalogramm) 183, 215 223, 226 f., 235 ff.

Effektor 208
Eigenlogik 58, 164, 208
Eigen, Manfred 108
Einstein, Albert 21, 93, 163, 194, 237
Elektrode 29, 69, 73, 79, 86, 120, 210 f.
Emergenz 206
Emotion 23 ff., 32, 50, 53, 72, 76, 80, 122 159, 194, 209
Empathie 126, 159
Empirie 153, 163, 167 ff., 179
Engramm 99
Entropie 103
Entscheidung 37 ff., 64, 83 ff., 105, 132, 137, 185, 191 f., 195 ff., 220, 229 ff., 242
Epigenetik 30, 209
Epimenides 85
Erfolg 58, 75 ff.
Erkenntnistheorie 16, 19, 22, 118, 183, 186, 189, 194
Erregungsmuster 73, 109, 199, 205, 222, 237
Erziehung 40, 53, 62,
Evolution 14, 104, 119, 174, 176, 181, 184, 199, 205 f., 228

F
Faserverbindung 95, 146 f., 237
Feedback 76
Fehlerinnerung 25
Fischer, Joschka 31
Fitch, Tecumseh 153
Flip-Flop 81
Foerster, Heinz von 13, 58 f., 103, 118, 218
Logik 43, 88 f., 189
Fötus 145
freier Wille 41, 64 ff., 82 ff., 92, 110, 169, 189 ff., 197 ff., 202, 232 f.
Freiheit 36 ff., 51, 65 f., 80, 133, 197 ff., 202, 239
Freud, Sigmund 41, 83, 133 f., 170, 202

Fruchtfliege 174, 205 f.
Frühförderprogramm 52, 91
Furcht 75 ff., 120 f., 235

G
Gallistel, Randy 177
Gamma-Oszillation 213
Gedächtnis 23 ff., 37, 44, 74, 96, 102, 114 ff., 125 f., 134, 152, 160 f., 171 f., 176, 180 ff., 187, 190, 218 ff., 223 f., 227 ff., 239
Gefühl 42, 75, 87, 105, 108, 110, 128, 136 f., 201 ff., 230
Geisteswissenschaft 23 f., 38, 103, 152, 236
Geist-Materie-Problem 81, 130, 222
Genazino, Wilhelm 83 f., 230
Genetische Programme 55
Gerechtigkeit 49
Geruch 28, 118
Gesichtserkennung 93, 97 f.
Gewinnmaximierung 83, 230
Gott 171, 184 f.
Gravitation 130
Großhirnrinde 132, 160, 206 f., 213 ff.
Großmutterneuron 20, 30 ff., 99, 211

H
Habituationseffekt 77
Haken, Hermann 108
Halluzination 189
Hammer, Martin 175
Han, Schihui 195
Handke, Peter 129
Harmonie 69 ff., 144 ff., 191
Heisenberg, Werner 237
Heuristik 102 ff., 112, 167, 201
Hierarchisierung 157, 196
Hillyard, Steven 227
Hippocampus 27, 213, 239
Hirnaktive Stimulanzien 56, 86, 186 f., 245 ff.

Sach- und Namensregister

Hirnaktivität 43, 84, 124, 145, 154, 161, 219 ff. 230, 236
Hirnimplantate 86
Hirnkarten 19, 33 142, 157 ff., 196 f.
Hirnstoffwechsel 28
Holografie 31
Hörrinde 72, 197

I
Ich 41, 65, 84, 115 ff., 132 f., 170, 195 f., 200, 202
Impact-Faktor 24
in vitro 156
in vivo 156
infiniter Regress/ad infinitum 231 ff.
Information 18, 20, 27, 30 ff., 40, 72, 94, 108, 134, 143 ff., 155, 160 ff., 195 ff., 203 ff., 208 ff., 212, 216, 227 f., 232, 237
Input 41, 52, 145, 154 f., 164
Interferenz 32
interozeptiver Sinn 41, 105, 185, 203
intrazellulär 174
Introspektion 78, 102, 106, 114, 125, 147, 191, 194 f., 228, 243
Intuition 83, 108, 134 ff., 195, 232
Isomorph 82

K
Kahnemann, Daniel 230
Kandel, Eric 179
Kant, Immanuel 59, 82
Kaskade 27, 108
Kategorien 82, 88 ff., 109, 180
Kernspintomograph 24 f., 73, 78, 182, 221 ff., 237
Kleist, Karl 33
Koch, Christoph 167, 143
Kölsch, Stefan 145
Kognition 26 f., 37, 50, 61, 69, 74, 79 f., 88, 110, 117 ff., 122, 142, 152, 161, 176, 180, 194, 212, 218 ff., 223, 230
Kommandoneuron 174

Kompatibilismus 39
Kompetenz 57, 62, 88, 90
Komplementarität 82, 163
Konnektivität 55, 96, 232
Konstruktion 18, 25, 26, 56, 67, 96, 103, 117 ff., 127 f., 198, 220
Kontext 14, 50, 64, 66 f., 72, 90 f., 95, 124, 140, 148, 158, 169 f., 177, 190, 199, 212, 228
kontraintuitiv 20, 83, 206, 230
Konvergenz 210, 213
Konzentration 14, 55, 87, 187
Korzybski, Alfred 189
Kosmologie 184, 217
Kreiter, Andreas 123
Kuhn, Thomas 20, 61, 103, 113 f.
künstliche Intelligenz (KI) 93, 104, 205, 218
Kybernetik 13, 58, 211

L
Lamarck, Jean-Baptiste de 30
Landmarken 176, 178
Läsion 236
Lernen 13, 15, 18, 26, 29, 40, 48, 51 ff. 62 f., 69, 74 ff., 81, 89 ff., 101, 103 ff.. 117, 125 ff., 143 ff., 153 ff., 172 ff., 181, 187, 192, 204, 209, 213, 220, 232 ff., 238 ff.
laterale Inhibition 227 ff.
Legasthenie 165
Leib-Seele-Problem 130, 222
Leitdifferenz 53
Libet, Benjamin 37, 64, 84 f., 92, 132, 135, 192, 198 ff., 231 f.
limbisches System 71 f., 120, 135 ff.
Linguistik 149 ff., 236
Lithium 187
locked in 41, 167,
Lohmann, Gabriele 142
Lokalisationismus 19, 33, 63, 196, 214, 221
Lügendetektor 242
Luhmann, Niklas 53, 249

Sach- und Namensregister

Maschine 45, 49 f., 58 ff., 103, 188, 208, 211
Massenmedien 67, 216, 243, 249
Matrix 51, 208, 213
Maturana, Humberto 15, 108
Maxwell, James Clark 112
Medien 14, 44, 66 f., 116, 140, 166, 189, 197, 216, 243
mentale Prozesse 42, 81, 111, 126, 130, 167, 174, 179, 182, 205 ff., 218 ff., 229
Metapher 20, 44 ff., 106, 132, 182, 187 ff., 204, 236
Mikrozellableitung 227, 237
mind's eye 25
Mismatch 84
Mittelhirn 100
Modellierung 19, 33, 38, 45, 93, 96 f., 101 ff., 110 ff., 149 ff., 158 ff., 196 f., 231, 234
Moran, Rosalyn 161
MRT (Magnetresonanztomografie) 21 f., 43, 63, 109, 142 f., 183, 196, 215, 223 f.
Musikverarbeitung 69, 72, 145, 147
Muster 39, 60 f., 73, 77, 88 f., 99 ff., 104, 109, 134, 138, 154 f., 195, 200, 204, 209, 213 f., 221

N

Narkose 131, 157, 168 f.
native speaker 235
Navigation 176 ff.
Nervensystem 18, 171 ff., 175, 179, 203 ff., 218, 227 f., 232
Nestflüchter 246
Nesthocker 15, 51
Neuro-Education 241
Neurogenese 239
Neuroinformatik 16, 19, 93 ff., 100, 103
neuronale Agenten 99
neuronale Netze 19, 93 f.
Neuropeptid 224

Neuroplastischer Botenstoff 53
Neuroprothetik 18, 86
Neurotransmitter 160 f.
Newton, Isaac 21, 237
nichtinvasive Verfahren 79
nichtlineares System 121, 199, 205 f., 211, 239
Nietzsche, Friedrich 133
NMDA-Rezeptor 81
nonverbal 138 f.
Norepinephrin 100
Nucleus accumbens 86, 121

O

Objekterkennung 224
OPD (Operationalisierte Psychodynamische Diagnostik) 137 ff.
Oszillation 164, 167, 212 f.

P

Parameter 153, 210
Parkinson 29
Pawlow, Iwan Petrowitsch 175
Perani, Daniela 145
Perelman, Grigori 35
Pharmakologie 47, 61, 187
Philosophie 19, 69, 81, 85, 88 117, 130, 169 f., 222
Platon 49
Polarisationsmuster 178
Popper, Karl 42, 81, 112 ff., 179, 222
posttraumatische Belastungsstörung 29, 235
Potenzial 37, 63 ff., 84, 149, 210 f., 227, 237
Prädiktion 75
pränatal 37
prediction error 73
Prigogine, Ilya 15, 106
Probabilistik 151 f.
Propanolol 29
Proposition 88
Prosodie 90, 155
Psychopharmaka 18, 28, 60 f., 186 f.

247

Psychostimulanzien 56, 186 f.
Psychotherapie 14, 40, 61, 134, 139 f., 234

Q
Qualia 110, 194
Quantenphysik 207, 217

R
Recht 15, 85, 170, 233
Regel 61, 71 ff., 77, 80, 93, 104, 106 ff., 113, 140, 144 f., 148, 151 f., 184 ff., 201, 219, 228
Reiz-Reaktion 208
Repräsentation 20, 70, 89 f., 95, 99 ff., 128, 148 ff., 174, 185, 188, 209 ff., 219 ff., 228 ff., 237 f., 243
Ressourcen 47 ff., 139, 147, 156
Retina 213
Rezeptor 27, 81 f., 86, 118, 121, 187
RFID (radio-frequency identification) 186
Ritalin® 14, 29, 87, 187
Routine 73, 124, 136
Rückkopplung 163, 203, 206, 227, 239

S
Sanktion 76 f., 198, 233
Schizophrenie 187
Schläfenlappen 28, 33
Schmidt, Helmut 216
schnellschaltende Verbindungen 96 ff., 111, 114
Schröder, Gerhard 31
Schuld 57, 113, 198, 232
Schule 49, 52, 54 ff., 76, 186, 213, 235,
Schulz, Wolfram 175
Schwänzeltanz 181, 185, 190 f.
Searl, John 106
Sehrinde 197, 208, 210 f., 221
Sehsystem 82, 88, 93, 95 f., 208
Selbsterkenntnis 17, 39, 63

Selbstmord 137
Selbstorganisation 15 f., 28, 47, 53, 58 ff., 64, 80 f., 86, 107 ff.
selbstreferentiell 85
Sensorik 157, 164, 174, 177, 181 f., 209
Sequenzierung 19, 145 f., 157 f., 196 f., 213
Serotonin 121 f.
Sinn 28, 40, 88, 105, 116, 118, 128, 137, 197, 203, 208, 211
Sonnenkompass 178, 190
Speicher 20, 32, 80, 97 ff., 101, 134, 137, 182, 197, 204 ff., 234, 239
Spiegelneuron 157 ff.
Spieltheorie 83, 230
Sprachareal 16, 19, 24, 33 ff., 52, 69, 89 ff., 104, 114 f., 127, 129, 134 ff., 142 ff., 189 f., 196 f., 100 ff., 218, 222 ff., 235 ff., 240, 248,
Stammhirn 221
Stefan, Klaas Enno 160
Stimulation 29, 40 f., 56, 70, 74, 86, 164, 174 f., 186 f.
Stirnhirn 28, 195
Strafdressur 75
Strafe 75, 192, 198
Stress 25, 27
subcortikal 135, 159
Sucht 75, 86, 137
symbolische Generalisierung 90
Synchronschwingung 34, 123 ff., 167, 210 ff., 243
Syntax 144, 148, 151
Systemtheorie 59, 249

T
Thalamus 126
Tierschützer 194, 216
Tierversuche 216
transkraniale Magnetstimulation 40
Transposition 71
Traumatisierung 26, 29, 61

Trisomie 21   53
triviale Maschinen   58, 103
Turing, Alan   104
Turingtest   224

U
Umwelt   11, 14 f., 26, 30, 41, 45 f., 100 f., 104, 118, 125, 146, 164, 166, 178, 202, 226 f., 232 ff.,
Unbewusstes   65, 83, 126, 132 ff., 139, 147 f., 191, 200 f., 231
universal grammar   153

V
Varela, Francisco   15, 108
Verstehen   100 ff. 126, 148, 151, 225 ff., 235
Versuch u. Irrtum   73
visuell   127, 143, 161, 197, 209, 213, 221, 227 ff.
Voltaire   184

W
Wahrnehmung   14 ff., 82, 88, 99, 102 f., 114, 118 ff., 128, 134, 159, 194 ff., 209 f., 223, 230 f.
Wahrscheinlichkeit   151, 180
Welle-Teilchen-Dualismus   82
Welzer, Harald   23 f.
Wernicke-Areal   157, 161, 196
Wohltemperiertes Klavier   70, 144
Wunsch (Wünsche)   36, 39, 58, 129, 132 f., 136, 138 f., 182, 187

Z
Zilles, Karl   161
Zirkularität   170, 194, 219
Zwölftonmusik   71

Über den Autor

© Paul Landers

Matthias Eckoldt, Dr. phil., studierte Philosophie, Germanistik sowie Medientheorie und promovierte mit einer Analyse der Massenmedien auf Grundlage der Luhmann'schen Systemtheorie und der Foucault'schen Machtanalytik. Im Jahr 2000 debütierte er mit dem Roman »Moment of excellence«. Seither veröffentlichte er einen Prosaband, einen weiteren Roman, das Fachbuch »Medien der Macht – Macht der Medien« und – gemeinsam mit Rene Weiland – den Essayband »Wozu Tugend?«. Außerdem verfasste er über dreihundert Radiomanuskripte zu geistes- und naturwissenschaftlichen Themen. 2013 wurde sein Theaterstück »Wie ihr wollt – Ein Lustspiel zur Freiheit« am Landestheater Detmold uraufgeführt.

Seine Arbeit im Radio wurde 2009 mit dem IDW-Preis für Wissenschaftsjournalismus gewürdigt. Daneben erhielt er ein Recherchestipendium des American Council on Germany in New York, ein Aufenthaltsstipendium des Künstlerhauses Lukas in Ahrenshoop sowie den Jury-Preis des Berliner Hörspielfestivals für sein Hörspiel »Ich bin ein Schweinehund, das ist gar nicht auszudenken«.

Schwerpunkte: Systemtheorie der Massenmedien, Machtanalytik moderner Gesellschaften, Konstruktivistische Paradigmen, Moralphilosophie, Verbindung von Wissenschaft und Kunst. Zurzeit lehrt Matthias Eckoldt als Schreibdozent an der FU Berlin.

Kontakt: mpeckoldt@aol.com

agora42 ist das philosophische Wirtschaftsmagazin.

Wirtschaftliche und gesellschaftliche Zusammenhänge werden sichtbar gemacht, Grundbegriffe der Ökonomie und Philosophie verständlich erläutert. **agora42** ermöglicht Orientierung in unübersichtlichen Zeiten und öffnet den Raum für neue Perspektiven.

Alle Ausgaben zu bestellen auf www.agora42.de

- 2009/6 — ÖKONOMIE & GERECHTIGKEIT
- 2010/1 — WACHSTUM
- 2010/2 — VERNUNFT
- 2010/3 — ZEIT
- 2010/4 — ICH - AUSGEBURT DES MARKTES?
- 2010/5 — SCHULDEN UND SÜHNE
- 2010/6 — KRIEG LIGHT
- 2011/1 — ARBEIT
- 2011/2 — KOMPLEXITÄT
- 2011/3 — FREIHEIT
- 2011/4 — FORTSCHRITT
- 2011/5 — RISIKO
- 2011/6 — GELD
- 2012/1 — NACHHALTIGKEIT
- 2012/2 — ALT & JUNG – GENERATIONENGERECHTIGKEIT
- 2012/3 — WISSEN
- 2012/4 — SPORT & SPIEL
- 2012/5 — SELBSTLÄUFER DEMOKRATIE?
- 2012/6 — GERECHT WIRTSCHAFTEN
- 2013/1 — KEIN ENTKOMMEN AUS DER KRISE?
- 2013/2 — WOHLSTAND

agora⁴²

Das philosophische Wirtschaftsmagazin

George Lakoff | Mark Johnson
Leben in Metaphern
Konstruktion und Gebrauch von Sprachbildern

272 Seiten, Kt, 7. Aufl. 2011
ISBN 978-3-89670-487-0

Metaphern sind nicht bloße poetische oder rhetorische Mittel, sondern, wie Lakoff und Johnson darlegen, integraler Bestandteil unserer alltäglichen Sprache. Metaphern bestimmen unsere Wahrnehmung, unser Denken und Handeln. Die Wirklichkeit selbst wird durch Metaphern bestimmt, und da Metaphern von Kultur zu Kultur verschieden sind, sind auch die Wirklichkeiten, die sie bestimmen, verschieden.

Die Lektüre dieses fesselnden und unterhaltsamen Buches führt dazu, daß man ganz neu über die Sprache denkt — und darüber, wie wir sie benutzen.

„Metapherngegner formulieren gerne die Metapher, daß die Metapher den Verstand ‚verdunkle‘, und fordern statt dessen das ‚Licht‘ der Aufklärung. Mit diesen objektivistischen Ressentiments räumen Lakoff und Johnson gründlich auf."
Prof. Dr. Michael B. Buchholz,
Universität Göttingen, Fachbereich Sozialwissenschaft

„Mit diesem Buch liegt endlich das Metaphernstandardwerk in deutscher Sprache vor." AOL-Bücherbrief

Carl-Auer Verlag • www.carl-auer.de

Lawrence LeShan

Das Rätsel der Erkenntnis

Wie Realität entsteht

175 Seiten, Kt, 2012
ISBN 978-3-89670-860-1

Die Frage „Was ist Bewusstsein?" erscheint heute als das letzte große Rätsel menschlicher Erkenntnis und als größte theoretische Herausforderung der Gegenwart. Lawrence LeShan stellt sich dieser Aufgabe, indem er sich mit der Beziehung zwischen unserem Bewusstsein und unserer Wahrnehmung der Realität, den sogenannten „Weltbildern" befasst.

LeShan verschafft sich und dem Leser zunächst einen Überblick über die bisherigen Bemühungen, Bewusstsein und geistige Prozesse zu definieren und zu erläutern – und erörtert, warum diese Bemühungen gescheitert sind. Der Autor belegt, dass es keine mentalen Prozesse ohne Realitätsbezug und keine Realitätswahrnehmung ohne Bewusstsein gibt.

In Anlehnung an Linnés biologische Taxonomie stellt LeShan ein Klassifikationssystem für unterschiedliche Weltbilder bzw. für Bewusstsein auf. Dieses Schema erläutert er anhand zahlreicher Beispiele aus dem Alltagsleben, aus Geschichte, Kultur und Politik. Die praktische Bedeutung dieses neuen theoretischen Ansatzes für die Humanwissenschaften wie auch für die dazugehörenden Berufe wird dabei mehr als deutlich.

LeShan hat mit seinen bahnbrechenden Büchern zur Psychotherapie bei Krebserkrankungen auch in den deutschsprachigen Ländern Geschichte geschrieben. Mit diesem Buch legt er sein altersweises Spätwerk vor.

Carl-Auer Verlag • www.carl-auer.de

Thomas Szasz
Geisteskrankheit – ein moderner Mythos
Grundlage einer Theorie des persönlichen Verhaltens

331 Seiten, Kt, 2013
ISBN 978-3-89670-835-9

Vor 50 Jahren sorgte Thomas Szasz mit seinem Buch „The Myth of Mental Illness" für Aufruhr. Es stellte das komplette Selbstverständnis der Psychiatrie als humanmedizinische Wissenschaft infrage. Ob jemand psychisch „normal" oder „verrückt" sei, sei eine willkürliche Definition, so Szasz. Anders als bei somatischen Erkrankungen finden sich für einen Großteil der psychiatrischen „Krankheiten" nämlich keine eindeutigen Ursachen.

Heute, in Zeiten der Hirnscanner, die bunte Bildchen zeigen, deren Suggestivkraft hoch, deren Erklärungswert dagegen gering ist, feiert der Mythos der Geisteskrankheit erneut Triumphe. Vor dem Hintergrund dieser Entwicklung wird die Lektüre von Szaszs revolutionärem Buch zum Aha-Erlebnis. Seine Positionen decken sich auf interessante Weise mit Überlegungen aus der Systemtheorie, denn systemisch gesehen können biologische Faktoren nie das Verhalten eines menschlichen Individuums erklären.

Die vorliegende Neuausgabe wurde vom Autor ergänzt, aktualisiert und in vielen Formulierungen geschärft. Für die deutsche Ausgabe wurde der Text vollständig neu übersetzt.

„Sicher eines der wichtigsten psychiatrischen Bücher des 20. Jahrhunderts – wenn nicht gar das wichtigste." Fritz B. Simon

Carl-Auer Verlag • www.carl-auer.de

Heinz von Foerster | Monika Bröcker

Teil der Welt

Fraktale einer Ethik –
oder Heinz von Foersters Tanz mit der Welt

368 Seiten, 36 Abb., Kt
2., korr. Aufl. 2007
ISBN 978-3-89670-557-0

„Teil der Welt ist eine Autobiografie des Physikers Heinz von Foerster, eine Rückschau auf das Leben im Wien der 20er Jahre und ein Blick in die amerikanischen Forschungslaboratorien, die nach dem Krieg durch die vielen geflohenen Wissenschaftler aus Europa einen ungeheuren Boom erlebten. Letztlich ebneten die Forscher um Heinz von Foerster den Weg für die Erfolge des Silicon-Valley."　　Norddeutscher Rundfunk, 23. 11. 2002

„Eine faszinierende Autobiografie, mit Witz noch in aussichtslosen Lagen, mit stupender Energie, mit großem Einfallsreichtum, mit einer bewundernswerten, geradezu strategischen Naivität bezüglich der üblen Absichten anderer."
Taz – Die Tageszeitung, 20. 11. 2002

„Heinz von Foersters technische Erfindungen, seine Beiträge zur Kybernetik, Wissenschafts- und Erkenntnistheorie werden in einer immer komplexer werdenden Welt zunehmend an Bedeutung gewinnen."　　Spektrum der Wissenschaft, Mai 2003

„Ein in jeder Hinsicht bezauberndes Buch. Heinz von Foerster ist der geborene Geschichtenerzähler."　　Literaturen, 4/2003

Carl-Auer Verlag • www.carl-auer.de

Dirk Baecker

Nie wieder Vernunft

Kleinere Beiträge zur Sozialkunde

634 Seiten, Kt, 2008
ISBN 978-3-89670-622-5

„Ganz begreifen werden wir uns nie." Mit diesem Aphorismus des Dichters Novalis führt Dirk Baecker in die Sammlung seiner publizistischen Arbeiten der vergangenen Jahrzehnte ein. Ob Universität, Netzwerke, der Zusammenhang von Sardinenschwärmen und Leitkulturdebatte, Theaterbesuche oder das Schicksal der Intellektuellen in einer Gesellschaft, die sie nicht mehr braucht – vor den nachhaltigen Momentaufnahmen des „Stars der Systemtheorie" (FAZ) bleibt nur wenig sicher.

Das Konzept des intelligenten Beobachters, der dort Anpassungsleistungen vollbringt, wo Kritiker an der Vernunft des Ganzen zweifeln, liegt den gesammelten Beiträgen zugrunde. Neben zahlreichen unveröffentlichten Kommentaren stehen Beiträge zu Kultur, Ökonomie und Politik, Management und Reformversuchen, die in der Kolumne „sozialkunde" der TAZ erschienen sind. Das Buch ist gleichermaßen herausragender Beitrag zum akademisch-wissenschaftlichen Diskurs wie Anregung für jeden kulturell interessierten Leser.

„Baecker gehört zu den profiliertesten Systemtheoretikern und Organisationsforschern in Deutschland." Handelsblatt

Carl-Auer Verlag • www.carl-auer.de